AWS Amplify Studio

ではじめる
フロントエンド
＋
バックエンド
統合開発

掌田津耶乃 著

JN064992

Rutles

本書に記載されている会社名、製品名は、各社の登録商標または商標です。

本書に掲載されているソースコードは、サポートサイト（http://www.rutles.net/download/530/index.html）からダウンロードすることができます。

クラウド開発環境の本命「AWS Amplify」

「開発環境をクラウドに移行！」

　これはここ数年、開発に携わる人々の共通した掛け声になっています。けれど、「クラウドに移行」というのはただ単に「プログラムを作ってクラウドにデプロイ」すればいいわけではありません。

　クラウドへの移行は、そもそも「バックエンドをサービスの集合体とし、処理の大半をフロントエンドで行う」という昨今のフロントエンド重視の開発スタイルであるからこそ可能なものです。複雑化したフロントエンド開発をどう学習していくか、そのフロントエンドとバックエンドのサービスをどう連携するか、すべてをきちんと考えなければいけません。

　こうした「便利なようでいて、いろいろ考えると面倒くさいクラウド移行」において、今後、おそらくデファクトスタンダードとなるのでは？　とも思われているのが「AWS Amplify」です。

　AWS Amplifyは「バックエンドはAWSのサービスで実装」「フロントエンドはReactなどを使い、専用ライブラリでバックエンドと連携」という形でフロント＝バックをきれいに一元管理します。また、バックエンドの開発のために「Amplify Studio」という専用のWebベースアプリケーションが提供され、これによりサインインの管理、データベースやS3のファイルアクセス、Lambdaを使った関数の呼び出しなどをビジュアルに管理できるようにします。

　ただし、これらを使いこなしてフロント＝バックを一括で開発するためには、さまざまな技術を身につける必要があります。Amplify Studioの使い方はもちろん、AWSの主なサービスの使い方、フロントエンドのUI設計に用いるFigmaによるデザイン、さらにはフロントエンドのReactの技術も必要となるでしょう。これらを1つ1つ学んでいこうとしたら、すべてを理解するのはいつになるかわかりません。

　そこで、「AWS Amplifyによる開発に必要な技術を一冊で全て学ぶ」というコンセプトのもとに執筆したのが本書です。本書は、「とりあえずJavaScriptベースのプログラミングはなんとかわかる」という人を対象に、AWS Amplifyでアプリケーション開発を行うために必要となる技術全般をまとめて説明します。本書を読めば、AWS Amplifyで簡単なWebアプリケーションぐらいすぐに作れるようになるでしょう。

　「すべてをクラウドに」──AWS Amplifyを使えば、それも実現不可能ではありません。本書でAmplifyを体験してみてくだ さい。クラウドのイメージがひょっとしたら大きく変わるかもしれませんよ。

2022年7月　掌田津耶乃

Contents

AWS Amplify Studio ではじめるフロントエンド+バックエンド統合開発

Chapter 2 Amplify Studioでバックエンドを設計する ··· 053

2.1. Reactアプリケーションの作成 ················· 054

2.2. Amplify Studioとユーザー認証 ················· 073

Contents

Chapter 5　DataStoreによるデータベースアクセス …

Chapter 8 JavaScriptベースによるフロントエンド開発 ‥

Chapter 1

AWS Amplifyを使おう

AWS AmplifyはAWSに用意されているホスティングサービスです。
これにより、アプリをGitHubからプッシュしデプロイする処理を自動化して行えます。
簡単なサンプルアプリを作成しながら、
Amplify、GitHub、Visual Studio Codeと連携して開発するための
基礎知識を身につけましょう。

Chapter 1

1.1.
AWS Amplifyを準備する

サーバーレスの時代へ

Webアプリケーション開発の歴史は、そのままコンピュータの技術進化の歴史といえます。その昔、「Webサイトを作る」といえば、レンタルサーバーを契約してHTMLファイルをアップロードするのが基本でした。企業ならばWebサーバーを立てて、そこでWebアプリケーションを構築していくのが一般的だったでしょう。

どのような作り方であれ、「サーバーマシンを用意し、そこにWebとして公開するファイルを設置する」という考え方は同じでした。それをレンタルするか、自前で立てるかの違いだったわけです。

それが、気がつけばいつの間にか「サーバーを立てない」開発スタイルが少しずつ広がりつつあります。いわゆる「サーバーレス」開発というスタイルです。

サーバーがないのにどうやってWebアプリを配置し公開するのか。それは、「クラウド」を利用するのです。

現在、クラウドでさまざまなサービスを提供するところがいくつも登場しています。こうしたクラウドサービスを利用することで、自前でサーバーを用意することなくWebアプリを公開できるようになっています。多くのクラウドではサーバーの運用もほとんどが自動化されており、スケールアップ／スケールダウンも自動的に行ってくれます。もはや時間と労力をかけて自前サーバーを運用する必要性もなくなってきているのです。

バックエンドからフロントエンドへ

多くの開発では、クライアント側とサーバー側は別々に開発されていることでしょう。サーバー側はJavaScriptやPython、PHPなどさまざまな言語が使われており、そこで採用されているフレームワークもさまざまです。

以前ならばアプリケーションフレームワークを使い、サーバー側で大半の処理を実装することができました。しかし、これは「サーバー側でページをテンプレートとして用意しておく」「何かあればサーバーに送信してページを生成する」といった昔ながらの設計でなければ通用しない話です。

現在、多くのWebアプリが「サーバーにアクセスしてページをリロードしない設計」に移行しつつあります。表示の更新やサーバーとのやり取りはすべてJavaScriptを使って行い、1枚のページだけですべての作業が完結する「Single Page Application(SPA)」が広く利用されるようになっています。こうしたアプリケーションではフロントエンドの重要性が高くなっており、バックエンドは単に必要な情報を提供する機能だけになります。

「サーバーですべて処理する」から、「クライアント側ですべて処理する」へ。開発スタイルは急速にシフトしつつあることを認識しなければいけません。

バックエンドの果たす役割

　このような新しいWebアプリケーションにおいては、バックエンドの役割は従来とはかなり変わってきます。

　これまでのようにバックエンドで複雑なビジネスロジックを用意し処理することはなくなり、フロントエンドから必要に応じて必要な情報を送受する「API」としての役割に変わります。サーバー側で行うべきことは、クライアントからの問い合わせに応じて必要な情報を返送することだけです。

　データベースの設計、データの管理、クライアント側からアクセスするためのAPIの提供。これらがバックエンドの果たすべき役割となります。それ以外のアプリケーションのロジックは、すべてフロントエンド側でJavaScriptを使って実装していくことになります。

フロントエンド＝バックエンドを一体開発する

　このようにバックエンドの役割が小さくなり、フロントエンドで多くの処理を行うようになると、今まで以上に「フロントエンド＝バックエンドを一体開発する」ことが重要になってきます。

　サーバー側の役割は「データ管理」だけです。データベースや、必要なファイル類の管理、また認証のためのユーザー管理ぐらいでしょう。これらをAPIとしてクライアント側に提供できる機能さえ用意できればいいのならば、プログラミング言語でサーバー側の処理をプログラミングしなくてもいいのでは？　すなわち、データベースを利用したAPI機能を提供するクラウドサービスを使うことで、バックエンドはほぼコーディング不要になります。ただクラウドサービスの設定を行い、データなどを管理するだけのものになるのです。

　ただしその場合、フロントエンドの開発ではクラウドに配置するAPIと密接に連携して動くような設計が必要となります。「サーバ側はサーバー側」「クライアント側はクライアント側」と別々に開発していくのではなく、フロントエンドとバックエンドを一体で開発しデプロイするような仕組みが必要となるでしょう。

　こうした時代の求めるWebアプリケーション開発とデプロイのあり方を踏まえ、フロントエンドとバックエンドを１つにまとめて同時開発しデプロイするサービスとして誕生したのが「AWS Amplify」と「AWS Amplify Studio」です。

AWS AmplifyとAmplify Studio

　「AWS Amplify」は、Amazon Web Service（AWS）が提供するモバイル／Webアプリケーション開発プラットフォームです。フロントエンドをローカル環境で開発し、それをAmplifyにデプロイすることですぐさま公開し利用できるようになります。

　そしてバックエンドは「AWS Amplify Studio」という専用ツールを使い、Webブラウザからデータベースの設計などを行うことができます。Amplify StudioはAmplifyと連携しており、Amplifyから起動して編集しデータを作成できます。Amplifyで作成したフロントエンドは、そのままAmplify Studioで設計されたデータベースからデータを取得し利用できるようになっているのです。

　両者はフロントエンドとバックエンドの機能が混然一体となっているため、慣れないとどこに何があるのかよくわからなくなってしまうかもしれません。ここで両者の役割を簡単に整理しておきましょう。

　これら２つのツールを組み合わせて利用することで、フロント＝バックを一体開発することが可能となります。

AWS Amplifyの役割	AWSへのアプリケーションの登録（作成）。
	ホスティング環境（フロントエンド）と接続ブランチの管理。
	バックエンド環境の管理（Amplify Studioの起動）。
	ドメイン管理、ビルド管理などホスト側の管理。
AWS Amplify Studioの役割	データモデルの設計とデータの管理。
	UIコンポーネントの管理。
	ユーザー認証（サインイン／サインアウト）の管理。
	ストレージ、Lambda関数、GraphQL/REST APIの管理。

　Amplify/Amplify Studioは、非常に多くの機能が搭載されているため、慣れないうちはどこになんの機能があるのかわからず混乱してしまいがちです。まずは主な機能がどこに用意されているのかをざっくり頭に入れておきましょう。

UIコンポーネントとFigma

　これらの中でやや奇妙に見えるのが、Amplify Studioにある「UIコンポーネントの管理」機能です。UIコンポーネントは、フロントエンドで使われるUIの部品となるものです。なぜバックエンド側で、本来フロントエンドで作成するはずのUIを管理するのでしょうか。

　それは、データベースとの連携を自動設定するためです。後述しますが、Amplify Studioでは「Figma」というWebベースのUIデザインツールに対応しています。FigmaでデザインしたUIコンポーネントをそのままAmplify Studioに取り込み、バックエンドに用意したデータベースと連携するのです。

　こうして作成されたUIコンポーネントをローカルで開発しているフロントエンドアプリケーションに取り込んで利用すれば、簡単にデータベースと連携した表示が作成できます。そのためにUIをバックエンド側で管理しているのです。

　したがって、UIコンポーネントの管理はバックエンドで行いますが、これはあくまでFigmaで作ったコンポーネントとデータベースの連携を管理するだけです。実際の利用は、ローカルで開発しているフロントエンドアプリケーションのプロジェクトにコンポーネントをプッシュして使います。

C　　　　　O　　　　　L　　　　　U　　　　　M　　　　　N

AWS は、無料で使えるの？

「AWS はただで使えるのか？」と不安な人も多いことでしょう。これは、無料ではありません。使用量に応じて料金が発生します。ただしサービスの中には「ここまでは無料」という無料枠が用意されているものもありますし、さらに開始から 12 ヶ月の間は一定の使用量が無料になっているサービスも多数あります。これらの無料枠により、AWS を開始しても当面、料金が発生することはほとんどありません。「AWS の開始から 1 年はただで使える」と思っていいでしょう。

AWSアカウントを作成する

　では、実際にAmplify/Amplify Studioを利用するための準備を整えていきましょう。まず最初に行うのは、AWSのアカウントの用意です。

　すでにAWSアカウントを持っている人はそれをそのまま利用すればいいのですが、まだアカウントがないという人は、今すぐ登録を行いましょう。なお、AWSの登録には、メールアドレス、携帯電話、クレジットカードが必要です。これらを用意した上で、以下のURLにアクセスしてください。そして以下の手順に従ってサインインをしましょう。

https://aws.amazon.com/jp/

図 1-1：AWSのWebサイト。ここからアカウント登録を行う。

1. サインイン

　トップページのページの右上に「コンソールにサインイン」というボタンがあります。これをクリックしましょう。サインインのページに移動します。

　ここでは「ルートユーザー」「IAMユーザー」といったユーザーの種類とメールアドレスの入力フィールド、そして「次へ」というボタンがあります。すでにアカウントを持っている場合は、これらに自分のアカウント情報を入力し「次へ」ボタンをクリックしてサインインを行います。

　まだアカウント登録をしていない場合は、下にある「新しいAWSアカウントの作成」というボタンをクリックします。これでアカウント作成のページに進みます。

図 1-2：サインインページ。下にある「新しいAWSアカウントの作成」ボタンをクリックする。

2. AWSにサインアップ

　サインアップするアカウントの登録を開始します。まず、アカウントとして登録するメールアドレスと、アカウント名（利用者として表示される名前）を入力します。入力したら「Eメールアドレスを検証」ボタンをクリックします。

図1-3：サインアップするメールアドレスと名前を入力する。

3. 本人であることを確認する

　入力したメールアドレスに確認メールが届きます。そこにある検証コードの値を「確認コード」の欄に記入し、「検証」ボタンをクリックしてください。値が正しければ次へと進みます。値が間違っていると再入力を求めてきますので、正しい値を記入してください。

図1-4：送信された検証コードを入力する。

4. パスワードの作成

　続いて、アカウントのパスワードを設定します。これは2つのフィールドが用意されているので、それぞれに同じ値を記入してください。パスワードに指定できるテキストは、「大文字小文字が混じっている」「数値が含まれている」「記号が含まれている」というものです。それらの要素を含むパスワードを考えて入力し、「続行」ボタンをクリックします。

図1-5：パスワードを入力する。

5. アカウント情報の入力

　アカウントの登録情報を入力するフォームが現れます。ここで名前、電話番号、住所といった情報を入力します。そして一番下にある「AWSカスタマーアグリーメントの条項を読み、同意します」のチェックをONにして「続行」ボタンをクリックします。

図1-6：アカウント情報を入力する。

6. 請求情報

　支払いのためのクレジットカード情報と請求先の住所を入力します。住所は、連絡先として入力した住所を指定できます。すべて入力したら「確認して次へ」ボタンをクリックします。

図1-7：支払いのカード情報を入力する。

7. 本人確認

　本人確認のための携帯電話番号を検証します。SMSか音声メッセージのいずれかを指定できます。国を選択し、自分の携帯電話番号とセキュリティチェックの値（イメージのテキストを記入する）を入力し、下の「送信する」ボタンをクリックします。

これで本人確認のコード番号が指定の携帯電話に送信されるので、その番号を「コードを検証」フィールドに記入し、続行します。番号が正しければ本人確認が完了します。

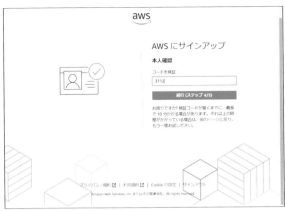

図1-8：電話番号を入力し送信し、送られてきたSMSメッセージのコード番号を入力する。

8. サポートプランを選択

最後にサポートプランを選択します。AWSでは無料から有料のいくつかのサポートプランが用意されています。「ベーシックプラン」ならば無料でアカウントと支払いに関するサポートのみ受けられます。

図1-9：サポートプランを選ぶ。ベーシックサポートなら無料だ。

　最後まで進んだら、「サインアップを完了」ボタンをクリックするとサインアップが完了し、「おめでとうございます」と表示が現れます。そのまま「AWSマネージメントコンソールに進む」ボタンをクリックすると、AWSの管理画面に移動します。

図1-10：AWSのアカウント登録が完了した。

AWSにサインインする

　AWSのトップページ(https://aws.amazon.com/jp/)にある「コンソールにサインイン」ボタンをクリックすると、サインインのページに移動します。

　ここでは、2つのアカウントが選択可能になっています。

ルートユーザー	AWSにアカウント登録されたユーザーでサインインするものです。
IAMユーザー	特定の権限のみを割り当てられたユーザーです。

　サインナップした直後はルートユーザーしかありませんから、これを選択しましょう。そしてアカウントのメールアドレスを入力し、次へ進みます。

図1-11：ルートユーザーを選択し、次に進む。

C　　O　　L　　U　　M　　N

ルートユーザーと IAM ユーザー

AWS には「ルートユーザー」と「IAM ユーザー」があります。ルートユーザーというのは、AWS にアカウント登録したユーザーのことです。では IAM ユーザーとは？　これは「Identity and Access Management」ユーザーのことです。

AWS ではさまざまなところから AWS 内の各種のサービスを利用しますが、この際にルートユーザーを使って認証しサービスを利用するのは非常に危険です。

ルートユーザーは基本的にすべてのサービスのすべての機能にアクセスが可能であるため、ちょっとした操作ミスで致命的なトラブルを引き起こす可能性もあります。

そこで、例えば特定のプログラムやサービス内から AWS の機能を利用する際には、利用可能なサービスと機能を限定したユーザーを作成し利用するのです。これが IAM ユーザーです。

1. セキュリティのチェック

　次のページでは、セキュリティチェックを行います。表示されているイメージのテキストをそのまま下のフィールドに入力し、送信してください。

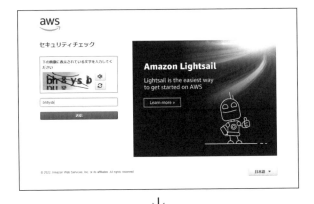

図1-12：セキュリティの値を記入し送信する。

　問題がなければ、そのままパスワードを入力する画面が表示されるので、これを記入し「サインイン」ボタンでサインインします。

2. AWSコンソールのホーム

　サインインすると、「新しいAWSコンソールのホーム」というパネルが現れる場合があります。AWSのコンソールは、新しいものへの移行時期にあります。そのまま「新しいコンソールのホームに切り替える」ボタンをクリックすると、新しいコンソールで表示されます。

図1-13：コンソールの切り替えパネルが現れたら、「新しいコンソールのホームに切り替える」ボタンをクリックする。

3. 管理コンソール

これで、AWSの管理コンソール画面が開かれます。ここから、さまざまなAWSのサービスにアクセスし操作できます。

図1-14：AWS管理コンソールにアクセスしたところ。

AWS Amplifyを開く

では、管理コンソールからAmplifyを開きましょう。上部の左側に「サービス」という表示が見えます。これをクリックすると、AWSのサービスが表示されます。左側に、サービスの種類がリスト表示され、そこから項目を選択すると、その種類のサービスが右側に一覧表示されます。

では、左側のリストから「モバイル」という項目を探してクリックしてください。右側に「AWS Amplify」が表示されるので、これをクリックしてAmplifyを開きましょう。

図1-15：「サービス」からAWS Amplifyを探して開く。

C O L U M N

☆でお気に入り登録

「サービス」をクリックしてサービスを選択するとき、各サービス名の左側に☆マークが表示されているのに気がついたでしょう。これは「お気に入り」登録をするためのものです。

この☆をクリックしてスターをONにすると、画面の上部にお気に入りのバーが追加され、登録したサービスが表示されるようになります。これでいちいち「サービス」から使いたいサービスを探さなくとも、上部のバーからワンクリックでサービスを開けるようになります。Amplifyなどよく使うサービスはお気に入りに登録しておきましょう。

AWS Amplifyを開始する

AWS Amplifyのページを開くと、まず「使用を開始する」というボタンが表示されます。これをクリックするとAmplifyが使えるようになります。ただし、クリックする前に考えておくべきことがあります。それは、「どのリージョンを利用するか」の指定です。

AWSでは、サービスを開始するとクラウドの何処かにその領域を確保し、必要なデータなどが保存されるようになります。これは世界中がすべて同一につながっているわけではなく、世界をいくつかの地域に区切ってその中でのみ各種サービスを共有するようになっています。この地域が「リージョン」です。

リージョンごとに分けることにより、例えばどこかで障害が発生したとしても、それはそのリージョン内のみにとどまり、他のリージョンには波及しないような設計となっています。

図1-16:「使用を開始する」ボタンをクリックするとAmplifyが使えるようになる。

リージョンを選ぶ

このリージョンは、画面右上に表示されているリージョン名（初期状態では「バージニア北部」）をクリックすることで選択できます。デフォルトでは、「米国東部（バージニア北部）」というリージョンが選択されています。ここをクリックして、使用したいリージョンを選択します。

日本の場合、「アジアパシフィック（東京）」というリージョンが日本国内にありますが、特にこれを選ばなければいけないわけではありません。デフォルトのバージニア北部のままでもまったく問題はないので、そのままにしておいてもいいでしょう。リージョンを決めてサービスを開始すると、他のリージョンで設定したサービスなどにアクセスできない場合もあります。すべてのサービスを同一のリージョンで使うようにするとよいでしょう。

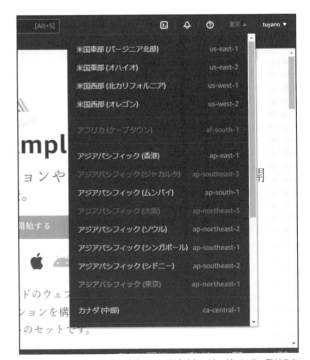

図1-17:リージョンの表示部分をクリックすると、リージョンの一覧リストが現れ、使用するリージョンを選択できる。

Amplify StudioとAmplify Hosting

「使用を開始する」ボタンをクリックするとページがスクロールし、「使用を開始する」と表示されたエリアが現れます。ここには以下の2つの機能についてそれぞれ「使用を開始する」ボタンが用意されています。

Amplify Studio	フロントエンドのアプリケーションとバックエンドを一体開発する際に使います。
Amplify Hosting	Webアプリケーションのホスティングを行うのに使います。すでにアプリケーションがあり、それをデプロイするためのものです。

すでにWebアプリケーションがあり、それをホストするだけの場合は「Amplify Hosting」を、一からすべて作成する場合は「Amplify Studio」を選べばいい、と考えてください。

ここから「使用を開始する」ボタンをクリックしてアプリケーションの作成を行えますが、まだ今の段階では準備が整っていません。とりあえずAmplifyで開発する準備をいったんストップしましょう。そして、その他に必要な準備を進めることにします。

図1-18：Amplify StudioとAmplify Hostingの2種類がある。

GitHubの準備

Amplifyの次に用意するのは「GitHub」です。GitHubは、ソースコードのホスティングを管理するWebサービスですね。Amplifyでは、フロントエンド側のアプリケーションをGitHub経由でデプロイします（他のやり方もできますが、GitHubを利用するのが基本といっていいでしょう）。したがって、GitHub利用の準備を整えておく必要があります。

すでにGitHubのアカウントを持っている人は、それをそのまま利用してください。まだアカウントを持っていない人は、以下のURLにアクセスしましょう。

https://github.co.jp/

右上に「サインイン」「サインアップ」といった表示が見えます。すでにアカウントを持っている人は「サインイン」をクリックしてください。まだアカウントを持っていない場合は「サインアップ」をクリックし、登録を行います。

※なお、以後の手順はサイトの更新等により変更される場合があります。

図1-19：GitHubのWebサイトにアクセスする。

1. アカウントの登録フォーム

「サインアップ」をクリックすると「Create your account」という登録フォーム画面が現れます。ここに名前、メールアドレス、パスワードを入力し、下の「検証する」ボタンをクリックして質問に答えてから「Create account」ボタンをクリックしてください。

図1-20：登録フォームに名前、メールアドレス、パスワードなどを入力する。

2. 検証コードを入力

入力したメールアドレスに検証コードが送信され、表示が検証コードを入力する画面に変わります。受け取ったメールにあるコード番号を入力すると、アカウントが作成されます。

図1-21：検証コードを入力する。

3. 利用者情報の入力

これで一応、アカウントは作られましたが、その後、さらに利用者に関する情報を尋ねてきます。チームのメンバー数、教師か学生か、どのような用途で利用するかなどを入力する表示が現れるので、これらを入力していってください。

↓

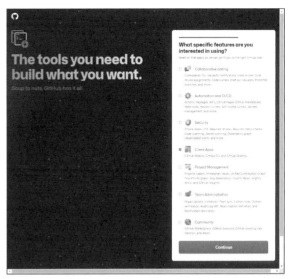

図1-22：利用者情報を入力する。

4. チームコラボレートの設定

　最後に、個人で利用するか、チームで利用するかを選択します。個人利用の場合、「Continue to Free」ボタンをクリックすると無料での利用を開始します。「Level up to GitHub Team …」というボタンをクリックするとチーム利用の契約を開始します。これは月当たり4ドルを利用料金として支払います。

　とりあえず、ここではContinue to Freeを選んでおきましょう。チーム利用の契約は後からでも行えるので、今行う必要はありません。

図1-23：「Continue to Free」ボタンをクリックする。

GitHubがスタート！

これで、GitHubが使えるようになりました。GitHubは、今すぐ利用するわけではないので、使えるようになればそれでOKです。細かな使い方などは今はわからなくとも問題ありません。

図1-24：GitHubが使えるようになった。

Node.jsの準備

ローカル側で用意する必要があるものとしては、「Node.js」があります。Node.jsは、JavaScriptのランタイムエンジンプログラムですね。これを用意することで、JavaScriptのコードを直接実行できるようになります。Webアプリケーションの開発を行うときも、サーバーサイドの処理にはこのNode.jsを利用することが多いので使ったことがある人もいるでしょう。

このNode.jsは、ローカル環境でアプリケーションの開発を行う際に必要となります。以下のURLで公開されています。

https://nodejs.org/ja/

ここにアクセスし、Node.jsの偶数バージョンをダウンロードしてください。Node.jsは偶数バージョンがLTS（Long Term Support、長期サポート）版となり、奇数バージョンは短期間でサポート終了します。なるべく偶数バージョンのものを利用するようにしてください。

なお、すでにNode.jsを使っている人もいることと思いますが、AmplifyのプログラムはNode.jsのver.14以降に対応しています。それより前のバージョンを使っている場合は動作しません。古いバージョンを使っている人は新しいバージョンに入れ替えておきましょう。

図1-25：Node.jsのサイト。ここからインストーラをダウンロードする。

このサイトからダウンロードされるのは、Node.jsのインストールプログラムです。ダウンロードしたファイルを起動し、Node.jsをインストールしてください。基本的には、表示されている設定をデフォルトのまま進めていけば問題なくインストールできます。

図1-26：インストーラの画面。すべてデフォルトのまま進めればOKだ。

Gitの準備

もう1つ、ローカルで作業をするのに必要となるのが「Git」です。Gitはオープンソースのバージョン管理ツールです。AmplifyではGitHubにプログラムをデプロイしますが、ローカル環境でGitHubのプログラムを保存し、編集したりGitHubにファイルを更新したりといった作業を行うのには、Gitを用意する必要があります。

Gitは以下のサイトで配布されています。

https://git-scm.com

ここからGitのプログラムをダウンロードし、インストールを行ってください。インストール後、コマンドプロンプトあるいはターミナルから以下のコマンドを実行しましょう。これでGitが使えるようになります。

図1-27：GitのWebサイト。

```
git config --global user.name 名前
git config --global user.email メールアドレス
```

なお、Gitはコマンドラインのプログラムであり、使いこなすためにはいろいろと学ばなければならないこともあります。本書ではGitについては特に説明はしません。まだ使ったことがない場合は、別途学習してください。

この他、ローカル環境でAmplifyとやり取りをするための「Amplify CLI」や、開発ツールの「Visual Studio Code」といったプログラムも必要となりますが、これは後ほど必要となった時点で説明します。

1.2.
サンプルアプリを作成する

アプリケーションをホストする

　実際にAmplifyを使ってアプリケーションを作ってみましょう。といっても、いきなり一からきっちりと作成していくのはかなり大変です。そこで、あらかじめ用意されているサンプルアプリケーションを作成して、AmplifyとAmplify Studioの使い方を理解していきましょう。

　では、AWSにアクセスし、AWS Amplifyサービスのページを開いてください。そして「使用を開始する」ボタンをクリックし、「Amplify Hosting」というところにある「ウェブアプリケーションをホスト」の「使用を開始する」ボタンをクリックしましょう。これは、Amplifyを使ってアプリケーションを作成しホストするためのボタンです。

図1-28：Amplifyのページで「Amplify Hosting」の「使用を開始する」ボタンをクリックする。

フルスタックのサンプルを作る

　「Amplify Hosting の開始方法」という表示に変わります。ここで、どのようにしてアプリケーションをホストするかを指定します。

　「既存のコードから」は、すでにアプリケーションがある場合、それを指定してAmplifyにホストする（アプリをアップロードする）ためのものです。これはアプリが完成していればいいのですが、新たに作ることはできません。その下にある「フルスタックのサンプルから」は、用意されているサンプルを使ってアプリケーションを作成します。今回はこれを使いましょう。ここにある「続行」ボタンをクリックしてください。

図1-29：「フルスタックのサンプルから」の「続行」ボタンをクリックする。

「認証スターター」を作成する

画面に、いくつかのサンプルアプリケーションが表示されます。デフォルトでは「認証スターター」というサンプルが選択されています。これはサインインしてアクセスするアプリのサンプルです。今回はこれを作成しましょう。そのまま「アプリケーションをデプロイ」ボタンをクリックしてください。

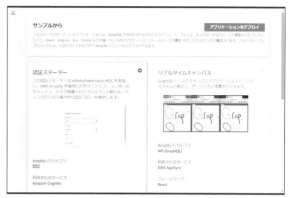

図1-30：「認証スターター」を選択し、「アプリケーションをデプロイ」をクリックする。

1. Amplify コンソールへようこそ

Amplifyコンソールという画面に切り替わります。「create-react-app-auth-amplifyを数分でデプロイ」と表示がされていますね。「create-react-app-auth-amplify」は、作成されるサンプルアプリケーションの名前です。この名前のアプリケーションをこれから作成しGitHubにデプロイするのです。

では、右下にある「GitHubに接続」ボタンをクリックしましょう。GitHubのアカウントに接続する表示が現れるので、そのまま接続してください。これでAmplifyとGitHubが接続され、相互にファイルのやり取りができるようになります。

図1-31：「GitHubに接続」ボタンをクリックし、GitHubにつなげる。

2. アプリケーションをデプロイ

アプリケーションのデプロイに関する設定画面が現れます。アプリケーション名には「create-react-app-auth-amplify」と設定されています。これはそのままでいいでしょう。その下には「サービスロールを選択」という表示があります。これは、AWSで使われる「ロール」と呼ばれるものを指定するためのものです。

ロールは、さまざまなサービスに対して各種機能の利用のための権限を割り当てるものです。よく利用者がログインして作業をするようなサービスでは、ユーザーごとにどのような機能が使えるか権限を設定できるようになっていますね。あれの「ユーザー以外のプログラムに対して権限を割り当てる」のがロールです。

すでにAmplifyを利用するためのロールが作成されている場合は、その下にあるプルダウンメニューからロールを選択します。しかし、まだ皆さんはAmplifyを使っていませんから、Amplify用のロールを作成しておく必要があります。

では、「新しいロールを作成」ボタンをクリックし、ロールの作成を行いましょう。

図1-32：アプリケーション名とロールを指定する。

ロールを作成する

「新しいロールを作成」ボタンをクリックすると、「ロールの作成」という表示が新たに開かれます。ここでロールの作成を行っていきます。これはけっこう手数がかかるところなので順に作業していきましょう。

3. ユースケースの選択

最初に表示されるのは「ユースケースの選択」という表示です。これはロールが使われる用途を指定するものです。デフォルトで必要な項目が選択されていますので、このまま「次のステップ：アクセス権限」ボタンをクリックします。

図1-33：ユースケースを選択する。

4. Attachedアクセス権限ポリシー

選択されたユースケースのロールに必要なアクセス権限ポリシーというものが表示されます。ここでは「AdministratorAccess-Amplify」というポリシーが表示されています。そのまま「次のステップ：タグ」ボタンをクリックしましょう。

図1-34：アクセス権限ポリシーを確認する。

5. タグの追加(オプション)

　ロールにタグを設定するものです。タグはロールの分類整理などに使われるものです。ここでは特に必要ではないので、そのまま「次のステップ：確認」ボタンをクリックして次に進みましょう。

図1-35：タグの追加はデフォルトのまま。

6. 確認

　ロール名、ロールの説明などを設定し、ポリシーを確認します。ロール名は「amplify-console-backend-role」となっています。ポリシーには「AdministratorAccess-Amplify」という項目が設定されています。問題なければ「ロールの作成」ボタンをクリックしてロールを作成してください。

図1-36：作成するロールの名前とポリシーを確認した上で作成する。

アプリケーションをデプロイ（続き）

　ロールが作成されたら、ロールのページは閉じてしまってかまいません。そして「アプリケーションのデプロイ」画面の「サービスロールを選択」プルダウンメニューから、作成したロールを選択します。ロールがまだ表示されていない場合は、右側の円形矢印アイコンをクリックしてください。メニューが更新され、作成されたロールが表示されるようになります。

図1-37：作成したロールを選択し、デプロイする。

7. 保存してデプロイ

　ロールが用意できたら、下部にある「保存してデプロイ」ボタンをクリックします。表示が切り替わり、デプロイ作業が開始されます。後は、ひたすら待つだけです。

図1-38：デプロイが開始される。

8. サイトがデプロイされています

　アプリケーションを作成し、接続したGitHubにデプロイされると、右下の「続行」ボタンをクリックすることができるようになります。そのままボタンをクリックしてください。

図1-39：デプロイされたら「続行」ボタンをクリックする。

GitHubアプリのマイグレート

　作成された「create-react-app-auth-amplify」アプリケーションのページが開かれますが、まだ作業は終わっていません。ここに「Migrate to our GitHub App」という表示がされているでしょう。GitHubとの間でOAuthによるアクセスを行うために必要なGitHubアプリのインストールなどを行う必要があります。
　では「Start migration」ボタンをクリックし、migrateを開始してください。

図1-40：GitHubアプリのmigrateを開始する。

1. パーミッションの設定

「AWS Amplify(○ ○) by AWS Amplify Console would like permission:」という表示が現れます。これは、Amplifyへのパーミッション（アクセス権限）を設定するものです。そのまま「Authorize AWS Amplify(○○)」という緑のボタンをクリックしてください。

図1-41：パーミッションの設定を行う。

2. Install & Authorize AWS Amplify

AWS Amplifyのインストールとオーソライズの設定を行います。ここでは、どのリポジトリにアクセスできるようにするかを指定します。これは「All repositories」を選択し、「Install & Authorize」ボタンをクリックします。

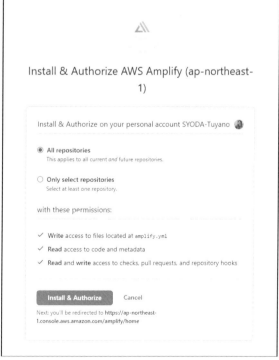

図1-42：「All repositories」を選んで「Install & Authorize」ボタンをクリックする。

3. Install and Authorize GitHub App

GitHubアプリがインストールされます。問題なくオーソライズできたら、「GitHub authorization successful」と表示がされます。そのまま「Next」ボタンをクリックしてください。

図1-43：GitHub authorization successfulと表示される。

4. Complete installation

「Complete Installation」と表示されます。これでGitHubアプリのインストールが完了しました。「Complete Installation」ボタンをクリックし、作業を終了しましょう。

図1-44：「Complete Installation」ボタンをクリックして作業終了。

create-react-app-auth-amplifyアプリについて

これでアプリの作成が完了しました。では、Amplifyの画面で確認をしましょう。Webブラウザのページ上部には「create-react-app-auth-amplify」とアプリ名が表示されており、その下に以下の2つの切り替えリンクが用意されています。

Hosting environments	Webアプリケーションのホスト環境の管理を行う。GitHubとの接続やホスティングの管理、ホスティングされたアプリを開いて動作確認などが行える。
Backend environments	バックエンド（サーバー側の処理）の作成作業を行うためのもの。Amplify Studioを起動してバックエンドの編集を行える。

この2つのリンクをクリックして切り替えながら、フロントエンドとバックエンドの管理編集を行っていきます。これがAmplifyのアプリ管理の基本となります。

Hosting environmentsについて

では、まず「Hosting environments」をクリックしてみましょう。これは、GitHubとの接続とアプリのホスティング処理を管理するものです。

ここには、「master」という表示が用意されているでしょう。これは、GitHubのリポジトリに用意されたブランチの名前です。GitHubでは、リポジトリ（プログラムの保管場所）に「ブランチ」というものを設定し、それぞれのブランチごとにコードを更新したりできるようになっています。ブランチというのはコードを管理するためのもので、ブランチごとにコードを書き換えたりして別のバージョンのコードを作ったりできます。

デフォルトでは、GitHubには「master」というブランチが用意されています。これのコードがAmplifyのHosting environmentsにホストされている、というわけです。

　ブランチは複数用意することができます。ページにある「ブランチを接続」ボタンを使って、さらに別の
ブランチを接続しホスティングすることもできます。
　この「master」ブランチのエリアには、「プロビジョン」「ビルド」「デプロイ」「検証」といった表示があり、
それぞれにチェックマークが表示されているでしょう。これらは現在、このブランチがどのような状況にあ
るかを示しています。この4つは、以下のような作業を示します。

プロビジョン	プログラムをホストするための準備作業を示す。
ビルド	プログラムのビルドを示す。
デプロイ	プログラムのデプロイ（ホスト環境にアップロードすること）を示す。
検証	プログラムが正常にデプロイされたかの検証。

　これらのそれぞれにチェックマークが表示されているのは、それらが正常に完了したことを表します。「そ
んな作業、いつしたんだ？」と思った人。実をいえば、Hosting environmentsでは、接続したGitHubのコー
ドが更新されると自動的にプログラムをAmplifyに送信してビルドし、デプロイする、という作業を行うよ
うになっているのです。つまり、私たちが手動でこれらの作業をする必要はなく、すべて自動で行われます。
　もし、これらの作業の途中でエラーが発生すると、チェックマークではなくエラーを表す表示がされます。
このHosting environmentsの表示を確認することで、ホスティング環境が正常に機能しているかわかる
のです。

図1-45：Hosting environmentsの表示。

Backend environmentsについて

　続いて、もう1つの「Backend environments」リンクをクリックし表示を切り替えてみましょう。
　これは、バックエンド環境の管理を行うものです。デフォルトでは、1つだけバックエンド環境が作成さ
れています（おそらく「dev」や「staging」などの名前が割り当てられているでしょう）。
　ここには「次を使用した継続的なデプロイの設定：master フロントエンド」といったメッセージが表示さ
れています。これは、フロントエンド側にHosting environmentsの「master」ホスティング環境を使用
したアプリケーションのバックエンド環境であることを示しています。つまり、Hosting environments
のフロントエンド環境と、Backend environmentsのバックエンド環境の2つが連携してアプリケーショ
ンを管理しているのです。

ここには「デプロイのステータス」として
「Deployment completed ...」といったメッ
セージが表示されているでしょう。これは、
先に実行したデプロイメント作業が正常に
完了したことを示すメッセージです。バック
エンドの編集などを行うと、それが正常に完
了したかどうかここにメッセージで表示さ
れます。

図1-46：Backend environmentsの表示。

作成されたアプリの実行

作成されたアプリがどんなものか、実際に
動かして動作を確かめてみましょう。Amplify
のページで「Hosting environments」をク
リックして表示を切り替えてください。そして、
「master」環境の下側に見えるURLのリンク
をクリックしてください。

図1-47：masterのURLをクリックして開く。

新しいタブが開かれ、「Sign in to your
account」という表示が現れます。これはサ
インインのためのフォームです。サンプルは、
ユーザー認証を行う簡単なサンプルになって
います。アクセスすると、まずサインインす
るように表示が現れるのです。

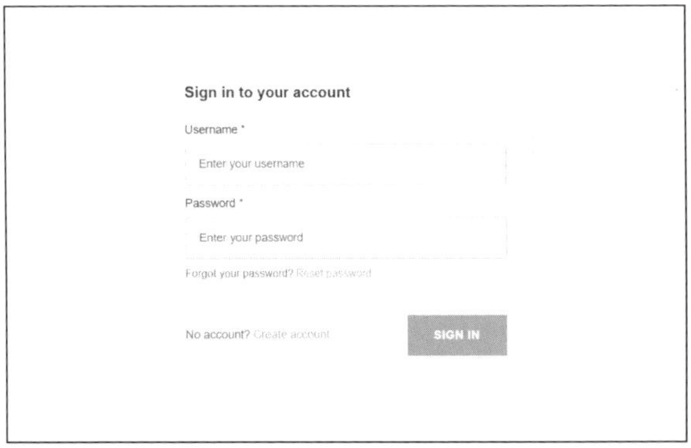

図1-48：サインインのページが現れる。

アカウントの作成

　では、フォーム下部にある「Create account」というリンクをクリックしてください。これは、アカウントを登録するためのものです。ここで名前・パスワード・メールアドレス・電話番号を入力し「CREATE ACCOUNT」ボタンをクリックします。これで、指定したメールアドレスに認証コードが送信されます。

図1-49：アカウントの登録画面。

認証コードを入力

　送られた認証コードを入力する画面が現れます。メールで送られてきた番号を記入し、「CONFIRM」ボタンをクリックすれば登録が完了します。そのままサインイン画面に戻るので、登録した名前とパスワードでサインインしましょう。

図1-50：認証コードを入力する。

サインインする

　サインインすると、画面にサンプルアプリのページが表示されます。これは、Reactによるサンプルページです。このページ自体には何の機能もありませんが、「サインインしてページにアクセスする」という基本的なアプリの働きがちゃんと動いていることが確認できました。

　また、用意されたアプリのダミーページがちゃんと表示され、アプリがデプロイされて問題なく動いてい

ることもわかりました。Amplifyで、作成されたアプリが公開され、Webブラウザからアクセスして利用できるようになっているのが確認できました。

　アプリそのものはなんの機能も持っていませんが、「GitHubのリポジトリに用意されたプログラムがAmplifyにホストされ、公開されて使えるようになっている」ということはわかったことでしょう。何もコーディングらしいことはしていませんが、ちゃんと生成されたアプリが使えるようになっているのですね。

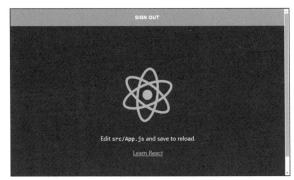

図1-51：サインインするとダミーページが表示される。

GitHubのリポジトリ

　自動生成されたアプリの編集について見ていきましょう。まずはフロントエンド側です。

　フロントエンド側のアプリ本体は、Hosting environmentsで管理されていましたね。ここではGitHubのリポジトリに追加されたプログラムがホストされ公開されています。では、GitHubにはどのような形でアプリが保管されているのでしょうか。

　これは、master環境の「最終コミット」というところにあるAuto-buildのリンク（「GitHub - master」というもの）で確認できます。このリンクをクリックすると、GitHubのリポジトリが開かれます。

図1-52：Auto-buildのGitHubリンクをクリックして開く。

create-react-app-auth-amplifyリポジトリ

　リンクをクリックすると、アカウントに作成された「create-react-app-auth-amplify」というリポジトリのページが開かれます。

　ページには、リポジトリに保管されているファイル類が一覧表示されます。これが、作成されたWebアプリケーションの内容になります。ここからファイルを開いてその内容を確認し編集することもできますし、

「Code」ボタンをクリックし、「Download Zip」メニューを選んでファイルをダウンロードすることもできます。Gitというプログラムを使うことでローカル環境にリポジトリの内容を保存し、編集しながらリポジトリにデプロイして更新していくこともできます。

図1-53：create-react-app-auth-amplifyリポジトリのページ。

Visual Studio Codeで編集する

作成されたcreate-react-app-auth-amplifyリポジトリのプログラムは、フロントエンドのアプリケーション本体となるものです。このリポジトリのコードを編集してアプリを作成していくわけです。

では、どうやってリポジトリの内容を編集すればいいのでしょうか。これには、大きく2つの方法があります。1つは、ローカル環境にファイルをダウンロードして保存し、必要に応じてリポジトリにデプロイするというものです。これはGitプログラムを使い、コマンドを使って作業することができます。ただ、Gitを使ったことがない人には今ひとつ使い方がわからないかもしれません。

最近では、Gitに対応した開発ツールも登場しています。中でも広く利用されているのが「Visual Studio Code」でしょう。これはWebアプリケーションの開発などに多用されています。Visual Studio CodeはGitHubに対応しており、GitHubのリポジトリに登録されたプログラムを開いて編集し、そのままリポジトリに更新情報を送信してアップデートすることができます。GitHubを利用するなら、用意しておきたいツールでしょう。

図1-54：Visual Studio Code。Webアプリケーションの編集には最適だ。

Visual Studio Codeのインストール

ローカル環境で編集作業を行いたい場合は、このVisual Studio Codeを利用することにしましょう。Visual Studio Codeは、以下のURLで公開されています。

https://azure.microsoft.com/ja-jp/products/visual-studio-code/

図1-55：Visual Studio CodeのWebサイト。

このページにある「今すぐダウンロード」ボタンをクリックすると、各プラットフォーム用のVisual Studio Codeがまとめられているページに移動します。ここから使っているプラットフォーム用のソフトウェアをダウンロードしてください。

ダウンロードされるプログラムは、WindowsではインストーラやZipファイル、macOSではZipファイルになります。Zipファイルは展開するとアプリ本体が保存されるので、そのまま適当な場所に配置して使います。インストーラは、起動してインストールをしてください。設定はすべてデフォルトのままで問題なくインストールできるでしょう。

図1-56：Visual Studio Codeのダウンロードページ。

Visual Studio Codeの日本語化

インストールされたVisual Studio Codeは、表示がすべて英語になっています。日本語OS上で使っている場合、起動するとウィンドウの右下に日本語の言語パックのインストールを促すアラートが現れます。

そのまま「インストールして再起動」ボタンをクリックすると、自動的に日本語化の機能拡張プログラムがインストールされます。再起動した後は、すべての表示が日本語に変わります。

　もしも、日本語化のアラートが表示されない場合は、手動で機能拡張プログラムをインストールできます。Visual Studio Codeの左端にはいくつかのアイコンが縦に並んだアイコンバーがあります。そこから機能拡張 (Extensions) のアイコンをクリックして表示を切り替え、「Japanese Language Pack for Visual Studio」という機能拡張を検索してください。これをインストールし、Visual Studio Codeを再起動すると、表示が日本語化されます。

図1-57：日本語化を促すアラート。ボタンをクリックしてインストールする。

リポジトリを複製する

　ローカル環境でGitHubのリポジトリを編集するには、リポジトリを複製します。これはVisual Studio Codeから行えます。なお、この作業を行うには、あらかじめGitがインストールされている必要があります。Gitが使える環境になっていないとうまく動かないので注意してください。

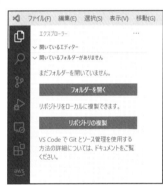

　Visual Studio Codeを起動し、左端のアイコンバーから一番上にある「エクスプローラー」アイコンをクリックし選択します。これは、ファイルなどを管理するためのものです。まだ何も開かれていないときには、ここにフォルダーやリポジトリを開くためのボタンが表示されます。

　では、ここにある「リポジトリの複製」ボタンをクリックしましょう。ウィンドウ上部に入力バーのようなものがポップアップして現れ、ここにリポジトリのURLを入力します。GitHubが利用可能ならば、「GitHubから複製」というプルダウンメニューが表示されます。

　このメニューを選ぶと、GitHubにサインインしてアクセスできる状態になっていれば、利用可能なリポジトリがプルダウンメニューで現れます。ここから、先ほど作成したリポジトリ（「ユーザー名/create-react-app-auth-amplify」という名前）を選択してください。

図1-58：「リポジトリの複製」ボタンをクリックする。

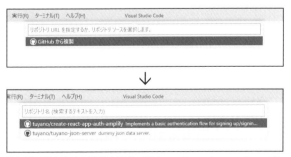

図1-59：「GitHubから複製」を選び、さらにcreate-react-app-auth-amplifyリポジトリを選択する。

　ファイルダイアログが開かれ、リポジトリのファイル類を保存する場所を訪ねてくるので、保存場所を指定します。これでその場所にリポジトリのファイル類が保存されます。

　保存後、ウィンドウ右下に「クローンした
リポジトリを開きますか」と確認アラートが
表示されるので、「開く」ボタンをクリックし
てください。これで保存されたリポジトリが
開かれます。

図1-60：GitHubのcreate-react-app-auth-amplifyリポジトリを選択して開く。

Visual Studio Codeで編集する

　Visual Studio Codeでcreate-react-app-auth-amplifyリポジトリが開かれ、編集できるようになりました。Visual Studio Codeのウィンドウは、いくつかの領域に分かれています。まずはそれぞれの働きを簡単に頭に入れておきましょう。

左端のアイコンバー

　ウィンドウ左側にあるリスト部分の表示内容を切り替えるためのものです。デフォルトでは、一番上にある「エクスプローラー」が選択されています。ファイル類を開いて編集作業を行うときは、これを選択しておきます。その他、リポジトリの操作や更新の管理、機能拡張の管理などさまざまな機能がアイコンの形で用意されています。これらはアイコンをクリックするだけで、その右側（ウィンドウ全体の左側）のリスト表示部分の内容が変わります。

エクスプローラー

　アイコンバーで「エクスプローラー」が選択されていると、アイコンバーの右側（ウィンドウ全体では左側）に縦長のリスト表示の領域が現れます。ここに開いたリポジトリのファイル類が一覧表示されます。このリスト表示は階層化されており、フォルダーはクリックするだけで開いて中身を展開表示できます。ファイルをクリックするとそのファイルが開かれ、右側の編集領域に内容が表示され編集できるようになります。

エディター

　リスト表示部分より右側の領域（ウィンドウの残りすべての部分）は、開いたファイルの編集を行うためのものです。デフォルトでは、ここには「作業の開始」という表示がされているでしょう。これはファイルやフォルダーを開いたり、チュートリアルを開いたりする基本的な機能をまとめたものです。ここに、ファイルを編集するためのエディターも開かれます。

図1-61：Visual Studio Codeでリポジトリが開かれたVisual Studio Codeの表示。

App.jsファイルを開く

リポジトリのファイルを開いて編集してみましょう。左側のエクスプローラーにある「CREATE-REACT-APP-AUTH-AMPLIFY」という項目が、リポジトリのフォルダーです。この中に、リポジトリのファイルがすべてまとめられています。

これをクリックすると、内部のファイルやフォルダーのリストが現れます。その中から「src」フォルダーを探してさらにクリックしましょう。「src」フォルダーは、ソースコードファイルがまとめられているところです。これをクリックして展開表示すると、アプリケーションのソースコードファイル類が現れます。ここから「App.js」というファイルを探して開いてみましょう。

図1-62：「src」フォルダーから「App.js」
ファイルを開く。

エディターの編集支援機能

ファイルはそれぞれのファイルを編集するための専用エディターで開かれます。例えばApp.jsはJavaScriptのファイルですから、JavaScriptを編集するためのエディターで開かれます。

Visual Studio Codeのエディターには入力を支援する機能がいろいろと用意されています。ここで簡単にまとめておきましょう。

コードの色分け表示

ファイルをエディターで開くと、何よりもまず「テキストがカラフルに表示される」ことに驚くでしょう。Visual Studio Codeでは、ソースコードは記述された要素の種類（リテラル、定数、変数、予約語、関数・クラス・メソッドなど）ごとに色やフォントスタイルなどが自動的に変更されて表示されます。慣れてくると、単語の色やスタイルを見ただけで、それがどういう役割のものかがわかるようになります。

オートインデントと構文表示

エディターはコードの文法を解析し、入力した構文等に応じて自動的にテキストの開始位置（インデント）が変更されるようになっています。また構文ごとに破線でその範囲が表示され、それぞれ折りたたんだり展開したりできます。これらの機能により、記述された構文がどの範囲に適用されているのかが把握しやすくなります。

候補の一覧表示

エディターでコードを入力していると、入力しているテキストに応じて、現在使える候補の単語がポップアップ表示されます。ここから項目を選択すればその単語が自動入力されます。またポップアップ表示され

る候補では、ヘルプなどが用意されているとフォーマットや働きの説明なども表示されます。この機能により、単語のタイプミスを劇的に減らせます。また万が一書き間違えても、構文の色分け表示などにより間違って書かれている部分がすぐにわかるようになります。

閉じタグ、閉じカッコの自動追加

多くの言語では、タグやカッコ類は開始記号と終了記号がセットになっています。開始タグやカッコを記述すると、自動的に閉じタグ・カッコも自動挿入されます。これにより、タグやカッコの閉じ忘れを減らすことができます。

図1-63：エディターには色分けやインデント、候補の表示など多くの入力支援機能が組み込まれている。

コードを修正する

このApp.jsでは、Appクラスというクラスの定義が記述されています。コードを眺めると、最初にいくつかのimport 〇〇; という文があり、その後にこのような記述部分が見つかるでしょう。

```
class App extends Component {
    ……内容……
}
```

このさらに後には、export default 〇〇; という文が1行だけあります。つまり、冒頭のimportから最後のexportまでの間がAppクラスの内容となるわけですね。

では、このAppクラスの内容を以下のように書き換えてみましょう。

▼リスト1-1

```
class App extends Component {
  render() {
    return (
      <div className="App">
        <AmplifySignOut />
        <header className="App-header">
          <img src={logo} className="App-logo" alt="logo" />
        </header>
        <h1>Sample App</h1>
        <p>これは、サンプルで作成したアプリです。</p>
      </div>
    );
  }
}
```

ここでは<header>というタグの後に、<h1>と<p>を使ってタイトルとメッセージを表示させています。ごく単純ですが、自分で作った表示に変更したことはわかるでしょう。

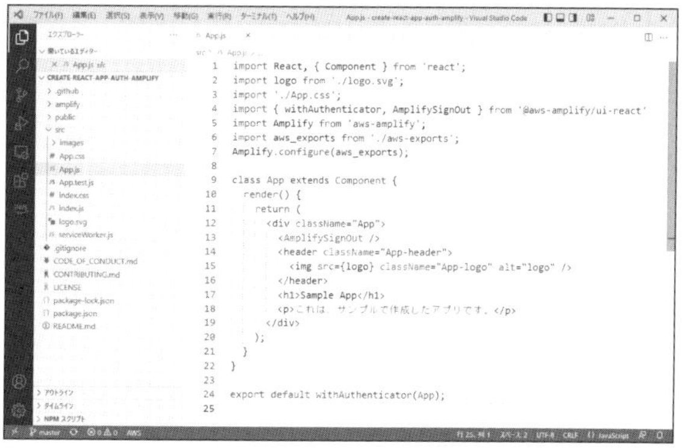

図1-64：エディターでApp.jsのソースコードを編集する。

更新をリポジトリに反映する

ファイルを修正し保存すると、左端のアイコンバーの上から3番目（「ソース管理」というアイコン）に小さく①と表示がされます。これは、更新されたファイルが1つあることを示すマークです。

GitHubのリポジトリと関連付けられているファイルでは、ファイルを書き換えるとそれをGitHubに送信して更新することができます。こうした更新に関する操作は「コミット」「プッシュ」「プル」と呼ばれます。

コミット	更新したファイルの情報を登録する作業。
プッシュ	登録された更新情報をGitHubに送信し、リポジトリのファイルを最新の状態にする。
プル	リポジトリの更新情報を取得し、ローカル環境のファイル類を最新の状態にする。

リポジトリをローカルに複製し、そのファイルを編集して更新する場合、まず修正した内容をコミットします。これにより、更新情報が登録されます。ただし、これは登録されているだけで、まだGitHubのリポジトリは変更されていません。

コミットは何回でも実行できます。そしてある程度ファイルの更新が完了し、「この状態でリポジトリを更新しよう」となったら、プッシュを実行します。これで登録された更新情報がすべてGitHubに送られ、リポジトリのファイル類に更新内容が適用されて最新の状態に変更されます。

※「プル」は、逆にローカルのプログラムにオンライン上にあるリポジトリの変更内容を適用するような場合に使います。GitHubでは使いませんが、Amplifyのクラウドサービスからローカルに変更を適用するときに使います。これは実際に使うときに説明します。

修正をコミットする

修正情報をコミットして登録しましょう。Visual Studio Code左側のアイコンバーから「ソース管理」のアイコンをクリックし表示を切り替えてください。その隣のリスト表示部分に「ソース管理」という表示が現れ、「変更」というところに「App.js」が追加表示されます。これは、App.jsというファイルが変更されていることを示します。

では、コミットしましょう。上部にある
フィールドに、更新内容の説明文を記述して
ください（「App クラスを変更」など簡単なも
ので OK です）。そして、上部にあるアイコ
ンから「コミット」アイコン（チェックマーク
のアイコン）をクリックします。これで修正
内容がコミットされます。

図 1-65：メッセージを記入し、コミットアイコンをクリックする。

GitHub にサインインする

Visual Studio Code から GitHub に接続
をしていない場合は、「機能拡張 'GitHub' が
GitHub を使用したサインインしようとして
います」というアラートが表示されます。そ
のまま「許可」ボタンをクリックして許可し
てください。

図 1-66：アラートが表示されたら「許可」ボタンをクリックする。

画面に「Authorize GitHub for VS Code」
というウィンドウが開かれます。「Authorize
Visual Studio Code」ボタンをクリックする
と、Visual Studio Code から GitHub への接
続が承認されます。

「Visual Studio Code を開きますか」とア
ラートが現れます。そのまま「Visual Studio
Code を開く」ボタンをクリックすると Visual
Studio Code が開かれます。

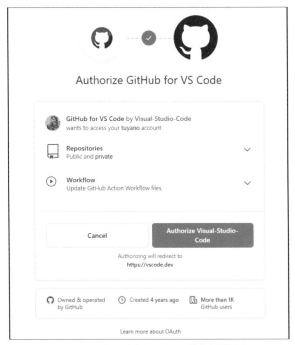

図 1-67：Visual Studio Code から GitHub への接続を承認する。

なお、初めて開くときは Visual Studio Code
側でも「この URL を開きますか」と確認アラー
トが現れます。

これで接続ができました。改めてソース管
理のコミットアイコンをクリックしてコミッ
トをしましょう。

図 1-68：Visual Studio Code を開く。

変更の同期

コミットすると、「ソース管理」の表示が変わり、メッセージのフィールドの下に「変更の同期」というボタンが表示されます。これは、コミットして登録された変更をプッシュするためのものです。

フィールドに簡単な説明文を記入し、ボタンをクリックしましょう。これで登録された更新内容がGitHubに送られ、リポジトリのファイルが更新されます。

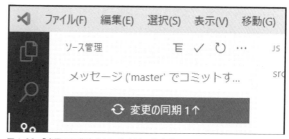

図1-69:「変更の同期」ボタンをクリックする。

GitHubで変更を確認

同期を実行したら、GitHubのcreate-react-app-auth-amplifyリポジトリのコードが更新されているか確認しましょう。create-react-app-auth-amplifyリポジトリのページで上部の「Code」をクリックすると、リポジトリのファイル類が一覧表示されます。ここから「src」フォルダーをクリックすると、「src」内のファイルが一覧表示されます。この中の「App.js」ファイルを見ると送信したメッセージが表示され、最後の更新が最近であることが表示でわかります。ファイルをクリックして開けば、内容が変更されていることもわかるでしょう。

図1-70：GitHubでApp.jsが更新されてることを確認する。

Hosting environmentsでアプリを開く

GitHubのリポジトリが更新されると、接続しているAmplifyのHosting environmentsがそれを元に自動更新されます。

Amplifyの表示に切り替え、create-react-app-auth-amplifyのHosting environmentsを表示してみましょう。「プロビジョン」「ビルド」「デプロイ」「検証」の一連の作業が自動的に再実行されているのがわかります。

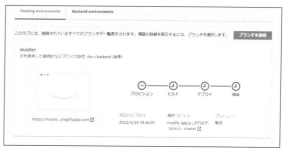

図1-71：Hosting environmentsで「プロビジョン」「ビルド」「デプロイ」「検証」が再実行される。

アプリを開く

　一連の作業が完了したら、Hosting environmentsのアプリのリンクをクリックし、アプリを開きましょう。先ほど修正したように表示内容が変更されているのがわかるでしょう。

　これでローカル環境にあるファイルを編集し、それをGitHubからAmplifyへとデプロイして公開アプリを更新するまですべて行えるようになりました。ローカルの開発ツールでアプリを編集し、それがGitHubからAmplifyへと送られ公開アプリが更新されます。

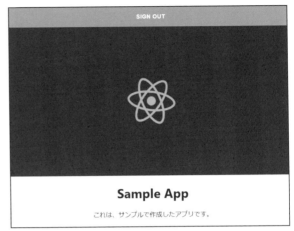

図1-72：アプリの表示が修正したとおりに変更されている。

Visual Studio Code for the Webで編集する

　Visual Studio Codeは、実はWebベースでも提供されています。GitHubのリポジトリを直接編集したいのであれば、Web版のVisual Studio Codeを使うと便利です。これは以下のURLで公開されています。

https://vscode.dev

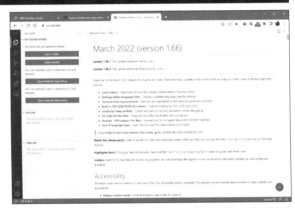

図1-73：Web版Visual Studio Code。ローカル版とほぼ同じように使える。

　メニューバーのメニューが左上の「≡」アイコンにまとめられているという違いはありますが、基本的な使い方はローカル版のVisual Studio Codeとほとんど同じです。

　もちろんGitHubに接続し、直接リポジトリを編集することも可能です。「Explorer」アイコン（アイコンバーの一番上）を選択して「Open Remote Repository」ボタンをクリックし、プルダウンメニューから「Open Repository from GitHub」を選ぶと、GitHubに接続を行います。

図1-74：「Open Remote Repository」ボタンをクリックし、「Open Repository from GitHub」を選ぶ。

　画面にGitHubへのアクセスを許可するか尋ねるアラートが現れるので、「Allow」ボタンをクリックして接続を行ってください。これでGitHubのリポジトリがプルダウンメニューから選べるようになります。この中からcreate-react-app-auth-amplifyを選べば、作成したアプリのリポジトリが表示され、編集できるようになります。

図1-75：確認アラートで「Allow」ボタンをクリックし、リポジトリからcreate-react-app-auth-amplifyを選択して開く。

C O L U M N

GitHub から直接 Visual Studio Code を開く

GitHub のリポジトリを編集する場合、実はもっと便利な方法があります。GitHub でリポジトリのコードを表示している画面で「.」キーをクリックすると自動的に Visual Studio Code が開かれ、編集できるようになるのです。これは大変便利な機能ですが、現在、ベータ版として提供されているものであるため、将来的にどうなるか（正式リリースで有料になるなど）はわかりません。2022 年 6 月の時点では無料で使うことができます。

コードを修正する

　リポジトリのファイル類が編集できるようになったら、実際にコードを修正してみましょう。App.jsファイルを開き、先ほどローカル版のVisual Studio Codeで記述したメッセージ（<p>タグの部分）を以下のように書き換えてみます。

▼リスト1-2

```
<p>これは、Web版Visual Studio Codeで修正したものです。</p>
```

　これでファイルを保存してください。ローカル版とまったく同じようにファイルが編集できることがわかるでしょう。また保存すると、「Source Control（ソース管理）」アイコンに①マークが追加されます。この点もローカル版と同じですね。

コミット＆プッシュ

　ファイルを修正したら、「Source Control」アイコンをクリックして表示を切り替えます。そしてメッセージを記入し、上部のアイコンからチェックマークのアイコン（「Commit and Push」アイコン）をクリックします。

ローカル版と同じように見えますが、こちらは「Commit and Push」、すなわちクリックするとコミットとプッシュを同時に行います。ただクリックするだけで、自動的に更新がGitHubのリポジトリに反映されるようになっているのです。なお、初めてコミットする際にはローカル版のときと同様に、GitHubとの接続を承認するためのウィンドウが表示されるでしょう。その際はGitHubアカウントで承認をしてください。

図1-76：「Commit and Push」アイコンをクリックする。

アプリを確認する

GitHubにプルされファイルが更新されたら、AmplifyのHosting environmentsが自動的に更新されます。作業が完了したところで、デプロイされているアプリを開いて表示を確認しましょう。Web版のVisual Studio Codeで修正した内容が反映されていれば正常にデプロイがされています。

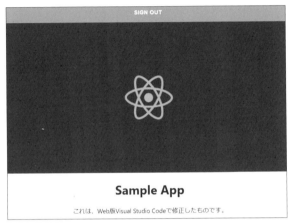

図1-77：デプロイされたアプリが更新されている。

Amplify開発は3つの拠点を結ぶ三角形

これでサンプルのアプリを作成し、編集してデプロイする、という一連の作業が行えるようになりました。慣れないうちは、Webとローカルを行ったり来たりして何をやっているのかよくわからないかもしれません。しかし慣れてくると、Amplifyというのは、3つの拠点の間を結んですべてが進められていくものであることがわかってくるでしょう。3つの拠点とは、「AWSクラウド（Amplifyサービス）」「ローカル環境」「GitHub」です。

AWSにあるAmplifyサービスではアプリケーションを作成し、そのフロントエンドとバックエンドの管理を行います。フロントエンドは、実は本体はGitHubにあり、それが自動的にAmplify側にプッシュされデプロイされています。そしてGitHubのリポジトリにあるファイルは、ローカルに保存して編集することができます。編集したものはそのままGitHubにプッシュされ、それがそのままAmplifyにプッシュされて公開されます。Amplify、ローカル、GitHub。この3つの間を行き来しながらすべては進められていくのです。

サンプルアプリで、Amplify開発の基本的な流れはだいぶわかったことでしょう。しかし、ここで作成したサンプルには決定的なものが抜けています。それは「バックエンド」です。今回作成したサンプルは、フロントエンドのアプリのみです。バックエンドはまったく使われていませんでした。

Amplifyの最大の利点は、フロントエンドとバックエンドが融合した開発にあります。というわけで、次のChapterではバックエンドをも含むアプリを実際に作成しながらAmplifyとAmplify Studioの使い方を説明していくことにしましょう。

Chapter 2

Amplify Studioでバックエンドを設計する

バックエンドの開発に用いられるのが「Amplify Studio」です。
ここではReactベースのアプリケーションを作成し、
バックエンドの機能の中でも重要となる「認証」と「データ」の扱いについて説明しましょう。

<table>
<tr><td>Chapter
2</td><td>2.1.
……
Reactアプリケーションの作成</td></tr>
</table>

バックエンドを含むアプリの作成

　フロントエンドのみのアプリケーションの作成とデプロイは、Chapter 1でだいたい行えました。フロントエンドだけでバックエンドがなければ、Amplifyの利用は比較的簡単です。しかしバックエンドも含めてとなると、いろいろと学ばなければならないことがあります。

　まず、バックエンドではデータベース関係のデータ設計について理解しなければなりません。またバックエンドとフロントエンドをいかに連携していくかも知らなければいけませんし、そもそもバックエンドの情報などをどのようにして編集管理するのかも現状ではわかりません。そうした諸々の知識を身につけていかなければ、バックエンドの開発は行えないのです。

　では、実際にサンプルアプリを作りながら、これらについて説明していきましょう。

Amplify CLIの準備

　アプリ作成に入る前に、「Amplify CLI」を準備しておきましょう。Amplify CLIとは、コマンドラインで実行できるAmplifyのプログラムです。バックエンドの情報をフロントエンドアプリケーションへ統合するのに、このCLIプログラムが必要になります。

　Amplify CLIは、Node.jsに含まれているパッケージ管理ツール「npm」を利用して簡単にインストールできます。コマンドプロンプトまたはターミナルを開き、以下のコマンドを実行してください。これでAmplify CLIがインストールされます。

```
npm install -g @aws-amplify/cli
```

Amplifyのプルとプッシュ

　Amplify CLIは、Amplifyのバックエンドとローカル環境のアプリの間で更新情報を送受するのに用いられます。以下の2つのコマンドだけを覚えておきましょう。

▼Amplifyからローカルへのプル
```
amplify pull ……オプション……
```

　Amplifyのバックエンドからローカル環境のアプリに更新情報を送り、ローカルアプリを更新するためのものです。AmplifyのバックエンドでUIコンポーネントなどを作成した場合、これをローカル環境のアプリに追加するようなときに使います。オプション等は後ほど説明します。

▼ローカルからAmplifyへのプッシュ

```
amplify push
```

　ローカルで編集した更新情報をAmplifyのバックエンドに送って更新するためのものです。ローカル側でUIコンポーネントを編集したものをバックエンドに送るようなときに使います。
　これらは基本的に「バックエンド側のやり取り」をするためのものと考えましょう。フロントエンドのアプリケーションはGitHubにプッシュし、そこからAmplifyのホスティング環境に送られデプロイされますので、amplifyコマンドなどを使う必要はありません。

Amplifyの設定を行う

　Amplify CLIをインストールしたら、Amplifyの設定を行います。これもコマンドラインから実行しますが、途中でAmplifyでの作業もあるため、やや手順がわかりにくいでしょう。以下の通りに作業を進めてください。

1. amplifyコマンドを実行

　コマンドプロンプトあるいはターミナルを起動して以下のコマンドを実行します。カレントディレクトリはどこにあってもかまいません。

図2-1：amplify configureコマンドを実行する。

```
amplify configure
```

2. Amplifyにサインイン

　Amplifyにサインインするように促すメッセージが表示されます。設定作業はAmplifyにサインインされた状態でなければ進められません。サインインできていたら、[Enter]キーを押して次に進みます。

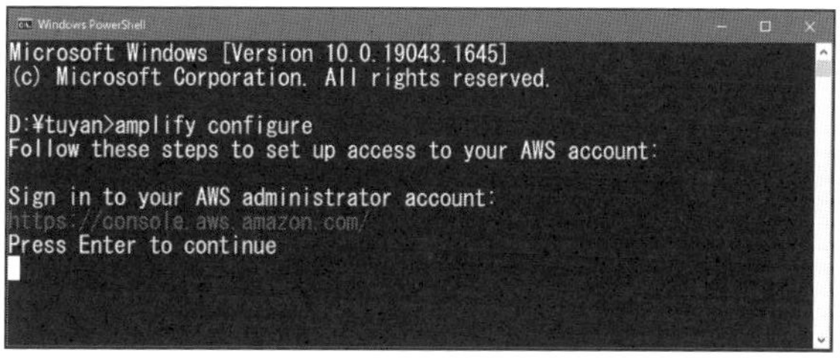

図2-2：[enter]キーを押して進む。

3. リージョンの選択

　Amplifyで使うリージョンを指定します。リージョンの一覧が表示されるので上下の矢印キーで移動し、使いたいリージョンを選択して[Enter]してください。なお、使用するリージョンは、先にサンプルで作成したアプリ（create-react-app-auth-amplify）を配置したのと同じところにしておきましょう。

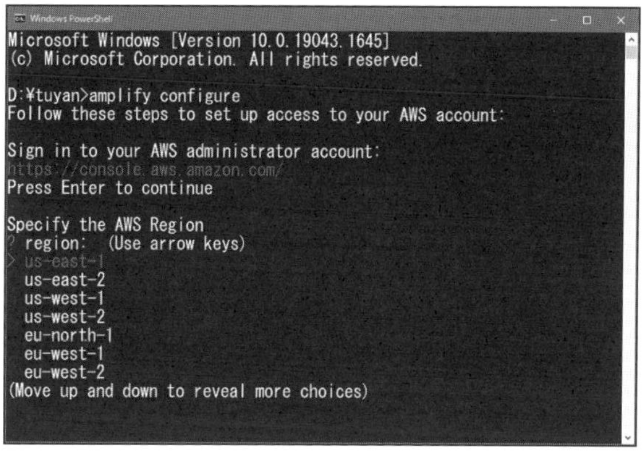

図2-3：使用するリージョンを選択する。

4. IAMユーザー名の入力

「IAMユーザー」というものを作成します。まず、ユーザーの名前を入力し[Enter]してください。ここでは「amplify-user」としておきましたが、どんな名前でもかまいません。

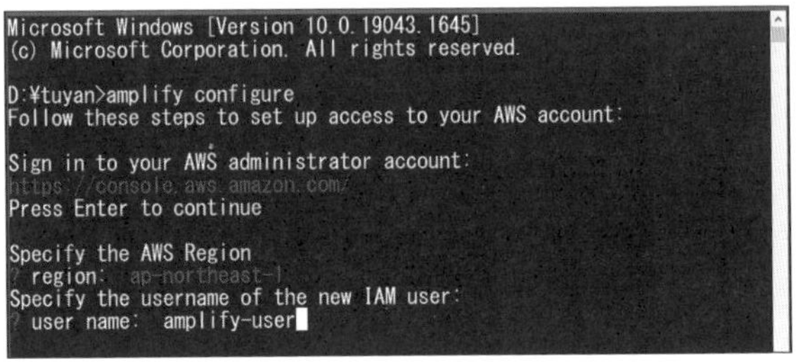

図2-4：ユーザー名を入力する。

IAMユーザーの作成

　Webブラウザのウィンドウが開かれ、AWSのIAMユーザーの作成画面が表示されます。この画面で「IAMユーザー」を作成していきます。

　Amplifyのサービス内からAWSの各種サービスを利用するために使う「IAMユーザー」というものを作成していきます。IAMユーザーは、さまざまなプログラムがAWSの機能にアクセスするために用意するユーザーアカウントです。プログラム内からAWSの機能を利用するためには、あらかじめどのような機能にアクセスできるかを設定したIAMユーザーを用意し、それをプログラムに割り当てておく必要があります。

5. ユーザー詳細の設定

　まずはユーザー名と、AWSユーザー認証タイプを指定します。ユーザー名は先ほど入力したものが自動設定されています。AWSユーザー認証タイプはどのようにユーザーを認証するかを示すもので、デフォルトで「アクセスキー・プログラムによるアクセス」が選択されています。そのまま次に進みましょう。

図2-5：ユーザー名とAWSユーザー認証タイプを指定する。

6. アクセス許可の設定

　どのようなアクセスを許可するかを指定する画面になります。上部にある「既存のポリシーを直接アタッチ」という項目が選択されているでしょう。これは、下に表示されている「ポリシー」の一覧からアクセス許可の内容を選択していくものです。ポリシーとは、さまざまな用途ごとにアクセスの設定をまとめたものです。ここでは「AdministratorAccess-Amplify」という項目のチェックがONになっています。これが、Amplifyの管理者機能を許可するためのポリシーです。これがONになっていることを確認した上で次に進みましょう。

図2-6：AdministratorAccess-Amplifyポリシーを選択し次に進む。

7. タグの追加 (オプション)

ユーザーに各種の情報を付け足すタグを用意するためのものです。これはオプションなので特に設定する必要はありません。そのまま次に進みましょう。

図2-7：タグの追加。何もせず次に進む。

8. 確認

ここまでの設定内容がまとめて表示されます。ここで内容を確認し、「ユーザーの作成」ボタンをクリックしてください。これでIAMユーザーが作成されます。

このIAMユーザーは、Amplifyのプログラムが Amplify のサービスにアクセスするのに使われるものなので、アクセス許可などが正しく設定されていないと Amplify をうまく動かすことができません。よく内容を確認した上で作成しましょう。

図2-8：設定内容を確認し、ユーザーを作成する。

9. ユーザーを追加

作成したユーザーの情報が表示されます。これは非常に重要です。ユーザーの欄に作成したユーザー名が表示され、そこに「アクセスキー ID」と「シークレットアクセスキー」という項目の値が用意されています。この2つの値をコピーし、どこか安全な場所にペーストして保存してください（シークレットアクセスキーは「表示」リンクをクリックすると表示されます）。

この2つの値は、プログラム内からこのIAMユーザーを利用するのに必要となるものです。これらが正しく入力されないと、IAMユーザーを使えるようになりません。間違いなく値を保管してください。保管したら、IAMユーザー作成のWeb画面は閉じてOKです。

図2-9：作成したユーザーのアクセスキー IDとシークレットアクセスキーを保管する。

アクセス情報の入力

　再びコマンド画面に戻り、Amplifyの設定作業を進めていきます。ユーザー作成が終わった段階で、コマンドラインの画面で Enter キーを押してください。Amplifyの設定処理が再開されます。

10. アクセスキーの入力

　アクセスキー IDとシークレットアクセスキーを入力する表示が現れます。先ほどコピーしておいた2つの値をそれぞれ入力してください。

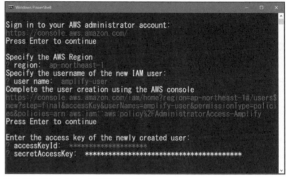

図2-10：アクセスキー情報を入力する。

11. プロファイル名の入力

　作成するAWSプロファイル（ローカル環境に保存されるAWS利用の設定情報）に名前を入力します。これはオプションなので設定しなくとも問題ありません。デフォルトでは（default）と表示されているので、そのまま Enter キーを押せばいいでしょう。

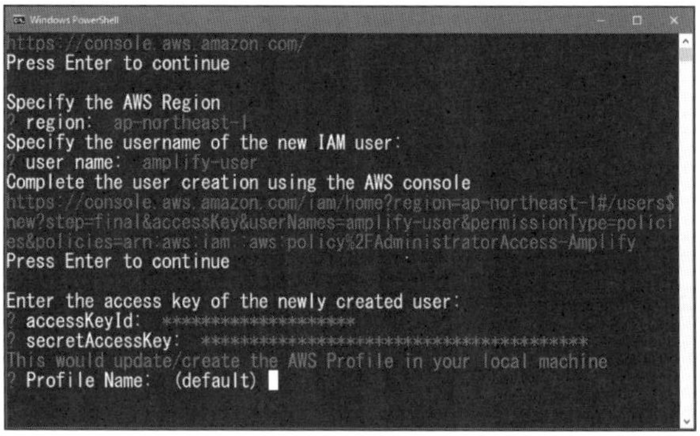

図2-11：プロファイル名を入力する。何も入力しなくてOK。

　再び入力できる状態に戻ったら、Amplifyの設定は完了です。開いたコマンドラインのウィンドウを閉じて作業終了しましょう。

Reactアプリケーションを作成する

　Amplifyの設定が完了し、すぐに使える状態になったら、いよいよサンプルのアプリケーションを作りましょう。

　今回はReactベースのアプリケーションを作成していきます。もちろんフロントエンドだけでなく、バックエンドも持ったアプリケーションを作成します。

　Amplifyでフロントエンド＝バックエンド両環境を持ったアプリケーションを作成する場合、一定の手順で作業をしていきます。まずは全体の流れを整理しておきましょう。

1. Amplifyでアプリケーションを作成する。
2. ローカル環境にフロントエンドのアプリケーション（Reactアプリケーション）を作成する。
3. 2で作成したアプリケーションにAmplifyのバックエンド環境を組み込む。
4. GitHubにリポジトリを用意し、アプリケーションをプッシュする。
5. Amplifyのフロントエンド環境（Hosting environments）からGitHubのリポジトリに接続し、GitHub からAmplifyにデプロイされるように設定する。

　「Amplifyでアプリ作成」「ローカルにアプリ作成」「GitHubにリポジトリ作成」「GitHubからAmplifyに デプロイ」というようにして、Amplify→ローカル→GitHub→Amplifyという流れを完成させます。

「アプリケーションをビルド」を実行する

　では、Webブラウザで開いているAmplifyのページで、上部にある「すべてのアプリ」リンクをクリック してください。これで、作成されたアプリの状態がすべて表示された画面になります。ここでアプリ名ご とに最終更新の状態が表示されます。すでに作成してある「create-react-app-auth-amplify」アプリには、 最終更新からの経過時間と「成功」という実行結果が表示されているでしょう。ここで新しいアプリケーショ ンを作成します。

1. アプリケーションをビルド

　右側に見える「新しいアプリケーション」 をクリックし、現れたメニューから「アプリ ケーションをビルド」を選択してください。

図2-12：「アプリケーションをビルド」メニューを選ぶ。

2. Amplify Studioの開始方法

　Amplify Studioを利用するための設定を 行います。アプリケーションの名前という 欄にアプリ名を入力しましょう。ここでは 「Sample-app」としておきました。

　入力後、「Comfirm deployment」ボタン をクリックするとAmplify Studioの利用を 開始します。

図2-13：アプリ名を入力し、ボタンをクリックする。

3. バックエンド環境の初期化

バックエンドを利用するための処理が始まります。これにはしばらく時間がかかるので、終わるまでひたすら待ってください。すべての処理が完了すると、自動的に表示が切り替わります。

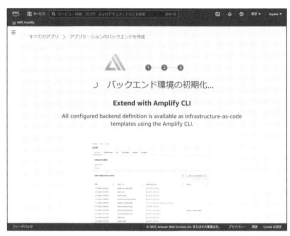

図2-14：バックエンド環境の初期化を行う。

初期化処理が完了すると、表示が見慣れたアプリの編集画面に切り替わります。この画面になれば、アプリは正常に作成されています。

これでAmplifyに「Sample-app」という名前でアプリケーションが作成されました。バックエンドも初期化され使える状態となっています。「Backend environments」からAmplify Studioを起動すれば、もうバックエンドの編集作業が行えます。ただし、まだフロントエンド側（Hosting environments）の準備はできていません。これはローカル環境にアプリを準備し、それをGitHubにプッシュしてリポジトリが完成したところで、そのリポジトリに接続して作成することになります。

図2-15：アプリの画面。「Backend environments」には「staging」環境が用意されている。

ローカル環境にアプリを作成する

Amplifyにアプリが用意できたら、次に行うのはローカル環境のアプリ作成です。Reactアプリケーションをローカルに作成し、Amplifyからアプリにバックエンドの情報をプルして保存します。

まず、バックエンドからローカルにプルするためのコマンドを調べましょう。作成された「Sample-app」アプリのページで、「Backend environments」に表示を切り替えてください。「staging」という名前の環境が用意されています。

ここにある「ローカル設定手順」という表示をクリックしてください。設定の説明が展開表示されます。以下のようなコマンドが表示されているでしょう。

```
amplify pull --appId 《アプリのID》 --envName 《環境名》
```

これが、後ほど実行するコマンドです。この右側にあるアイコンをクリックし、コマンドをコピーしてください。そしてどこかに保管しておきましょう。

図2-16：「ローカル設定手順」をクリックして表示を展開する。

Reactアプリケーションを作成する

では、ローカル環境にアプリを作成しましょう。コマンドプロンプトまたはターミナルを起動してください。そして「cd Desktop」を実行してデスクトップに移動し、以下のコマンドを実行します。

```
npx create-react-app sample-amplify-app
```

図2-17：create-react-appコマンドを実行する。

これはcreate-react-appコマンドというReactアプリの雛形を作成するコマンドです。この後に指定した「sample-amplify-app」というのが作成されるアプリ名になります。実行すると、「sample-amplify-app」というフォルダーがデスクトップに作られ、その中にアプリのファイルが保存されていきます。すべてが完了するまでにはけっこう時間がかかるので、ひたすら待ちましょう。

再び入力できる状態に戻れば、アプリの作成は完了です。

図2-18：入力状態に戻れば、アプリは作成されている。

Amplifyをプルする

　ローカルにアプリケーションが作成できたらAmplifyコマンドを使い、AWS上にあるAmplifyアプリに接続して必要な情報をローカル環境にプルします。

　コマンドプロンプトまたはターミナルは開いたままになっていますか？　「cd sample-amplify-app」で作成したアプリのフォルダー内に移動し、先にコピーしておいた以下のようなコマンドをペーストして実行してください。

```
amplify pull --appId 《アプリのID》 --envName 《環境名》
```

1. Amplify Studioアカウントにサインインする

　Webブラウザのウィンドウが開かれます。まだAmplify Studioにサインインしていない場合は、「Sign in to your Amplify Studio account」という表示が現れます。ここでAWSのユーザー名とパスワードを入力し、サインインをします。

図2-19：Amplify Studioアカウントでサインインする。

2. Amplify CLIからのログインを許可

　サインインしている場合は、Amplify CLIからログインしようとしている旨が表示されます。そのまま「Yes」ボタンをクリックすれば、ログインが許可されアクセスできるようになります。

図2-20：「Yes」ボタンをクリックしてログインを許可する。

3. デフォルトエディターの選択

　ログインを許可したら、再びコマンドラインのウィンドウに戻ってください。最初に、使用するエディターを選択するための入力が表示されます。ここでは「Visual Studio Code」を選択し、Enter してください。

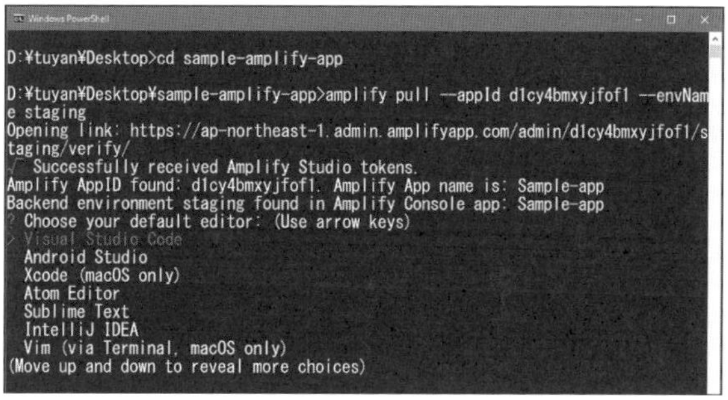

図2-21：デフォルトエディターに「Visual Studio Code」を選ぶ。

4. アプリケーションタイプ

　アプリケーションのタイプを選びます。「android」「flutter」「ios」「javascript」といった項目が用意されています。ここでは上下キーで「javascript」を選択し、Enter してください。

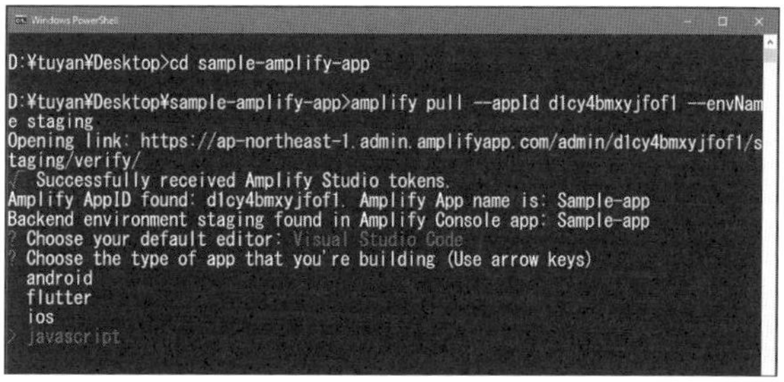

図2-22：「javascript」を選択して enter キーを押す。

5. JavaScriptフレームワーク

　アプリケーションで使用するJavaScriptのフレームワークを指定します。主なフレームワークがリスト表示されるので、今回は「react」を選択し、Enter してください。

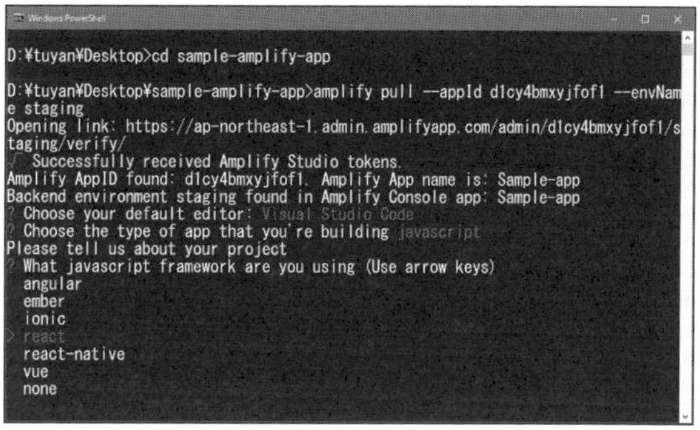

図2-23：フレームワークの指定。「react」を選択する。

6. 各種パスの指定

　その他の指定を入力していきます。ソースコードファイルの保管場所、ビルドしたアプリケーションの保存場所、ビルドと実行のコマンドの入力などを次々と設定していきます。これらはいずれも特に理由がなければデフォルトのまま [Enter] キーだけ押していけばいいでしょう。

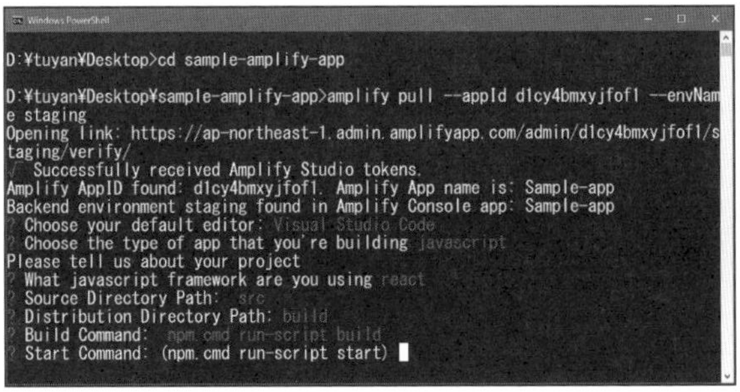

図2-24：各種設定を順に入力していく。

　すべての入力が終わると自動的にAmplifyに接続し、用意されている設定情報がローカル環境にプルされます。

　このプル作業は、最初に一度実行すれば終わりではありません。Amplify Studioでバックエンドを編集するたびにローカル環境のアプリとプルして内容を同期する必要があります。この先、よく利用するコマンドですので使い方と働きをよく覚えておきましょう。

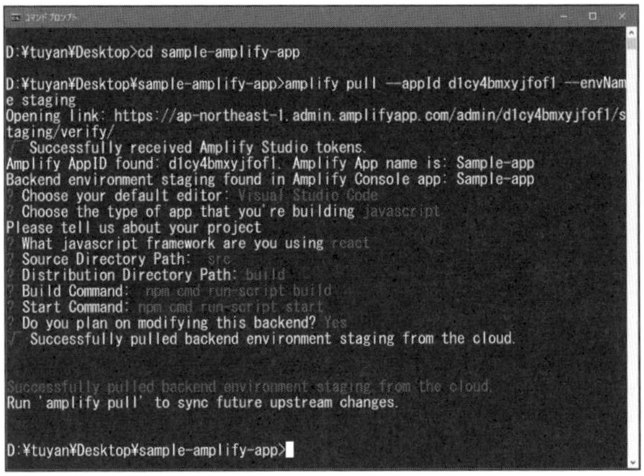

図2-25：すべて完了したらAmplifyからプルされている。

Visual Studio CodeからGitHubにプッシュする

　これで、Amplifyに作成したアプリのバックエンド、ローカルに用意したアプリが準備できました。ではVisual Studio Codeを起動し、作成したSample-appアプリを開きましょう。「ファイル」メニューから「フォルダーを開く」を選び、デスクトップに作成されている「Sample-app」フォルダーを選択すればフォルダーが開かれ、その中身がエクスプローラーに表示されるようになります。

アプリをコミットする

　では、アプリをGitHubにコミット＆プッシュしましょう。左端のアイコンバーから「ソース管理」アイコンをクリックして表示を切り替え、上部のフィールドにメッセージを入力してから「コミット」アイコンをクリックしてください。これで変更内容がコミットされます。

図2-26：「コミット」アイコンでコミットする。

1. GitHubのブランチに接続する

アプリケーションでは、ブランチ（リポジトリに用意する分岐）が
まだ登録されていません。コミットすると、「ブランチの発行」という
ボタンが表示されます。これをクリックしてブランチを作成します。

図2-27：「ブランチの発行」ボタンをクリックする。

2. リポジトリ名の入力

上部にフィールドが現れ、割り当てるリポジトリの名前を入力するようになります。メニューがプルダウンして表示されているので、そこから「Publish to GitHub private repository」という項目を選択してください。これで、privateリポジトリ（公開されていないリポジトリ）が作成されます。

図2-28：Publish to GitHub private repositoryを選択する。

3. GitHubにログイン

新しいウィンドウが開かれます。ここでGitHubのアカウントとパ
スワードを入力し、「Login」ボタンをクリックしてGitHubにログイ
ンします。

図2-29：GitHubにログインする。

これでGitHubに接続され、「sample-amplify-app」というリポジトリが作成されてアプリケーションの
内容がすべてプッシュされます。Visual Studio Codeの右下に「GitHubに'○○'リポジトリが正常に作成
されました」とメッセージが表示されます。そのまま「GitHubで開く」ボタンをクリックすると、作成した
リポジトリが開かれます。

図2-30：右下のアラートにあるボタンをクリックしてリポジトリを開く。

GitHubでリポジトリを確認する

　GitHubが開かれたら、リポジトリにアプリケーションのファイル類が保存されているのを確認しましょう。これでローカル環境にあるアプリケーションがそのままGitHubにプッシュされ、使えるようになりました。

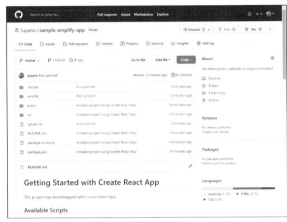

図2-31：GitHubに作成されたリポジトリ。

AmplifyからGitHubをプルする

　残るは、GitHubのリポジトリに用意されたアプリケーションをAmplifyで受け取りデプロイする作業だけです。これはAmplifyアプリの「Hosting environments」で作業を行います。

　表示を「Hosting environments」に切り替えると、まだホストするアプリケーションが用意されていないため、「ウェブアプリケーションをホスト」という表示が現れます。ここで、どのような形でアプリケーションをホストするかを指定します。

　GitHubの他、BitbucketやGitLabなどのGitを利用したサービスが用意されています。また、「Gitプロバイダーなしでデプロイ」という項目もあり、これは直接ファイルをアップロードしてデプロイするような場合に使います。

　では、GitHubのリポジトリをホストしましょう。

図2-32：Hosting environmentsには「ウェブアプリケーションをホスト」と表示される。

1. ブランチを接続

「ウェブアプリケーションをホスト」にある「GitHub」を選択します。そして「ブランチを接続」ボタンをクリックしてください。

図2-33：GitHubを選択して「ブランチを接続」をクリックする。

2. リポジトリブランチの追加

リポジトリとブランチを選択する画面が現れます。「最近更新されたリポジトリ」から、GitHubに作成したブランチ（「ユーザー名/sample-amplify-app」というもの）を選択します。もしブランチが表示されないようなら更新ボタン（丸い矢印のアイコン）で表示を更新してください。

続いて、下にブランチの選択メニューが現れるので、ここから「master」を選択して次に進みます。

図2-34：リポジトリとブランチを選択する。

3. アプリケーションの構築とテストの設定

リポジトリの内容をアプリケーションにどう組み込むのか設定をしていきます。ここではバックエンドとロールに関する以下の項目を設定します。

このブランチで使用するバックエンド環境を選択	「App name」で、GitHubのブランチを割り当てるアプリケーションを指定する。ここでは「Sample-app(this app)」を選択し、「Environments」から「staging」を選択する。
フルスタックの継続的デプロイ（CL/CD）を有効化	ONにするとGitHubのリポジトリを常にチェックし、更新されれば自動的にプッシュされデプロイされるようになる。ON/OFFどちらでもかまわないが、よくわからなければONにしておく。
既存のサービスロールを選択するか〜	ロールを選択するプルダウンメニューと、「新しいロールを作成」ボタンがある。ここではChapter 1でサンプルを作ったときに作成した、ロール（「amplifyconsole-backend-role」）を使う。

これらを一通り設定したら、下にスクロールしていきましょう。「構築とテストの設定」という表示がありますが、これは自動検出された設定情報なので何もする必要はありません。設定をカスタマイズしたいようなときに「Edit」ボタンで編集を行います（今回は何もしません）。

　そのまま一番下にある「次へ」ボタンをクリックして先に進んでください。

図2-35：バックエンドトロールの設定を行う。

図2-36：一番下の「次へ」ボタンをクリックする。

4. 確認

　リポジトリの設定とアプリの設定が表示されます。ここで設定内容をよく確認し、問題なければ「保存してデプロイ」ボタンをクリックします。

図2-37：「保存してデプロイ」ボタンをクリックする。

これでHosting environmentsにGitHubのリポジトリが接続されました。Chapter 1で見慣れた表示に切り替わり、プロビジョン・ビルド・デプロイ・検証といった一連の作業が実行されます。以後はフルスタックの継続的デプロイ（CL/CD）がONになっていれば、GitHubのリポジトリが更新されればいつでもHosting environmentsのアプリが更新されるようになります。

とりあえず、これで「Amplifyアプリ」「ローカル環境アプリ」「GitHubリポジトリ」の3つの要素がすべて用意できました！

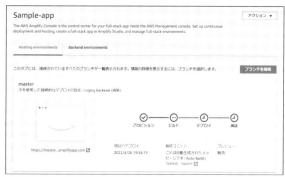

図2-38：GitHubにプッシュすると、AmplifyのHosting Environmentsが自動的に更新される。

Amplifyのパッケージを追加する

一通りの準備ができたところで、次にローカル環境に作成したアプリケーションを整備していきましょう。

アプリの開発は、基本的にローカル環境に用意したアプリケーションで行います。これを編集してアプリを作成し、バックエンドの修正はAmplifyにプッシュし、フロントエンドについてはGitHubにプッシュしてAmplifyとGitHubを更新するのです。

そのためには、ローカルに用意したアプリケーションに必要なパッケージを追加し、フロントエンドもバックエンドも完全に動作するようにしておく必要があります。

ターミナルを開く

パッケージの追加などの操作はコマンドラインで行います。これはVisual Studio Codeの中から行えます。「ターミナル」メニューから「新しいターミナル」を選んでください。これでウィンドウの下部にターミナルという表示が現れます。ここから直接コマンドを入力し、実行することができます。

なおWindowsの場合、デフォルトで使われるシェルにコマンドプロンプトではなくパワーシェルが選択されている場合もあります。これはターミナルの右上にある「＋」アイコンをクリックし、「Command Prompt」を選択すれば変更できます。

図2-39：「新しいターミナル」メニューでターミナルを開く。

Amplifyのパッケージをインストールする

では、Amplify関連のパッケージをインストールしましょう。パッケージのインストールはnpmコマンドで行えます。

```
npm install パッケージ名
```

このように実行すれば、指定のパッケージをアプリケーションにインストールできます。では、以下のようにコマンドを実行しましょう。

```
npm install aws-amplify @aws-amplify/ui-react
```

aws-amplifyが、Amplifyの機能を利用するためのパッケージで、@aws-amplify/ui-reactは、ReactでAmplifyを利用するためのパッケージです。ReactベースのアプリケーションでAmplifyを利用するには、この2つが必要です。

これらがインストールされれば、ローカル側のアプリの準備も完了です。

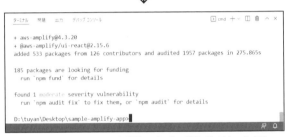

図2-40：npm installでAmplify関連のパッケージをインストールする。

アプリを実行する

作成したアプリを実行してみましょう。アプリの実行は、実は2つあります。1つはローカルに作成したアプリケーションをその場で実行するというもの。もう1つはAmplifyのホスティング環境にデプロイされたアプリを開いて動作確認するというものです。これらについて簡単に説明しましょう。

ローカル環境のアプリ実行

ローカル環境に作成したアプリを実行するには、Visual Studio Codeのターミナルから「npm start」というコマンドを実行します。これで通常はhttp://localhost:3000にアプリが公開されます。

図2-41：npm startコマンドでアプリを実行する。

Amplifyにデプロイされたアプリの実行

Amplifyのホスティング環境にデプロイされたプログラムは、Hosting environmentsの環境（デフォルトは「master」）に用意されているURLリンクをクリックして開くことができます。これで動作を確認すればいいでしょう。

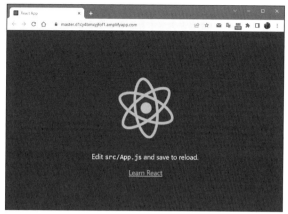

図2-42：作成されたアプリケーションを開いたところ。

Reactアプリケーションのファイル構成

これでアプリ関係は一通り用意できました。最後に、作成したアプリがどのようになっているのか、その基本的なファイル構成についてざっと説明をしておきましょう。

アプリの開発は、基本的にローカル環境に作成したアプリケーションを編集して行います。そのためには、アプリケーションがどのようなファイル構成になっており、どのファイルがどういう働きをしているか知っておかなければいけません。アプリケーションの内部は基本的にこのような構成になっています。

アプリケーション内にあるもの

「.vcode」フォルダー	Visual Studio Code関連のファイル。
「amplify」フォルダー	Amplifyで必要となるファイル類。
「node_modules」フォルダー	アプリで使うパッケージ類。
「public」フォルダー	公開されるファイル（イメージファイルなど）。
「src」フォルダー	ソースコードファイル。
package.json/package-lock.json	アプリのパッケージ情報。

この他にもいくつかありますが、上記のものだけ頭に入れておけば十分でしょう。なお、フロントエンドとなるReactアプリケーションの詳細については別のChapterで詳しく説明しますので、今はよくわからなくともまったく問題ありません。

「src」フォルダーについて

これらの中でもっとも重要なのが、「src」フォルダーです。アプリケーションで利用するすべてのソースコードファイルはこの中にまとめられます。デフォルトでは以下のようなものが用意されています。

App.js/App.css/App.test.js	「App」コンポーネントのファイル。App.jsがソースコード、App.cssがスタイルシート、App.test.jsがテスト用のコードになる。
index.js/index.css	アプリケーションにアクセスした際に最初に実行されるコードとスタイルシート。

　この他にもいくつかファイルはありますが、上記のものがアプリケーション本体のプログラム部分となります。このうちindex.jsは、ReactフレームワークでAppコンポーネントを組み込み表示する処理を行うものです。そしてApp.jsが、実際に画面に表示される内容を作成します。

　今回作成したアプリは、Reactベースのものです。したがって、作成されるソースコードはReactを使ったものになります。Reactの基本的なコーディングについてはChapter 4で改めて説明します。今の段階では、「よくわからないけど、Reactを使っているとこう書くらしい」程度に考えてください。いずれ、何をやっているのかわかるようになりますから、今わからなくとも心配は無用です。

2.2.

Amplify Studioとユーザー認証

Amplifyのバックエンド機能

　これでサンプルのアプリケーションが準備できました。フロントエンド部分に関しては、Visual Studio codeでコードを編集しGitHubにプッシュすれば、それを元にAmplifyのホスティング環境が更新され公開アプリがアップデートされる、ということはわかっています。つまりフロントエンド部分の開発は、一般的なWebアプリケーションの開発とほとんど同じ感覚で行えるわけですね。

　問題はバックエンドです。Amplifyでは、バックエンドに以下のような機能を持っています。

データベース	データベースのモデル設計とデータ（コンテンツ）の編集。
認証	さまざまな認証の設定とユーザーの登録。
UIデザイン	Figmaと連携したUIコンポーネントの設計。
ストレージ、関数、その他	AWSのストレージや関数の利用、他AWSの各種サービスを利用するための機能。

　これらのうち、もっとも重要で多用されるのは「データベース」と「認証」でしょう。またデータベースを利用する場合、それと連携したUIコンポーネントの設計も必要となってきます。この3つが、バックエンドでもっとも重要となる機能といえます。それ以外のものは、「オプションとしてそういう機能も用意されている」ぐらいに考えておけばいいでしょう。

Amplify Studioを起動する

　バックエンドの機能は、すべてAmplify Studioを使って行います。これはWebベースで提供されているバックエンドの編集ツールです。

　では、Amplify Studioを起動しましょう。Amplifyの「Sample-app」アプリの画面で、「Backend environments」を表示してください。環境のパネル（ここでは「staging」）に「Studioを起動する」というボタンがあります。これをクリックしましょう。新たなタブが開かれ、Amplify Studioの画面が表示されます。

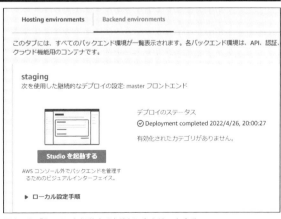

図2-43：「Studioを起動する」ボタンをクリックする。

Amplify Studioの画面

　Amplify Studioは、左側に各種機能をリストにまとめたものが用意されています。ここで使いたい機能をクリックして選択すると、その機能の詳細設定が画面に表示されるようになっています。デフォルトでは、リストの一番上にある「ホーム」という項目が選択されています。

　このリストに用意されている項目は非常に多いため、一度にすべて覚えるのはかなり大変です。ここではいくつかのChapterに分けて説明していくことにしましょう。

図2-44：Amplify Studioの画面。

ユーザー認証について

　では、もっとも重要なユーザー認証の機能から説明をしていきましょう。ユーザー認証は、左側のリストにある「Authentication」という項目で設定します。これをクリックすると、認証に関する設定項目が画面に表示されます。

　ここには上部に以下の2つの表示があります。まずは、このどちらかを選びます。

Start from scratch	認証の設定を一から行う。
Reuse existing Amazon Cognito resources	AWSのユーザー認証機能から情報を流用する。

　デフォルトでは「Start from scratch」が選択されていることでしょう。これで、一から認証の設定を作成していきます。Reuse existing Amazon Cognito resourcesは、すでにAWSを使っていて認証の設定が用意されている場合に使うものと考えましょう。

図2-45：Authenticationの画面。「Start from scratch」が選択されている。

Configure loginについて

Authentication画面には、「1. Configure login」「2. Configure sign up」という表示があります。これらはそれぞれ「ログインに関する設定」「サインアップに関する設定」です。

まずは、1のConfigure loginから見てみましょう。これは、どのような方式でログインを行うかを指定するものです。デフォルトでは「Email」という項目が用意されています。これはメールアドレスを使ってログインする方式です。この方式を使いたくない場合は、「Remove Email login」を使います（ただし、最低でも1つのログイン方式が設定されてないといけないため、削除するには代わりのログイン方式が用意されている必要があります）。

図2-46：デフォルトで用意されているEmailログイン。

Add login mechanism

その他のログイン方法を使いたい場合は、その下にある「Add login mechanism」というボタンをクリックします。各種のログイン方式がプルダウンして現れます。ここで項目を選ぶと、そのログイン方式の設定が追加されます。

Amplifyのログイン機能として用意されている認証方式は以下のようなものがあります。

Email	メールアドレスを入力する（デフォルトで設定されているもの）。
Username	ユーザー名を入力する。
Phone number	電話番号を入力する。
Facebook	Facebookのソーシャル認証。
Google	Google認証。
Amazon	Amazonアカウントによるログイン。
Sign in with Apple	Appleのサインイン機能の利用。

UsernameとPhone number以外は、いわゆるソーシャル認証と呼ばれる機能です。外部のサービスの認証機能を利用することで簡単にログインできるようにします。

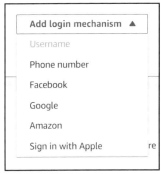

図2-47：用意されている認証方式。

Multi-factor authentication

　その下にある「Multi-factor authentication」は、複数要素による認証のためのものです。デフォルトでは「Off」が選択されています。

　「Optional（オプションで設定）」「Enforced（必須設定）」を選択するとSMSやAuthenticator Applicationといった項目が現れ、どれを使って認証を行うかを選択できます。SMSでは、送信する認証コードのメッセージも編集できます。

図2-48：複数要素による認証の設定。

Configure Sign upについて

　2番目のConfigure Sign upはサインアップする際の設定です。サインアップの基本的な方式は、Add login mechanismで設定した方式に準じます。

図2-49：Configure Sign upでサインアップの設定を行う。

Add attribute

　このボタンをクリックすると、サインアップ時に入力する項目がプルダウン表示されます。ここから項目を選ぶことで、サインアップ時に必要な情報を入力させることができるようになります。

　これはオプションであり、不要ならば何も追加する必要はありません。サインアップに必要な項目は自動で用意されます。

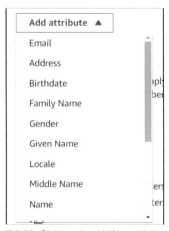

図2-50：「Add attribute」ボタンでサインアップ時の設定項目を追加できる。

Password protection settings

サインアップ時のパスワード保護に関する設定です。最小文字数、大文字・小文字・数字・記号の必須化などの項目を設定できます。これにより、より安全なパスワードが設定されるようになります。

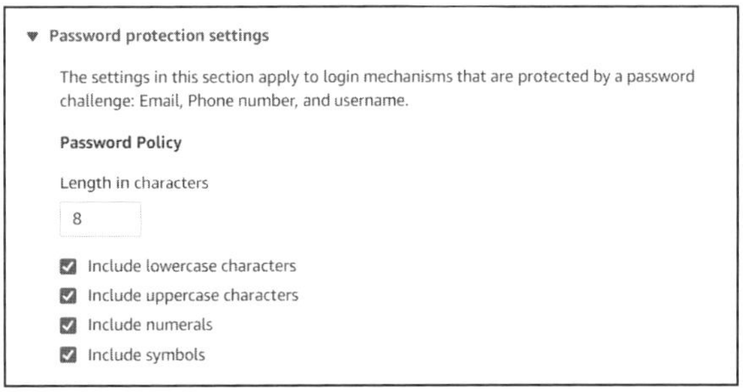

図2-51：Password protection settingsでパスワードの入力を設定する。

Verification message settings

入力されたサインアップの検証に関する設定です。メールアドレスやSMSを使い認証コードを送信して検証されるようにできます。

図2-52：Verification message settingsでサインアップの検証設定する。

Configure a US Phone number

ログインおよびサインアップ関係で電話番号やSMSを利用する場合、この設定が追加されます。米国に住んでいる場合、自分の電話番号で認証メッセージを送信するためにはAmazon Pinpointを使って送信者の電話番号を設定する必要があります。これはそのための設定です。米国以外の利用者は、OFFにしておけば問題ありません。

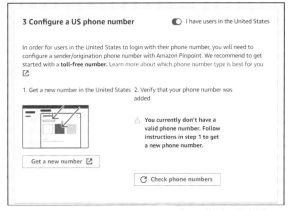

図2-53：Configure a US Phone numberで米国の利用者は電話番号に関する設定を行う必要がある。

Deployで完了

サインアップに関する設定を一通り行ったら、一番下にある「Deploy」ボタンをクリックします。これでバックエンドが更新されます。この更新処理にはしばらく時間がかかり、完了するまで操作が行えなくなるので、よく変更内容を確認してからデプロイしてください。

デプロイ完了後、ローカルアプリ側から「amplify pull」コマンドを使ってバックエンドの更新情報をプルしましょう。これでバックエンドの変更内容がローカルアプリに反映され、認証機能が利用可能になります。

アプリに認証機能を追加する

Amplify Studioでの認証の基本設定がわかったら、今度は逆に「ローカルアプリで認証機能を追加し、それをバックエンドに反映させる」ということを行ってみましょう。Amplifyのバックエンド関連の機能は、常に双方向で用意されています。バックエンドで認証を作成してローカルアプリに反映させることもできますし、逆にローカルアプリで認証を作成してバックエンドに反映させることもできます。

> ※本書の説明に沿って実際に作業を行っている人は、すでにローカルアプリに認証機能が追加されています。この場合、すでに認証機能は使える状態になっていますので、この後の作業は行わなくても問題ありません。もちろん、行っても大丈夫ですよ。

Amplify authを追加する

では、ローカルアプリに認証機能を追加してバックエンドにプッシュする手順を説明しましょう。これはAmplify CLIに用意されている以下のコマンドを使います。

```
amplify add カテゴリ
```

Amplifyでは、さまざまな機能を「カテゴリ」として管理しています。機能を追加する際は、そのカテゴリを追加するわけですね。実際に認証機能を追加しましょう。Visual Studio Codeのターミナルから、以下のようにコマンドを実行してください。

```
amplify add auth
```

「auth」というのがAmplifyの認証機能のカテゴリです。これでアプリに認証機能を追加します。このコマンドを実行し、以下の手順に沿って設定をしていきます。

1. 認証の設定

コマンドを実行すると、画面に「Do you want to use the default authentication and security configuration?」というメッセージが表示されます。認証のための設定をどうするかを指定するものです。いくつかの候補が表示されていますが、「Default configuration」を選択し、Enterしてください。これで、Amplifyのデフォルト設定がそのまま使われるようになります。

図2-54：認証の設定を選択する。

2. サインインの方式を指定

続いて、「How do you want users to be able to sign in?」というメッセージが現れます。これは、サインインに使う方式を選択するものです。その下に「Username」「Email」「Phone number」「Email or Phone number」「I want to learn more.」といった項目が表示され、ここから使用したいサインイン方式を選びます。今回は、デフォルトで選択されている「Username」をそのまま利用することにしましょう。これを選択したまま Enter で確定してください。

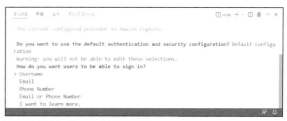

図2-55：サインインの方式を選択する。

3. 高度な設定について

「Do you want to configure advanced settings?」と表示されます。これは、さらに高度な設定を行うかどうかを指定するものです。今回は特に使わないので、「No, I am done.」を選択し Enter しましょう。

図2-56：高度な設定を行うかを指定する。

これらの設定が完了したら、アプリの認証カテゴリの組み込みが実行されます。しばらく待っていると再び入力待ちになります。出力されるメッセージに「Successfully added auth resource …」といった内容が表示されていれば、問題なく認証機能がアプリに追加されています。

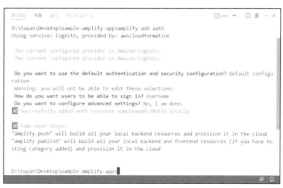

図2-57：認証機能が無事に追加されたところ。

アプリをAmplifyにプッシュする

ローカルアプリにAmplify関係のカテゴリを追加したら、バックエンドに反映させるため、ローカル側からAmplifyのバックエンドに更新内容をプッシュします。これもコマンドを使って行います。Visual Studio Codeのターミナルから以下のコマンドを実行してください。

```
amplify push
```

実行すると、使用している環境名（ここでは「staging」）と、環境に用意される機能の一覧（Categoryというところに「auth」と表示されている表）が表示されます。これで、どのようなカテゴリが組み込まれているのかが確認できます。

その下に、「Are you sure you want to continue?」とメッセージが表示されています。ここで「Y」を入力し Enter すると、更新情報がプッシュされます。

図2-58：amplify pushでローカルからAmplifyバックエンドにプッシュする。

App.jsに認証機能を組み込む

アプリにコードを記述して、組み込まれたAmplifyの認証機能を使ってみましょう。表示されるAppコンポーネントに認証機能を組み込み、サインインしないと表示されないようにしてみます。

では、「src」フォルダーのApp.jsを開いてください。このApp.jsは、だいたい以下のような形で書かれています。

▼リスト2-1
```
import logo from './logo.svg';
import './App.css';

function App() {
  return (
    <div className="App">
        ……省略……
    </div>
  );
}

export default App;
```

HTMLの内容などは特に重要ではないので省略しておきました。Reactを使ったことのない場合は何をしているのかよくわからないでしょうが、このApp.jsでアクセスした際に画面に表示される内容が作られていたのです。

認証のコードを追記する

　では、このコードを一部書き換えて、認証機能を組み込んでみることにしましょう。App.jsのコードを以下のように書き換えてください。なお、Appコンポーネントの表示内容は特に変更ないため省略しています。

▼リスト2-2
```
import logo from './logo.svg';
import './App.css';
import '@aws-amplify/ui-react/styles.css'; //☆
import { Amplify } from 'aws-amplify'; //☆
import { withAuthenticator } from '@aws-amplify/ui-react'; // ☆
import aws_exports from './aws-exports'; //☆

Amplify.configure(aws_exports); //☆

function App() {
  return (
    <div className="App">
        ……省略……
    </div>
  );
}

export default withAuthenticator(App); //☆
```

　☆マークの文が追記や修正をしたところです。ファイルを保存してアプリケーションを実行し、http://localhost:3000/にアクセスしてみましょう。画面にサインインのためのフォームが現れます。ここでサインインしないと、アプリケーションの表示はされないようになっています。

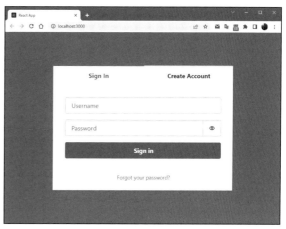

図2-59：アクセスするとサインインフォームが現れる。

アカウントを作成する

　フォームの上部にある「Create Account」をクリックすると、アカウントの作成フォームに切り替わります。ここで名前やパスワード、メールアドレスなどを入力してアカウントの作成を行います。

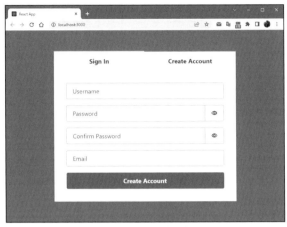

図2-60：Create Accountでアカウントを作成する。

　フォームに名前とパスワード、メールアドレスといったものを記入してください。そして「Create Account」ボタンをクリックします。

図2-61：アカウントの情報を入力しボタンをクリックする。

　入力したメールアドレスに認証コードが送られます。このメールをチェックし、記述されている認証コードをフォームに入力して「Confirm」ボタンをクリックします。

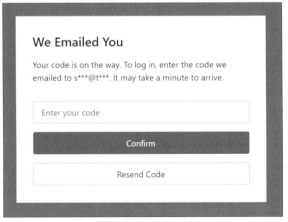

図2-62：認証コードを記入してボタンをクリックする。

これでアカウントが登録され、サインインして本来の表示がされるようになりました。シンプルですが、サインイン機能が正常に機能しているのが確認できました！

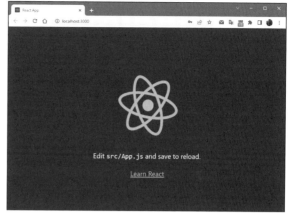

図2-63：サインインすると本来の表示が現れた。

作成したコードをチェックする

修正したApp.jsがどのようになっているのか、簡単にコードの説明をしておきましょう。今回、一番目立っているのは、いくつも追加されたimport文でしょう。これらは以下のようなものをインポートしています。

```
import { Amplify } from 'aws-amplify';
```

Amplify本体のオブジェクトです。この中にAmplify関連の機能がまとめられています。Amplifyの設定を反映するのに使います。

```
import { withAuthenticator } from '@aws-amplify/ui-react';
```

ここでは@aws-amplify/ui-reactという、ReactのUI関係のモジュールにあるwithAuthenticator関数をインポートしています。この関数が、認証を設定するためのものです。

```
import '@aws-amplify/ui-react/styles.css';
```

ReactのUI関係のスタイルシートです。認証のためのサインイン／サインアップ画面などで利用されます。

```
import aws_exports from './aws-exports';
```

Amplifyに自動生成される設定情報をインポートしています。「src」フォルダー内に「aws-exports.js」という名前で作成されています。

Amplifyの設定

importの後に、ようやく実行する処理が記述されています。まず最初に行っているのは、Amplifyの設定情報の反映です。

```
Amplify.configure(aws_exports);
```

　Amplifyオブジェクトの「configure」メソッドは、引数に用意した設定情報をAmplifyに範囲させるためのものです。引数のaws_exportsは、先ほどaws-exports.jsファイルからインポートしたものでした。このファイルに自動生成された設定情報を反映し、Amplifyの準備を整えていたのです。この「Amplifyの設定」を行わないと、Amplifyのバックエンド側とうまくやり取りすることができず、サインインやサインアップが正常に動作しません。よくわからない人は、「Amplifyの機能を使うためのおまじない」と考えてください。最初にこれを書いておけばAmplifyの機能が使えるようになる、そういうものと考えていいでしょう。

表示に認証を設定する

　App関数で表示内容を作成した後、それをexportで外部から利用できるようにしています。この部分で、認証のための設定が行われています。

```
export default withAuthenticator(App);
```

　export default App;というように直接App関数をエクスポートするのではなく、withAuthenticator関数の結果をエクスポートする形に変更しています。これが、認証機能を組み込んでいる部分です。

　withAuthenticatorはユーザーがサインインし認証されているなら、引数のコンポーネントを表示します。認証されていない場合は代わりにサインインのためのフォームが表示されるようになっているのです。

　このように認証機能は、「Amplify.configureで設定を反映する」「withAuthenticatorで認証機能を組み込む」という2つの作業で実装できます。

＜Authenticator＞を使う

　認証機能を組み込むためのものは、実は他にも用意されています。それはJSXのコンポーネントです。

　Amplifyには、認証機能を割り当てる＜Authenticator＞というコンポーネントが用意されています。これを使うことで、JSXで認証機能を割り当てられるようになります。

　では、先ほどのApp.jsのソースコードを以下のように修正してみましょう。

▼リスト2-3

```
import logo from './logo.svg';
import './App.css';
import { Amplify } from 'aws-amplify';
import { Authenticator } from '@aws-amplify/ui-react'; //☆
import '@aws-amplify/ui-react/styles.css';
import aws_exports from './aws-exports';
Amplify.configure(aws_exports);

function App() {
  return (
    <Authenticator>
    <div className="App">
        ……省略……
    </div>
    </Authenticator>
  );
}

export default App;
```

修正したら、Webブラウザからアクセスして表示を確かめましょう。これでも同じように、アクセスするとサインインのフォームが現れるようになります。

図2-64：アクセスするとサインイン／サインアップの表示が現れる。

ここでは、以下のようなimport文が追記されています。

```
import { Authenticator } from '@aws-amplify/ui-react';
```

AmplifyのUIコンポーネントにあるAuthenticatorというオブジェクトをインポートしていますね。これは、Reactのコンポーネントです。これを以下のような形で記述することで、認証機能を組み込むことができます。

```
<Authenticator>
    ……認証しないと表示できないコンテンツ……
</Authenticator>
```

これで、先ほどのwithAuthenticator関数を使ったのと同様に認証機能を組み込むことができます。

ただし、実際に試してみると、まったく同じ表示ではないことに気がつくでしょう。withAuthenticator関数では全体がグレーになり、その中央にサインインのフォームが表示されますが、<Authenticator>ではグレー表示にはならず、中央上部にフォームが追加されます。若干の違いはありますが、認証の働きはまったく同じです。どちらでも使いやすい方を利用すればいいでしょう。

サインアウトを追加する

これでサインインする方法はわかりました。最後に、「サインアウト」の処理についても作成しておきましょう。

サインアウトは、標準ではコンポーネントのような形で用意されてはいません。ただし、認証を扱うオブジェクト（Authというもの）にそのためのメソッドがあり、それを呼び出すだけで動作するようになっています。

では、サインアウト機能を追加したApp.jsを作成してみましょう。次のようにコードを修正してください。

▼リスト2-4

```
import './App.css';
import { Amplify, Auth } from 'aws-amplify'; //☆
import { withAuthenticator } from '@aws-amplify/ui-react';
import '@aws-amplify/ui-react/styles.css';
import aws_exports from './aws-exports';
Amplify.configure(aws_exports);

function App() {
  return (
    <div className="App">
      <header className="App-header">
        <h1>Sample React app</h1>
        <h2><a className="App-link" href="."
          onClick={Auth.signOut}>
          Sign Out
        </a></h2>
      </header>
    </div>
  );
}

export default withAuthenticator(App);
```

図2-65：サインインすると、タイトルの下にサインアウトのリンクが表示される。

まだReactアプリケーションの詳細については説明していないので、どうなっているのかよくわからないかもしれません。ここでは☆マークの文と、<h1>Sample React app</h1>の下にある、

```
<h2><a className="App-link" href="."
  onClick={Auth.signOut}>
  Sign Out
</a></h2>
```

この文が追記されています。その他の部分は同じです。これらだけ書き加えればいいでしょう。

サインインの仕組み

　ここではサインインすると、「Sample React App」というタイトルの下に「Sign Out」というリンクが表示されるようにしました。これをクリックすると、サインアウトして再びサインインのフォームが表示されるようになります。

　では、追記した文について簡単に説明しておきましょう。まずAuthオブジェクトを以下のようにインポートしています。

```
import { Amplify, Auth } from 'aws-amplify';
```

　このAuthが、認証関係の機能を提供するオブジェクトになります。この中にある「signOut」というメソッドを呼び出せば、サインアウトされます。

　今回は<a>でリンクを用意し、これをクリックした際にサインアウトするようにしています。

```
<a className="App-link" href="." onClick={Auth.signOut}>
```

　onClickで、Auth.signOutというものを実行しています。これだけでサインアウトが行えるようになっています。

　これでサインインとサインアウトが行えるようになりました。コードの内容などはまだよくわからないかもしれませんが、アプリに簡単なユーザー認証を組み込むことはできるようになったでしょう。

Backend environmentsのAuthenticatorを見る

　認証の実装ができたところで、Amplifyアプリのバックエンドで認証関係がどのようになったか、見てみましょう。先にAuthカテゴリを追加した際、amplify pushでバックエンドにプッシュしていました。これにより、ローカル側のアプリの更新情報がAmplifyアプリのバックエンドに送られ更新されているはずです。

　では、Amplifyサイトの「Sample-app」のバックエンドを編集するAmplify Studioに表示を切り替えてください。そして左側のリストから「Authentication」をクリックし、認証設定の画面を呼び出しましょう。

　「1. Configure login」の表示には、認証方式として「Username」が設定されています。デフォルトでは「Email」でしたが、ローカル環境でamplify add authした際、認証方式を「Username」にしていました。それがバックエンドにプルされ、このように更新されていたのです（ローカルからバックエンドへプルしなかった場合は、Emailのままになっています）。

　この「Username」には削除のためのボタンがありません。ローカル側ですでにAuthカテゴリが追加され、Usernameが認証方式に設定されているため、バックエンド側では削除できなくなっています。逆に、新たな認証方式を追加することはできます。

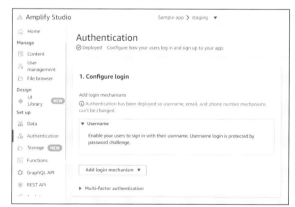

図2-66：Configure loginにはUsernameが設定されている。

User managementについて

先ほど認証を追加したアプリでは認証の動作を確認するためにサインアップしてユーザーを登録し、それを使ってサインインを行いました。この「登録されたユーザー情報」はどこで管理されているのでしょうか。

それは、もちろんバックエンドです。Amplify Studioでは、登録されたユーザー情報を管理することができます。左側のリストから「User management」という項目をクリックしてください。ここに、登録されたユーザー情報が保管されています。

各ユーザーには「Login」「Created Date」「Status」といった項目があり、それぞれにユーザー名、作成日、ステータスが表示されています。ステータス（Status）は、そのユーザーアカウントがおかれた状況を表しており、「CONFIRMED」になっていれば認証コードを入力して認証されていることを示します。まだ認証されていないもの（CONFIRMEDでないもの）はユーザーとして利用できません。

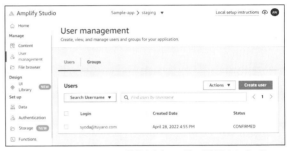

図2-67：User managementに登録されたユーザーが保管されている。

User Profileについて

ユーザー名のリンクをクリックすると、「User Profile」という表示が現れ、そこにユーザーの登録情報が表示されます。ここで、サインアップする際に入力した情報がすべて表示されます。また「Action」ボタンから、パスワードのリセット、ユーザーの利用一時停止、ユーザーの削除などが行えます。なお、パスワードについては保存されてはいないため、ここでも編集することはできません。

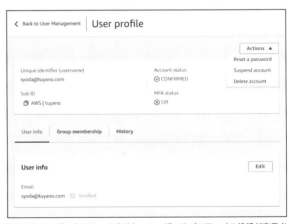

図2-68：ユーザーをクリックすると、ユーザーのプロファイル情報が表示される。

User managementでユーザーを作成する

では、User managementで新しいユーザーを作ってみましょう。これはユーザーの一覧右上にある「Create user」ボタンをクリックして行います。

ボタンをクリックすると、画面にユーザー情報を入力するためのフォームが現れます。ここでユーザー名、メールアドレス、仮のパスワードといったものを入力し、「Create user」ボタンをクリックすれば、ユーザーが作成されます。

作成後、登録したメールアドレスには、仮のパスワードが送信されます。サインインには、この送られてきたパスワードを使います。

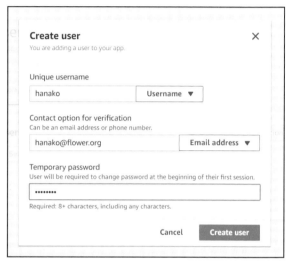

図2-69：「Create user」ボタンをクリックすると、ユーザーの登録フォームが表示される。

FORCE_CHANGE_PASSWORDステータス

こうして作成されたユーザーは、まだ使うことはできません。User managementでユーザーのステータスを確認してみましょう。「FORCE_CHANGE_PASSWORD」となっているのがわかります。これは「パスワードを強制的に変更する必要があるユーザー」を示すものです。

図2-70：追加されたユーザー。ステータスは「FORCE_CHANGE_PASSWORD」となる。

では、WebブラウザからSample-appアプリにアクセスし、新たに作成したユーザーでサインインしてみましょう。すると、サインイン後に「Change Password」というフォームが現れます。ここで新しいパスワードを入力し設定しないと、このユーザーでサインインすることはできないのです。

このように、管理する側がユーザーを作成しても、必ずパスワードを再設定されるようになっており、管理者がパスワードを勝手に設定できないようになっていることがわかります。

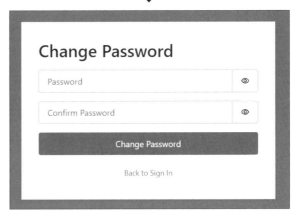

図2-71：作成したユーザーでログインすると、パスワードを変更するためのフォームが現れる。

CONFIRMEDステータス

Webアプリにアクセスして新たにアカウントを作成した場合、それが認証されるまでは「UNCONFIRMED」というステータスになります。

実際に「認証済み」「User managementで作成」「サインアップ画面でユーザーが作成」のそれぞれのユーザーの状態がどうなっているか、User managementで確認してみるとよいでしょう。それぞれStatusの値が異なって設定されており、最終的にCONFIRMEDステータスになっているものだけがユーザーとしてサインインし利用できることがわかります。

Google認証を追加する

AmplifyのAuthenticationには、メールアドレスなどでアカウントを登録する方式の他に、「ソーシャル認証」のための機能も用意されています。ソーシャル認証というのは、GoogleやFacebookなどのアカウントを利用してサインインを行うもので、認証関係の処理をすべて既存のソーシャルサービスに一任することができます。ソーシャル認証では、サインインしたユーザーの情報などを細かく管理する必要がないため、非常に簡単に認証機能を実装できます。ただし、利用にはソーシャルサービス側の設定も必要となります。

　ここでは例として、Googleアカウントを利用した認証を実装してみることにしましょう。なお、これを行うためには、Google Cloud Platform（GCP）が利用できるようになっている必要があります。まだアカウントを作成していない場合は、GCPのサイト（https://cloud.google.com/）にアクセスし、登録をしておいてください。なお、GCPの登録は無料です。利用した分だけ支払いが発生するものなので、登録しても使わなければ料金が発生することはありません。

Add login mechanismでGoogleを追加する

　ソーシャル認証は、Amplify Studioの「Authentication」で設定をします。「1. Configure login」にある「Add login mechanism」をクリックし、プルダウンして現れた認証項目の中から「Google」を選びましょう。「Google」という表示が追加されます。これがGoogle認証のための設定を行うところです。

　ここには以下のような項目が表示されています。

Provide the following redirect URL:	リダイレクト先のURL。これは後ほどGoogleで認証設定を行う際に必要となる。
Web Client ID	認証で使われるクライアントIDを入力するところ。
Web Client Secret	認証で使われるクライアントシークレットを入力するところ。

　作成された項目は、この後で作成するGoogleのAuth設定と連携しています。Provide the following redirect URLの値をGoogle側に指定し、Google側で作成されたクライアントID／クライアントシークレットをここに記入して両者が正しく連携するように設定します。

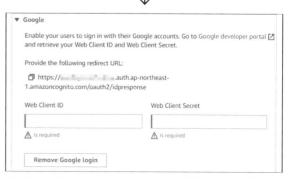

図2-72：Add login mechanismで「Google」を選ぶとGoogle認証の設定が追加される。

Google Cloud Platformの設定

Google側の設定を行いましょう。作成されたGoogleの設定部分にある「Google developer portal」というリンクをクリックしてください。これでGoogleの認証情報を設定するための画面が開かれます。もし開かれない場合は、手動で以下のURLにアクセスをしてください。認証設定の画面にアクセスできます。

図2-73：Google Cloud Platformの認証情報ページにアクセスする。

https://console.cloud.google.com/apis/credentials

1. 認証情報を作成

では、認証情報を作成しましょう。上部にある「認証情報を作成」という表示をクリックしてください。作成する認証情報の種類がプルダウンして現れるので、ここから「OAuthクライアントID」という項目をクリックしてください。

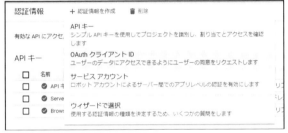

図2-74：「OAuthクライアントID」という認証情報を作成する。

2. アプリケーションの種類

OAuthクライアントIDを作成するためのページが現れます。ここで必要な設定を行っていきます。まず、「アプリケーションの種類」という項目をクリックし、現れたメニューから「ウェブアプリケーション」を選択しましょう。その下の「名前」に、この設定の名前を適当に考えて入力してください。

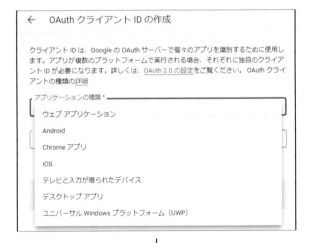

図2-75：アプリケーションの種類を選択し、名前を入力する。

3. 承認済みのリダイレクトURI

少し下のあたりに「承認済みのリダイレクトURI」という表示があります。ここにある「URIを追加」ボタンをクリックすると、リダイレクトURIの入力が行えるようになります。先ほどAmplify StudioのAuthenticationでGoogleの項目を追加した際に表示されていた「Provide the following redirect URL:」のURLをここにペーストして設定します。

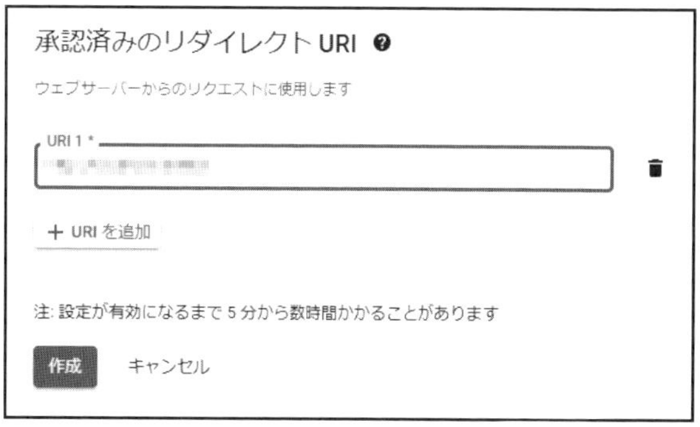

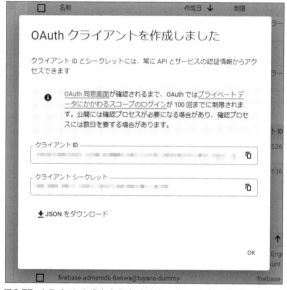

図2-76：承認済みのリダイレクトURIを追加し、Amplify Studioの「Provide the following redirect URL:」の値を入力する。

4. クライアントIDを作成

下部にある「作成」ボタンをクリックすると、クライアントIDが作成されます。画面にパネルが現れ、そこに「クライアントID」「クライアントシークレット」という値が表示されます。これらをそれぞれコピーし控えておいてください。

図2-77：クライアントIDとクライアントシークレットをコピーする。

Amplify StudioでGoogleの設定を行う

Google側にOAuthの設定が作成できたら、これらの情報をAmplify Studio側に設定しましょう。

Authenticationで作成したGoogleの項目に「Web Client ID」「Client Secret」という項目がありましたね。これらに、先ほど作成したOAuthのクライアントIDとクライアントシークレットの値を入力してください。

図2-78：Web Client IDとClient Secretを入力する。

　その下にある「Sign-in & sign-out redirect URLs」というところにサインインとサインアウトの実行後にリダイレクトされるURLを指定しておきます。ローカル環境の場合はhttps://localhost:3000/で表示されますが、Amplifyでデプロイされるアプリはhttps://○○.amplifyapp.com/といったURLで公開されます。このURLを指定しておけばいいでしょう。

図2-79：リダイレクトされるURLを指定する。

　設定できたら、下部にある「Deploy」ボタンをクリックします。画面に認証サービスをデプロイする確認のパネルが現れるので、「Confirm deployment」ボタンをクリックすればデプロイされます。
　後は、デプロイ作業が完了するまで待つだけです。

図2-80：「Deploy」ボタンをクリックし、現れたパネルで「Confirm deployment」ボタンをクリックする。

バックエンドをプルする

　これで設定が完了しました。では、修正されたバックエンドをローカルのアプリケーションプロジェクトにプルして反映させましょう。
　Visual Studio Codeのターミナルから「amplify pull」コマンドを実行してください。以下のようなものでしたね。

```
amplify pull --appId 《アプリID》 --envName 《環境名》
```

　これで自分のアプリのIDと環境名（通常はstaging）を指定し実行すれば、Amplifyのバックエンドがローカル側に反映されます。

　ただし、皆さんはすでにamplify pullコマンドを実行していることでしょう。一度amplify pullを実行していると、Amplify CLIはアプリIDと環境名を記憶し、次回からはそれらを自動で設定しプルします。したがって、2回目以降は単に「amplify pull」と実行するだけでも動作します。

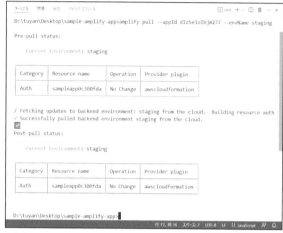

図2-81：amplify pullコマンドを実行する。

C　O　L　U　M　N

amplify pull コマンド、忘れた！

amplify pul は2回目以降はアプリのIDと環境名を指定する必要はありませんが、もちろんこれらを正確に指定して実行することもできます。「きちんと指定して実行したい」という人のために、どこで正しいコマンドを調べればいいか知っておきましょう。

「Deploy」ボタンでデプロイを実行し、完了すると、右上に「Deployment successful - click for next steps」というリンクが表示されます。これをクリックするとパネルが現れ、「Pull the latest into your source code」というメッセージの下にコマンドが表示されます。これをコピーして利用すればいいのです。

このパネルはAmplify Studio利用中、いつでもクリックして呼び出し、コマンドを確認できます。

図2-82：「Deployment successful - click for next steps」をクリックするとパネルが現れ、amplify pullコマンドがコピーできる。

動作を確認しよう

修正できたら実際にアプリを実行し、動作を確認しましょう。アプリにアクセスするとサインインの画面が現れますが、ここに「Sign In with Google」というボタンが追加されるようになります。これがGoogleによるソーシャル認証のためのボタンです。

図2-83：サインイン画面に「Sign In with Google」が追加される。

このボタンをクリックすると、Googleアカウントを選択する表示が現れます。ここでアカウントを選択し、アクセスを許可すれば指定のGoogleアカウントでサインインできるようになります。

これで、Google認証がAmplifyから利用できるようになりました。ソーシャル認証はGoogle以外にも用意されていますが、基本的には「ソーシャルサービス側で認証情報を作成し、Amplify StudioのAuthenticationでそれらを使って設定する」というやり方は同じです。両者の間で双方向に値を設定する必要があるので複雑そうに見えますが、「リダイレクトURIの指定」「クライアントIDとクライアントシークレットの設定」といった基本的な設定は同じです。Google認証が使えるようになったら、その他のソーシャル認証にも挑戦してみましょう。

図2-84：Googleアカウントが表示される。ここでアカウントを選び、サインインする。

Chapter
2

2.3.

データモデルの設計

データベースとデータモデル

　バックエンド側の作業でもっとも重要なのは、「認証」と「データベース」です。認証については一通りわかりましたから、次は「データベース」について説明しましょう。

　Amplifyのバックエンドに用意されるデータベースは、「データモデル」と呼ばれるものを使って作成します。データモデルは、データの構造の定義です。Amplifyのデータベースは、まずどのようなデータを保管するかをデータモデルとして設計し、そのデータモデルを使ってデータを保管していきます。いわば、データモデルは一般的なSQLデータベースの「テーブル」に相当し、テーブルのレコードのような形でデータが作成されていくのだと考えればいいでしょう。

「Data」を表示しよう

　データモデルの設計は、Amplify Studioの左側にあるリストから「Set up」というところにある「Data」を選択してください。右側に「Data modeling」とタイトル表示された広いエリアが現れます。ここにデータモデルを作成していきます。

図2-85:「Set up」の「Data」を選択すると、データモデルの設計画面が現れる。

C　　　O　　　L　　　U　　　M　　　N

Amplify のデータは NoSQL

Amplify ではバックエンドでデータベースを利用できますが、このデータベースは AWS の「DynamoDB」を使っています。DynamoDB は、NoSQL のデータベースです。つまり、SQL は使えないのです。
NoSQL は複雑な処理が行えない分、多量のデータを高速に処理するのに適しています。SQL データベースとはかなり感じが違いますが、データを保管したり取り出したりといった基本的な操作は簡単に行えるので、複雑なことをしなければ扱いは SQL データベースより簡単でしょう。

ビジュアルエディターとGraphQLスキーマ

　このデータモデルの編集画面には、2つのモードがあります。上部の右側に2つの切り替えボタンが表示されているのがわかるでしょう。これらは以下のような働きをします。

Visual Editor	これは、データモデルをマウスとキーボードで作成していくビジュアルエディター。デフォルトではこちらが選択されている。
GraphQL schema	これは、「GraphQL」というWeb APIの規格によるスキーマを生成し表示するためのもの。

　これらのうち、わかりにくいのが「GraphQL」でしょう。これはWeb APIのための規格です。外部からこの規格に従ってアクセスを行うことで、Web API側のデータを操作できるようにします。Amplifyのデータベースは、内部的にGraphQLを使ってデータアクセスを行えるようになっています。

　「GraphQL schema」は、このGraphQLのスキーマ（データの定義）によりデータモデルの定義を行うためのものです。GraphQL schemaは、Visual Editorで作成したデータモデルをGraphQLのスキーマに変換し表示します。Visual Editorはビジュアルにデータモデルを設計するものですが、GraphQLからデータを利用する際はこのスキーマが重要になります。

　いずれコード内からデータベースを利用するようになったところで、GraphQLの利用についても説明する予定です。そうなってから改めて「GraphQL schema」の表示内容を見れば、その内容もわかってくることでしょう。今の段階では、どういうものかよくわからなくても心配はいりませんよ。

図2-86：上部右側には「Visual Edtor」「GraphQL schema」という切り替えボタンがある。

Boardモデルの作成

　では、簡単なデータモデルを作成してみましょう。ここでは、メッセージを投稿する「Board」というモデルを作ってみます。

　編集エリアの左上にある「Add model」ボタンをクリックしてください。その場にデータモデルを作成するためのフォームが現れます。ここでデータモデルの内容を設定していきます。

　まずは、モデル名を入力しておきましょう。最上部のフィールドに「Board」と入力してください。これがデータモデル名になります。

図2-87：「Add model」ボタンをクリックし、フォームにモデル名を入力する。

フィールドとidについて

モデル名の下には「Field name」と「Type」という表示があり、その下に「id」という項目が見えます。これは、データモデルに用意する「フィールド」を作成するためのものです。

フィールドは、モデルに保管する値の項目です。モデルは、さまざまな種類の値をまとめて保管できます。この「どんな種類の値を保管するか」を定義するのがフィールドです。

例えば投稿データを管理するBoardでは、投稿するメッセージやイメージなどを保管するフィールドが必要でしょう。投稿者の情報も記録できるといいですね。こうした、「こういう情報を保管しておきたい」ということを定義するのがフィールドです。

デフォルトで用意されている「id」というフィールドは、すべてのデータモデルに標準で組み込まれるフィールドです。データベースは、必要に応じてデータを取得し利用しますが、これに用いられるのがidフィールドです。idフィールドにはすべて異なる値が自動的に割り振られるようになっており、idフィールドの値を使うことで特定のデータを探し出し、取り出すことができます。

フィールドを追加する

では、フィールドを追加していきましょう。「Add a field」をクリックし、新しいフィールドを追加してください。そして、追加されたフィールドのField nameに「message」と入力し、Typeを「String」に設定しましょう（デフォルトでStringになっているはずです）。

これで、messageというテキストを保管するフィールドが追加されました。このようにして「Add a field」ボタンを使い、フィールド名と値の種類を指定することでフィールドは作成できます。

フィールドの作り方がわかったら、もう少し追加しましょう。以下の2つのフィールドをさらに用意してください。

図2-88：新しいフィールドを追加し、「message」と名前を付けておく。

name	String
image	String

これで、デフォルトで用意されているidを含めると全部で4つのフィールドが用意されました。すべてStringとして用意します。imageは、表示するイメージのURLを設定する項目です。データモデルでは、直接イメージデータを保管することはできません。このようにURLを利用してイメージを表示させるようにします。

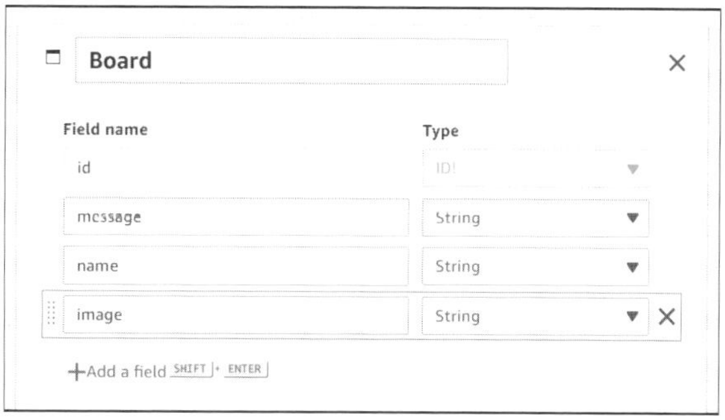

図2-89：name, imageといったフィールドを追加する。

フィールドのプロパティについて

作成したフィールドをクリックして選択すると、その右側に「properties」という表示が現れます。これは選択したフィールドのプロパティ（属性）を表すもので、標準では以下の2つの項目が表示されます。

Is required	必須項目であることを示す。
Is array	配列（多数の値が保管されること）であることを示す。

作成した「message」フィールドを選択し、「Is required」のチェックをONにしてください。messageフィールドは必ず値が設定されるようになります。

図2-90：messageフィールドを選択し、「Is required」をONにする。

Personモデルの作成

続いて、もう1つデータモデルを作成しましょう。「Add model」ボタンをクリックしてモデルの作成フォームを追加し、モデル名に「Person」と入力しましょう。これはユーザー情報を扱うためのものです。

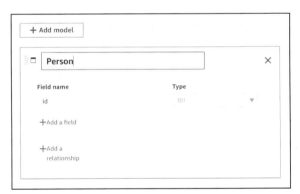

図2-91：Personモデルを作成する。

Personモデルには、ユーザー情報のフィールドをいくつか用意しておくことにします。以下のようなものを用意しておきましょう。

name	String	ユーザー名（Is requiredをON）
email	AWSEmail	メールアドレス（Is requiredをON）
age	Int	年齢
tel	AWSPhone	電話番号

　今回はさまざまな種類の値を用意しました。値の種類は「Type」の項目をクリックすると種類の一覧が現れるので、そこから選びます。
　Intが整数の値というのはわかるでしょうが、AWSEmailやAWSPhoneはちょっとわかりにくいですね。これらはメールアドレスや電話番号を扱うための専用の種類です。データモデルには、こうした特別な値のための種類がいくつか用意されています。

図2-92：Personのフィールドを作成する。

データモデルの連携

　これでユーザー情報と、メッセージ投稿の2つのデータモデルができました。そうなると、この2つをうまく連携して使えないか？　と考えるでしょう。例えば投稿したメッセージに投稿者のユーザー情報を関連付けられれば、投稿した人がどんな人かわかって便利ですね。

　こうしたデータモデルの連携は「リレーションシップ」というものとして作成できます。モデルのフィールドが一覧表示されているフォーム部分の下に「Add a relationship」というリンクがあるのが見えるでしょう。これを使ってリレーションシップを作成できます。

図2-93：モデルのフォーム下部にある「Add a relationship」でリレーションシップを作れる。

リレーションシップを設定する

　では、「Person」データモデルに「Board」データモデルを連携させてみましょう。「Person」モデルのフォームにある「Add a relationship」ボタンをクリックしてください。画面にリレーションシップ設定のためのパネルが現れ、以下のような設定が用意されています。

Select related model	関連付けるモデルを指定する。
Mode l relationships	リレーションシップの方式を指定する。
Relationship name	リレーションシップ名を指定する。

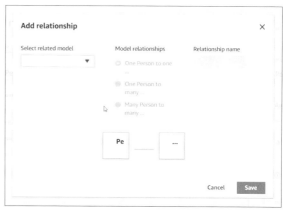

図2-94：リレーションシップの設定パネル。

では、リレーションシップを設定しましょう。ここでは以下のように項目を設定してください。

Select related model	Board
Model relationships	One Person to many Board
Relationship name	Boards

これらを指定し「OK」ボタンをクリックすれば、リレーションシップが作成されます。

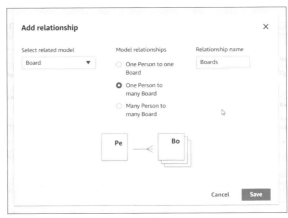

図2-95：Boardとのリレーションシップを設定する。

作成されたリレーションシップ

保存したら、Personモデルのフォームを見てみましょう。フィールドの一覧の下に、作成したリレーションシップの項目が追加されています。ここには以下のような項目が用意されているのがわかります。

Relationship name	「Relationship name」で指定した名前。
Related to	「Select related model」で指定した連携するモデル。
Cardinality	「Model relationships」で指定した連携の方式。

これらは、ここでも変更することができます。作成したリレーションシップを後で編集したいとき、ここで設定変更すればいいのです。

図2-96：作成されたリレーションシップ。

Model relationshipsについて

リレーションシップの設定でややわかりにくいのが、「Model relationships」の項目でしょう。これは、2つのモデルがどのように対応するかを示すものです。以下の方式があります。

One to one	「1対1」。あるモデルのデータ1つに対し、別のモデルのデータが1つだけ対応するというもの。例えば、ユーザーとユーザー情報の関係など。あるユーザーに、そのユーザーの情報は1つだけ対応する。
One to many	「1対多」。あるモデルのデータ1つに対し、別のモデルにある複数のデータが対応する。例えば、ユーザーとユーザーが投稿したメッセージの関係など。ユーザーは複数のメッセージを投稿するので、1人のユーザーに複数のメッセージが対応する。
Many to many	「多対多」。あるモデルの複数のデータに対し、別のモデルの複数のデータが対応する。例えば、図書館の本と利用者の貸出情報など。書籍は複数の利用者に貸し出され、各利用者も複数の本を借り出しするので、お互いに複数の相手データに対応する。
Belongs to	これは「多対1」といって、One to manyの逆方向の対応。つまり複数のデータに対し、別のモデルの1つのデータが対応する。例えば、投稿メッセージとユーザーの関係では複数のメッセージが1人のユーザーに関連付けられる。

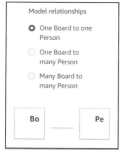 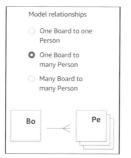 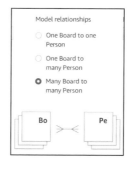 

図2-97：4つのリレーションの方式。

データモデルのGraphQLスキーマについて

これで2つのデータモデルが作成されました。これらのデータモデルが内部的にどのように作成されているのか、ちょっと見てみましょう。右上にある「GraphQL schema」をクリックし、表示を切り替えてください。

画面に、GraphQLによるスキーマと呼ばれるものが表示されます。これはGraphQLという機能でデータを記述したものです。現時点で、この内容について理解する必要はありません。ただ、「AmplifyのデータベースはGraphQLでの利用を考えている」ということは覚えておいてください。そして実際にGraphQLを利用するようになったときには、ここからデータモデルのスキーマを見て調べることができる、ということも頭に入れておきましょう。

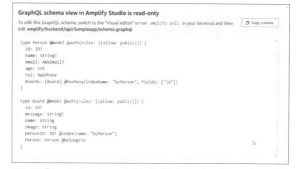

図2-98：「GraphQL schema」では、作成したデータモデルのスキーマが表示される。

データモデルを保存する

これでデータモデルの設計ができました。間違いがないことを確認したら、右上にある「Save and Deploy」ボタンをクリックしてください。画面に確認のアラートが現れるので、「Deploy」ボタンをクリックすると、作成したデータモデルがAmplifyのバックエンドに保存されデプロイされます。

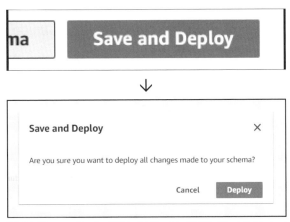

図2-99：「Save and Deploy」ボタンをクリックし、確認のアラートで「Deploy」ボタンをクリックする。

保存とデプロイにはしばらく時間がかかります。すべての処理が完了したらVisual Studio Codeに戻り、ターミナルから「amplify pull」コマンドを実行してバックエンドの変更をローカルアプリケーションのプロジェクトに反映させましょう。

実行すると、新たに「Api」というカテゴリが追加されたことがターミナルに出力されるメッセージからわかります。データベースへのアクセスにはGraphQLの機能などが必要となり、これを利用してWeb APIアクセスを行うことになります。そのため、Apiというカテゴリが追加されます。

図2-100：amplify pullコマンドを実行する。

データを作成する

データモデルが設計できたら、これを使ってデータを作成しましょう。データの作成もAmplify Studioで行うことができます。

左側の項目リストから「Manage」というところにある「Content」をクリックしてください。これがデータモデルのデータを管理するためのものです。右側のエリアに、作成したデータモデルのデータを一覧表示するためのリストが表示されます。もっとも、まだデータはないので何も表示されません。

図2-101：「Content」をクリックすると、データの一覧を表示する画面が現れる。

データモデルの選択

上部には「Select table:」という表示があり、ここにデータモデルの一覧がまとめられています。ここをクリックし、データを作成したいデータモデルを選択すると、その一覧が下に表示されるようになっています。

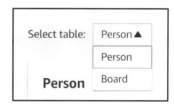

図2-102：「Select table:」でデータモデルを選択する。

Personデータを作成する

実際にデータを作成してみましょう。まずはPersonモデルからです。「Select table:」で「Person」を選択し、右側にある「Create person」ボタンをクリックしてください。画面に「Add Person」と表示されたパネルが現れます。

このパネルには、Personの値を入力するフォームが用意されています。ここに値を記入して下部の「Save Person」ボタンをクリックすれば、そのデータが追加されるというわけです。

図2-103：「Create person」ボタンをクリックすると、Personのデータを入力するパネルが現れる。

　フォームに値を入力しましょう。name, email, age, telといった項目に値を記入してください。その下には「create At」「update At」といった項目もありますが、入力の必要はありません。これらは自動的に用意されるフィールドで、データの作成や更新時に日時の情報が自動設定されるようになっています。

　また「Boards」のところには関連するBoardをリンクするためのボタンが用意されていますが、これは設定する必要はありません。この部分はBoard側でPersonにリンクすると自動的に値が追加されます。

図2-104：フォームに値を入力し「Save person」ボタンをクリックすると、データが追加される。

C　O　L　U　M　N

email と tel はフォーマットに注意！

なお、データの入力で注意しておきたいのは「email」と「tel」です。email は「xxx@xxx」というように @ の前後にアカウント名とドメイン名が記述された形式の値を記入します。また、「tel」は、「+81 xxx xxxx xxxx」というように冒頭に国番号の +81 を付けて記述をします。数字と数字の間は半角スペースか半角ハイフンでつなげて記述します。局番に () は付けないでください。

　データの入力の仕方がわかったら、いくつかダミーのデータを作成しておきましょう。内容は適当でかまいません。後ほどデータを表示させるプログラムを作るときに利用するので、なるべくさまざまな内容のものを用意しておきましょう。.

図2-105：いくつかダミーデータを作成する。

データを自動生成する

データの生成は、「Create ……」ボタンを使って1つずつ作成していけば行えます。が、開発の段階で「とりあえずダミーのデータを適当に用意しないといけない」というときは、手入力は面倒です。1つや2つならまだしも100や200といったデータを作成していくのは相当な時間と労力が必要です。

Amplify Studioには、こうした場合のために「ダミーデータを自動生成する」という機能があります。これを利用してみましょう。

Personモデルのデータが一覧表示されているところの右上に「Actions」というボタンがあります。これをクリックするとメニューがプルダウンして現れます。この中から「Auto-generate data」という項目を選んでください。

図2-106：Actionsから「Auto-generate date」メニューを選ぶ。

画面にパネルが現れます。ここで生成するデータ数を入力し、「Generate data」ボタンをクリックすればデータが生成されます。データ数は1〜100の範囲で入力できます。とりあえず、ここでは「1」のままでいいでしょう。

図2-107：データ数を入力する。

制約の設定

その下にある「Add constraint」は、生成する値に制約を用意するためのものです。例えば名前はランダムなテキストではなくファーストネームやラストネームを指定するとか、あるいは年齢は1〜100の範囲の値にする、というようにランダムに生成する値に一定の条件を設定することで、よりリアルなデータにできます。

例えば「Add constraint」をクリックして、以下のような制約を設定してみましょう。

name	First name		
age	range	1	99

これでnameにはファーストネームの値を設定し、ageには1〜99の範囲で値が設定されるようになります。

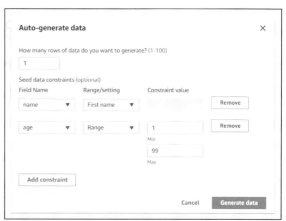

図2-108：「Add constraint」を使い、制約を設定する。

　設定ができたら、「Generate data」ボタンをクリックしてください。パネルが消え、データが生成されます。見ればわかりますが、telの値は設定されていません。これは必須項目ではないので問題ないでしょう。

図2-109：自動生成されたデータが追加されている。

Boardとリレーションシップの設定

　続いて、「Board」モデルのデータを作成しましょう。「Select table:」から「Board」を選択してください。Boardモデルのデータ一覧に表示が変わります。

図2-110：「Select table:」から「Board」を選び、表示を切り替える。

　「Add board」ボタンをクリックして、データ作成のパネルを呼び出してください。ここで値を入力し、データを作ります。基本的な使い方はPersonと同じです。

図2-111：「Add board」パネル。ここでデータを入力する。

リレーションシップの入力

Boardのデータで注意が必要なのが「Person
のリレーションシップ」でしょう。パネルの
「Person」の項目には、「Link to an existing
Person」というボタンが表示されています。
これは、すでにあるPersonのデータへのリ
ンクを設定するためのものです。

では、すでにあるPersonデータへのリン
クを作成しましょう。「Link to an existing
Person」ボタンをクリックすると、その場に
Personデータのリストがプルダウン表示さ
れます。ここからリンクしたい項目を選択す
ると、そのデータへのリンクが設定されます。

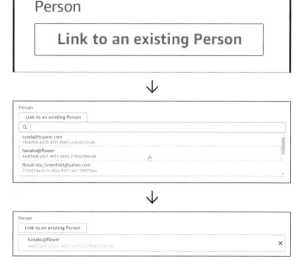

図2-112:「Link to an existing Person」ボタンをクリックし、リストから
連携するPersonデータを選択する。

保存されるリレーションシップの値

データを用意できたら「Save board」ボタンをクリックし、データを保存しましょう。これでBoardの
データがリストに追加されます。リストをよく見ると、リンクを指定したPersonという項目は見当たらず、
代わりに「personId」という項目が追加されているのに気がつくでしょう。これは、リンクしたPersonデー
タのIDが保管されているフィールドです。

リレーションシップというのは、実際に関連するデータモデルのデータが保存されているわけではありま
せん。値として保存されるのは、リンクしたデータのIDなのです。このIDを元に、リンクしたデータを取
得し利用できるようになっているのですね。

データの作成がわかったら、こちらもダ
ミーデータをいくつか作成しておきましょう。
なお「image」には、Webで直接表示できる
イメージのURLを設定してください。

図2-113:ダミーデータをいくつか作ったところ。Personの代わりに
personIdという値が保存されている。

リレーションされた側のデータ

いくつかBoardデータを作ったところで、再び「Person」のデータ一覧に表示を切り替えてみましょう。
そして、作成したデータをクリックして開いてみます。

　すると、Boardのリレーションを設定した「boards」のところに、Board側の情報が追加されていることがわかります。Boardで関連するPersonをリンクしましたが、その情報がPerson側にも自動的に追加されていたのです。

　また、こちらには「Link to ～」ボタンの他に、「Create & link to ～」というボタンも用意されていますね。これは、その場で連携するモデル（ここではBoard）のデータを作成しリンクするものです。「1対1」や「1対多」のように、そのモデルのデータ1つに対応するようなリレーションの場合、このように「その場で関連するモデルのデータを作ってリンク」するボタンも用意されます。

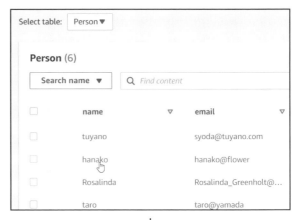

図2-114：Personの項目をクリックすると、BoardsにリンクしたBoardの情報が追加されている。

データモデルの更新は必ずプルする！

　これで、データモデルとデータの作成が行えるようになりました。後は、このデータをフロントエンドからアクセスして利用するだけです。この部分は、Reactを使ったJavaScriptによるコーディンが必要となるため、もう少し後のところで詳しく説明します。まずは、Amplify Studioの機能についてさらに学んでいくことにしましょう。

　データモデル関係を扱う場合、注意したいのは「モデルをデプロイしたら、必ずローカルアプリ側でプルする」という点です。データモデルの設計は、基本的にAmplifyのバックエンドで行います。したがって、修正したならそれをすぐにローカル側に反映させ、両者を同期しておく必要があります。

　この後、実際にコードを書いてデータベースを利用するようになったとき、ローカル側とバックエンド側でモデルが異なっていると正しくデータアクセスが行えません。データベースは常にモデルを同期して使う、ということをよく頭に入れておいてください。

Chapter 3

FigmaによるUI設計

FigmaはUIをデザインするWebサービスです。
Figmaを使ったUIデザインの基本を理解し、
作成したUIをAmplify Studioにインポートしてデータベースに関連付け、
使えるようにしましょう。

3.1.

Figmaの基本操作

FigmaとAmplify Studioの関係

Amplify Studioのもっとも重要な機能は「認証」と「データベース」ですが、これらと並んでもう1つ、外すことのできない重要機能があります。それは「UI」です。

というと、ちょっと奇妙に感じるかもしれません。Amplify Studioが管理するのは「バックエンド」の処理です。UIはフロントエンドで使うものですから、それがなぜAmplify Studioにあるのか、理解し難いことでしょう。これは、Amplify Studioで作成されるUIがデータベースと密接な関係にあることを知れば理解できます。

Amplify Studioで作成するUIは、データベースのデータを利用するためのものです。データベースからデータを取得して一覧表示する、などといったページのUIを作成するためのものと考えるとよいでしょう。それ以外のものについては、ローカルに用意したアプリケーション側で必要に応じて作成していけばいいのですから。

Amplify Studioには、「UI Library」という項目が用意されています。左側のリスト表示の中からこれを選択すると、「Accelerate UI development with Amplify」と表示されたページが現れます。これがUI設計のデフォルト画面になります。

UIの設計は、実はAmplify Studioでは行いません。「Figma」というWebサービスを利用して行うのです。

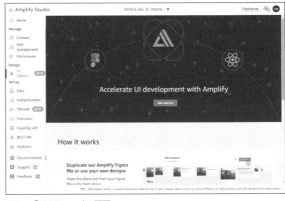

図3-1:「UI Library」の画面。

Figmaとは?

Figmaは、Webベースで提供されているUIのデザインツールです。無料で利用することができ、自分で一から作ることも、また無料配布されているテンプレートを利用して作成することもできます。

Figmaは複数のメンバーでデザインを共有し作業することができます。また、レスポンシブデザイン(画面サイズなどに応じて変化するデザイン)の作成も容易で、複数のUIを作成し、ナビゲーションを設定して表示の移動などを確認するプロトタイプを簡単に作成できます。

Amplify StudioではFigmaを使ってUIを作成し、これをAmplify Studioにインポートして必要な設定などを行えるようになっています。このFigmaは、以下のURLで公開されています。

https://www.figma.com/

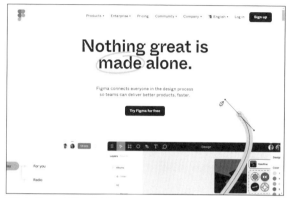

図3-2:FigmaのWebサイト。

アカウントの登録

まずはFigmaのアカウント登録をしておきましょう。Figmaのサイトにアクセスし、右上に「Sign up」というボタンが表示されているので、これをクリックしてください(なお、以下に説明する手順はサイトの更新等により変更される場合があります)。

1. サインインパネル

画面にアカウントを入力するためのパネルが現れます。ここではGoogleアカウントでサインインするか、あるいはメールアドレスとパスワードを入力して登録することができます。どちらでもかまいません。

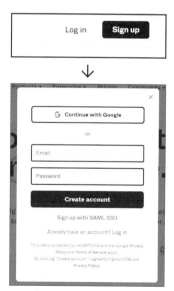

図3-3:「Sign up」ボタンをクリックすると、サインインの登録パネルが現れる。

2. Googleアカウントの選択

　ここではGoogleアカウントを利用したサインインを行っておきましょう。パネルにある「Continue with Google account」というボタンをクリックしてください。「アカウントの選択」というウィンドウが開かれるので、ここでサインインに利用するGoogleアカウントを選択します。

図3-4:「アカウントの選択」でサインインに使うアカウントをクリックする。

3. Tell us about yourself

　登録する利用者の情報を指定します。あなたのここでの呼び名、職業、利用目的をポップアップメニューから選んでください。そして下にある「I agree 〜」という利用許諾のチェックをONにして「Create account」ボタンをクリックします。

図3-5:登録する利用者の情報を設定する。

4. Tell us about your team

　チーム名の入力をします。Figmaは複数のメンバーが共同作業することが多いので、チーム名を決めてユーザーを登録することができます。ここでは適当に名前を付けて「Name my team」ボタンをクリックしましょう。

図3-6:チーム名を入力する。

5. Invite your collaborators

　共同で編集するメンバーを招待します。自分ひとりで利用するなら設定する必要はありません。下部にある「Skip this step」をクリックして次に進みましょう。

図3-7:共同編集者の設定。スキップしてOKだ。

6. Choose a plan for your team

プランの選択をします。ここでは「Start for free」ボタンをクリックして無料プランで開始しましょう。

図3-8：プランの選択。「Start for free」を選択する。

7. What would you like to do first?

Webページのデザインと、ホワイトボードのどちらを使うかを指定します。ページのデザインは「Design with Figma」を選択しておきましょう。

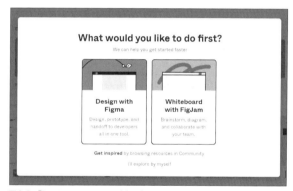

図3-9：「Design with Figma」を選択する。

8. Start from presets and templates

用意されているテンプレートを選択します。ここでは何もない「Blank canvas」を選択しておきましょう。

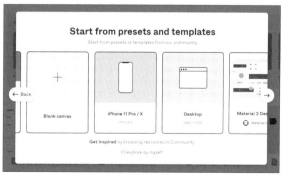

図3-10：テンプレートから「Blank canvas」を選ぶ。

Figmaにサインイン!

これでサインインが完了し、Figmaの編集画面が現れます。何もないグレーの画面が現れたでしょう。これがFigmaの編集画面です。

といっても、まだFigmaを使ってUIをデザインするわけではありません。「サインインしてFigmaが使えるようになった」ということが重要です。これでFigmaの機能が利用できるようになったということですから。

図3-11：Figmaの編集画面。ここでUIをデザインする。

AWS Amplify UI Kitを利用する

Figmaを本格的に利用するなら、Figmaのツールとしての使い方を覚えなければいけません。これにはそれなりの時間と労力が必要になります。

しかし、中には「UIツールの使い方なんて別に知らなくていい。今すぐUIを作ってアプリ作りを進めたい！」という人もいるでしょう。そうした人のために、まずはFigmaによるUIをAmplify Studioで利用する基本的な手順だけでも頭に入れておくことにしましょう。

実をいえば、FigmaにはAmplify Studioで利用するためのテンプレートが用意されています。これを直接Amplify Studioにインポートすることで、すぐにUIを用意し使えるようになります。では、Amplify Studioの「UI Library」の画面にある「Get Started」というボタンをクリックしてください。

図3-12：「Get Started」ボタンをクリックする。

1.「Sync with Figma」パネル

「Sync with Figma」というパネルが現れます。ここでインポートするFigmaファイルのURLを入力してファイルを取り込むのですが、リンクの入力フィールドの上に「Use our Figma template」というリンクがあるのが見えるでしょう。これをクリックしてください。

図3-13：「Sync with Figma」パネルで「Use our Figma template」リンクをクリックする。

2.「AWS Amplify UI Kit」テンプレート

「AWS Amplify UI Kit」というテンプレートのページが開かれます。これが Amplify Studio 用に用意されたテンプレートです。右上に見える「Duplicate」というボタンをクリックしてください。このテンプレートを複製し、使えるようにします。

図3-14：AWS Amplify UI Kit テンプレートのページ。

3. テンプレートの編集画面

新しいウィンドウが開かれ、複製されたテンプレートの編集画面が現れます。ここで、用意された AWS Amplify UI Kit の UI を編集することができます。

今回は、まだ編集などは行いません。このページの URL をコピーしてください。これを Amplify Studio からインポートします。

図3-15：AWS Amplify UI Kit の編集画面が開かれる。

C O L U M N

情報パネルが現れたら?

新しいテンプレートが開かれたとき、画面にパネルのようなものが表示されたかもしれません。これは Figma での内容変更等の情報を表示するものです。一通り目を通してもいいですし、右上の×をクリックして閉じてしまっても問題ありません。

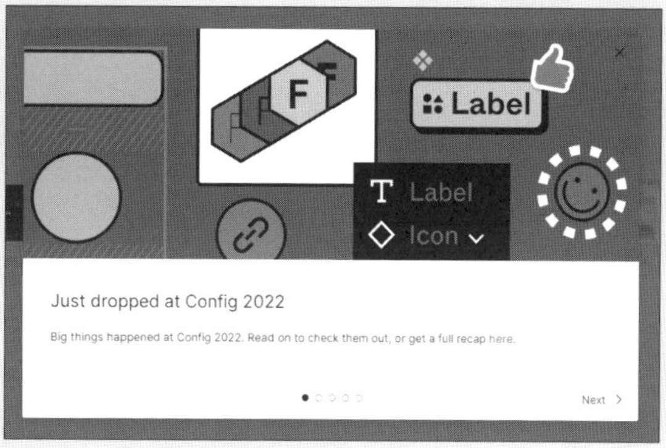

図3-16：必要な情報を表示するパネル。

4. Paste your figma file link

再びAmplify Studioに戻ります。そして
「Sync with Figma」パネルにある「Paste
your Figma file link」のフィールドに、先
ほどコピーしたテンプレートのURLをペー
ストし、「Continue」ボタンをクリックしま
しょう。これでテンプレートの情報がイン
ポートされます。

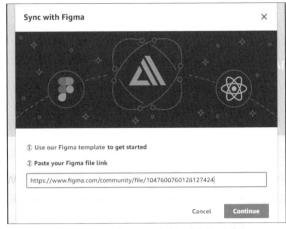

図3-17：URLをペーストし、「Continue」ボタンをクリックする。

インポートされた情報

インポートが完了すると、UI Libraryの画
面にさまざまな部品が表示されます。最初に
「Figma theme updates」という表示が現れ
た人もいることでしょう。これはFigmaの
テーマが更新された際に現れます。更新され
たテーマの情報が下にズラッと表示されるの
で、右上にある「Skip theme updates」と
「Accept all changes」のいずれかを選択し
ます。テーマの変更を無視する場合は前者を、
テーマを更新するには後者を選択してくださ
い。ここでは「Accept all changes」を選択
しておきます。

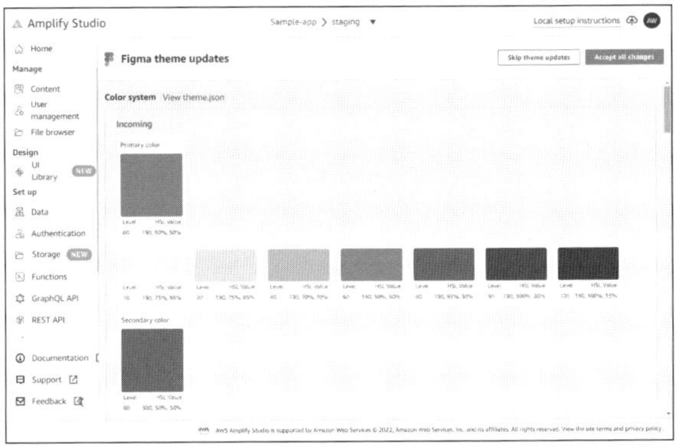

図3-18：テーマの更新情報が表示される。

Review updated components

テーマの更新が済んだら、インポートしたテ
ンプレートのコンポーネント（UI部品）が順に
表示されていきます。UI部品ではプレビュー表
示の上に「Reject」「Accept」というボタンが表
示されます。「Reject」をクリックすれば現在
表示しているコンポーネントは拒否され組み込
まれません。「Accept」をクリックすれば許可
され組み込まれます。ボタンをクリックして許
可・不許可を決めると次のコンポーネントが現
れます。そうして1つ1つのコンポーネントに
ついて許可・不許可を選択していくのです。

図3-19：コンポーネントが順に表示される。1つ1つについて許可・不許可
を指定する。

　ただし、多数のコンポーネントが用意されている場合は、1つ1つを許可・不許可していくのはかなり大変でしょう。とりあえず、全部まとめてインポートしておいて、後で不要なものは削除する、というやり方をすることもできます。

　右側上部にある「Accept all」をクリックすると、すべてのコンポーネントがインポートされます。「Cancel update」を選ぶと、インポート自体を取り消します。ここでは「Accept all」を選んで、すべてインポートしておきましょう。

図3-20：「Cancel update」と「Accept all」ボタンでインポートの取り消しと、すべてインポートが行える。

インポートされたコンポーネント

　インポートが完了すると、UI Libraryの編集エリア左側に「UI Library」という一覧リストが表示されます。これはインポートされたコンポーネントのリストです。ここにあるコンポーネントから必要なものを選んで使えるようになっているのです。

　用意されているコンポーネントは非常に多いので、すべての内容を覚えるのは大変でしょう。主なものについて簡単に説明しておくことにしましょう。

図3-21：「UI Library」のリストにはインポートしたUIがすべて表示されている。

HeroLayout1

　「HeroLayout」は1〜4の四種類が用意されています。これらは、データをまとめて表示する基本のデザインです。それぞれをクリックして表示の違いをよく確認しておくとよいでしょう。

図3-22：HeroLayout1 のデザイン。データを表示するもっとも基本的なもの。

ContactUs

運営側に問い合わせを送りたいときの
フォームです。Webサイトで「お問い合わせは
こちらから」というような形で連絡フォームが
用意されていることがありますが、それですね。

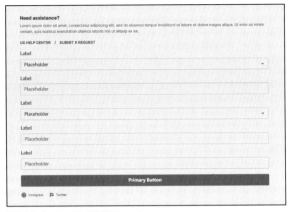

図3-23：ContactUsの連絡フォーム。

Edit Profile

プロフィールの編集フォームです。これも
多くのWebサイトで使われているものの1つ
でしょう。ユーザー登録を行うようなサイト
で、その編集に利用できます。

図3-24：Edit Profileのフォーム。

MarketingFooter

企業のWebサイトなどでフッターに各種のリンクなどがまとめられていることがあります。そのテンプ
レートです。どのような項目を用意すればいいか、これを見るとだいたいわかるでしょう。

図3-25：MarketingFooterのコンポーネント。

NavBar

ナビゲーションバーのテンプレートです。
ページの上部に用意される移動用のバーのサ
ンプルです。多数のページがあるような場合
に使われます。

図3-26：NavBarのコンポーネント。

SideBar

画面の左側に表示されるページのリストです。Webサイトの構成を
整理し、視覚的に見えるようにして素早く移動するのに用いられます。

図3-27：SideBarのコンポーネント。

コンポーネントを削除する

すべてのコンポーネントをインポートする
と、非常に多くの項目が追加されます。これ
らすべてを使うことはまずないでしょう。不
要なコンポーネントは削除しておくようにし
ましょう。

UI Libraryのコンポーネントリストから適
当な項目をクリックし選択してください。そ
のプレビューが右側のエリアに表示されます。
プレビューの右上にある「Delete」ボタンを
クリックしてみましょう。画面に「Confirm
Delete」という確認のアラートが現れます。
ここで「Confirm」ボタンをクリックすると、
コンポーネントが削除されます。

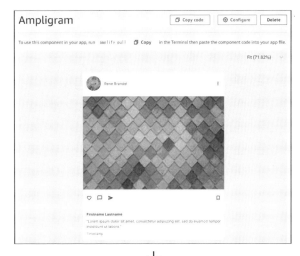

図3-28：コンポーネントの「Delete」ボタンをクリックし、アラートで「Confirm」
ボタンをクリックすると削除される。

まとめて削除する

1つ1つのコンポーネントをすべて手作業で削除するのは大変です。もっとまとめて削除したいときは、UI Libraryのリスト上部にある「Edit」というリンクをクリックしてください。コンポーネントにチェックボックスが追加表示されます。

ここで削除したいコンポーネントのチェックをONにし、右上の「Delete selected components」ボタンをクリックすれば、選択したコンポーネントがすべてまとめて削除されます。

図3-29:「Edit」リンクをクリックすると各コンポーネントにチェックが用意される。

すべてを削除する

では、インポートしたコンポーネントをすべて削除してみましょう。「Edit」リンクをクリックしてチェックボックスを表示させ、UI Libraryのリスト一番上にある「UI Library」という項目のチェックをONにしましょう。これで、すべてのコンポーネントが選択された状態になります。このまま「Delete selected components」ボタンをクリックすると、「Delete selected components」という確認アラートが現れます。ここで「Delete」ボタンをクリックすれば、すべてのコンポーネントが削除されます。

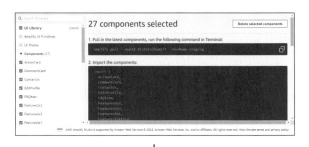

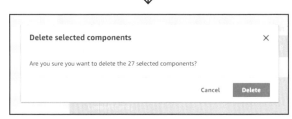

図3-30:すべてのコンポーネントを選択し、削除する。

Sync with Figma

すべてのコンポーネントを削除すると、「Sync with Figma」というボタンが表示された画面になります。このボタンをクリックすると、先に入力したURLのFigmaファイルからデータをインポートし、再びコンポーネントが追加できるようになります。

このようにAmplify StudioのUI Libraryは、Figmaのファイルと同期しながら動きます。誤ってAmplify Studio側でコンポーネントを削除してしまっても、「Sync with Figma」ボタンをクリックすればまたFigma側からコンポーネントをインポートできます。

図3-31：「Sync with Figma」ボタンをクリックすると、Figmaのファイルからインポートを行う。

Figmaでデザインし、Amplify Studioで使う

これでFigmaに用意したファイルをAmplify Studioで読み込み、必要なコンポーネントを追加する、という基本的な作業ができるようになりました。まだインポートしたコンポーネントをどう使えばいいのかわからないでしょうが、とりあえず「FigmaとAmplify Studioの連携」がどのようになっているのかはわかったでしょう。

実際にFigmaで作ったコンポーネントをAmplify Studioで使うためには、Amplify Studioに用意してあるデータモデルに対応した形のコンポーネントを作成し、それをインポートする必要があるでしょう。そのためには、Figmaでコンポーネントをデザインできるようにならないといけないのです。

<table>
<tr><td>Chapter
3</td><td>3.2.
....
Figmaでデザインする</td></tr>
</table>

Figmaのファイル管理

　では、Figmaの機能を理解し、UIをデザインできるようになりましょう。まずはFigmaのサイト（以下のURL）にアクセスをしましょう。

https://www.figma.com/

　サインインした状態でこのURLにアクセスすると、Figmaで作成したファイルを管理するページが表示されます。先ほど複製したAWS Amplify UI Kitなどが表示されているのがわかるでしょう。また、新しいファイルを作成するためのボタンなどもここに用意されています。

図3-32：Figmaのファイル管理ページ。

新しいFigmaファイルを開く

　では、新しいファイルを作成しましょう。先にサインアップしたとき、新しいファイルを作成していました（「Untitled」という名前です）。これを探してダブルクリックし開きましょう。

　もし見つからないときは、「New design file」というボタンをクリックすると新しいファイルを作成できます。

図3-33：「Untitled」ファイルを開くか、「New design file」ボタンをクリックして新しいファイルを開く。

Figmaの編集画面

ファイルを開くと、Figmaの編集画面が現れます。まずはファイル名を設定しておきましょう。上部中央に「Untitled」といったファイル名の表示がされているので、この部分をクリックし、ファイル名を入力してください（ここでは「Sample figma」としておきました）。

Figmaの編集画面は、大きく4つの領域で構成されています。以下に簡単に整理しておきましょう。

ツールバー	上部にある、黒い横長のバー部分。ここにはFigmaで用意されている各種機能がまとめられている。
左側のエリア	左側には、Figmaで作成した部品（ページやコンポーネントといったもの）がリスト表示される。ここで作った部品の管理を行う。
右側のエリア	右側には、選択した部品の設定情報が表示される。部品の表示などに関する細かな設定をここで行う。
中央のエリア	ここにマウスで部品を配置してデザインしていく。

これらのエリアに表示される項目を操作して編集作業を進めていくわけです。Figmaの作業の流れを整理すると、以下のようになるでしょう。

1. ツールバーで作成する部品の種類を選ぶ。
2. 中央のエリアに部品を配置する。
3. 配置した部品の設定を右側のエリアで行う。

これをひたすら繰り返していくことで複雑な部品も作ることができます。また、Figmaのファイルには複数の部品を作成することができます。必要に応じていくつもの部品を作り、それらをAmplify Studioにインポートして利用するのです。

図3-34：Figmaの編集画面。

フレームを作成する

では、実際に簡単な部品を作ってみましょう。まずは、タイトルを表示する簡単な部品を作ります。

Figmaの部品は、まず「フレーム」と呼ばれるものを配置して作ります。フレームは、各種の部品を配置する土台となるものです。

これは、ツールバーの左から3番目のアイコン（「Region tools」というもの）を使います。アイコンの右側部分（「v」と表示されているところ）をクリックすると、「Frame」「Slice」といった項目が表示されます。ここから「Frame」を選択してください。フレーム作成のツールが選択されます。

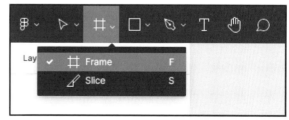

図3-35：Region toolsから「Frame」を選ぶ。

マウスドラッグでフレームを配置

Frameツールを選んだら、中央のエリアをドラッグしてください。Frameが配置されます。作成されたフレームには四隅に〇が表示されており、この部分をドラッグして大きさを調整することができます。フレームの中央あたりをドラッグすれば移動することもできます。

図3-36：中央のエリアをドラッグするとFrameが作成される。

作成されたフレームは、デフォルトで「Frame 1」という名前になっています。配置したフレームをクリックして選択すると、左上に「Frame 1」と部品名が表示されるのがわかります。この部分をダブルクリックすると部品の名前を書き換えられます。ここでは「Header」と変更しておきましょう。

図3-37：フレームの名前を「Header」にしておく。

テキストを配置する

では、フレームにテキストを配置しましょう。テキストは、ツールバーにある「Text」ツール（「T」というアイコン）を使って作成します。このアイコンをクリックして選択し、フレームの中をドラッグしてテキストを配置してください。

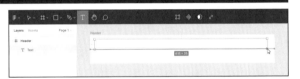

図3-38：Textツールを選択し、テキストを作成する。

そのままテキストが入力できるようになっているので、「Title」と記入をします。これで、左側のエリアに表示されるTextの名前が「Title」に変更されます。

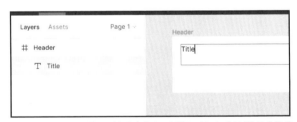

図3-39：テキストに「Title」と入力する。左側のエリアに表示される名前が「Title」に変わる。

もう1つのテキスト配置法

テキストを配置する方法はもう1つあります。それはTextツールを選択し、テキストを表示する場所をクリックして、キーボードからテキストを入力するというものです。こうすると、その場に直接テキストを書いたような形でTextが作成されます。

図3-40：画面上をクリックしてキータイプすると自動的にTextが作成される。

部品の配置について

配置した部品は、マウスでドラッグして位置や大きさを調整できます。ただし、このやり方では目で見て調整するため、正確に配置するのは大変です。きっちりと位置や大きさを設定したいならば、やはり数値などで正確に設定したいところでしょう。

配置した部品の設定は右側のパネルで行うことができます。フレームに配置したTextを選択してみてください。右側のパネルに、選択したTextの設定情報が表示されます。位置と大きさは、上部にある設定で行えます。

図3-41：位置と大きさに関する設定。

Align	一番上には、横一列にアイコンが並んだ表示がある。これはAlign（整列）のためのツールで、これをクリックすることで、縦方向や横方向の端や中央に部品を整列することができる。
x, y, w, h	その下にあるこれらの項目は、縦横の位置と大きさ（幅、高さ）を指定するもの。これらの値を直接書き換えることで、位置と大きさを調整できる。なお、その下に「0」と表示されているのは、角度を示すもので、この値を変更することで部品を回転できる。

C O L U M N

部品の選択は「名前」をクリック！

フレームや、配置した Text を選択しようとしてもなかなかうまくいかない、という人もいたことでしょう。Figma で配置した部品は、部品の名前のテキスト部分をクリックすると選択することができます。フレームならば左上の「Header」というテキストを、Text ならば中に書いた「Title」をクリックすれば選択されます。

自動レイアウトとConstraints

部品の配置を考えるとき、頭に入れておきたいのが「レイアウト方式は2つある」という点です。1つは、位置や大きさを直接指定して配置する「固定レイアウト」という方式。もう1つは配置されているフレームなどの大きさに応じて自動的に調整される「自動レイアウト」方式です。

デフォルトでは、Textなどの部品は固定レイアウトで表示されています。位置や大きさを値で直接指定して表示するというのは、固定レイアウトだからこそ可能なことです。

自動レイアウトは、右側のエリアでx, y, w, hなど位置や大きさの設定を行うところの右上にあるアイコンで切り替えます。このアイコンをクリックすると自動レイアウトになります。再度クリックすると固定レイアウトに変わります。

図3-42：位置と大きさの設定部分の右上にあるアイコンをクリックすることで自動レイアウトと固定レイアウトが切り替わる。

Fixed width/Hug contents/Fill container

　自動レイアウトにすると、w, hの下に2つの項目が追加されます（「Fixed」「Hug」といった値が表示されている項目です）。これらは部品の縦横幅をどのように調整するかを指定するもので、以下のような値が用意されています。

Fixed width	固定幅（自動調整しない）。
Hug contents	表示するコンテンツの大きさに合わせて自動調整する。
Fill container	部品が組み込まれているコンテナのサイズに合わせて自動調整する。

　Hug contentsにすると、Textならば記入したテキストの表示に応じて自動調整されます。Fill containerにすると、Textが配置されているフレームの端から端までいっぱいに調整されます。

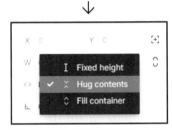

Constraintsについて

　固定表示の場合、大きさは一切調整されないのか？　実は、そういうわけでもありません。Figmaの部品には「Constraints」という設定があります。これは、その部品が配置されているコンテナの大きさに応じて部品の幅を自動調整するための設定です。

　Constraintsでは、縦横のどの部分の値を固定し、どこを自動調整するかを設定できます。例えば横幅の場合、以下のような項目が用意されています。

図3-43：自動レイアウトにすると、調整の方式を指定できるようになる。

Left, Right	部品の左側あるいは右側の余白の幅が変わらないように位置が調整される。
Left and Right	部品の左右の余白幅が変わらないように横幅が調整される。
Center	部品の幅が変わらないように左右の余白幅が調整される。
Scale	すべての幅が均等に拡大縮小される。

　例えばLeft and Rightを選択すると、フレームの横幅を変えるとそれに合わせてTextの幅が自動調整されます。Centerにすると、フレームの横幅を変えるとTextの位置が自動調整されます（幅は変わらない）。

　高さの場合も同様で、Top, Bottom, Top and bottom, Center, Scaleといった項目が用意されており、それらに応じて余白幅や部品の高さが自動調整されます。

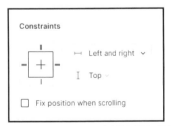
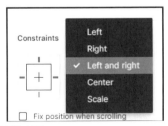
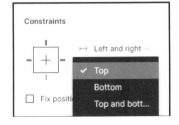

図3-44：Constraintsで余白幅や部品の幅を自動調整できる。

Textを自動レイアウトにする

実際に自動レイアウトを使ってみましょう。2つ配置したTextをそれぞれ選択し、自動レイアウトにして縦横幅の調整を以下のように設定します。

横幅	Fill Container
高さ	Hug Contents

これで2つのテキストは、フレームの端から端まできっちりとはめ込まれるように表示されます。フレームのサイズを変更しても隙間が空いたりすることはありません。

図3-45：2つのTextを自動レイアウトにする。

フレームの余白を設定する

これできれいにフレームにはめ込まれるようにテキストが表示されましたが、テキストの回りに余白がないとちょっと見づらいですね。

Textを配置しているフレームには、配置した部品の余白に関する設定が用意されています。右側のエリアにある「Auto layout」という項目がそれです。ここには部品の配置（縦横どこに揃えるか）を示す図と、縦横と部品間の余白幅を示す数値が用意されています。これで、例えば左上に配置をし、余白幅を縦横20に設定すると、少しだけ余白を持ってTextが表示されるようになります。実際に配置の図と数値を書き換えて部品のレイアウトがどう変化するか試してみてください。

図3-46：Auto layoutで配置する位置と余白幅を指定する。

テキストのスタイル設定

テキストの表示は、表示するテキストのスタイル設定も重要です。Textを選択すると、右側のパネルに「Text」と表示された設定項目が用意されています。これがテキストのスタイルに関する設定です。

ここにはフォント名、スタイル（標準、イタリック、ボールドなど）、行の高さ、段落の高さ、文字間スペース、縦横方向の位置揃え、といった設定がまとめられています。フォント名とスタイルについてはポップアップメニューから選ぶだけですし、その他の設定項目も数字を直接入力するかアイコンをクリックして選ぶだけで、設定そのものは非常に簡単です。これも、実際にいろいろと値を変更して表示の変化を確認しておきましょう。

図3-47：「Text」にはテキストのスタイル関係の設定がまとめられている。

FillとStroke

　フレームと部品には、色に関する設定も用意されています。それが「Fill」と「Stroke」です。

　「Fill」は、塗りつぶしに関する設定です。Fillの項目には現在の色のプレビュー表示とその値（6桁の16進数）、そして透過度を表す数値が用意されています。色のプレビュー部分をクリックするとカラーパレットが現れ、ビジュアルに色を選択することができます。

　ここで設定された色は、フレームの場合は全体の背景色と考えていいでしょう。Textでは、このFillで指定した色でテキストが表示されます。

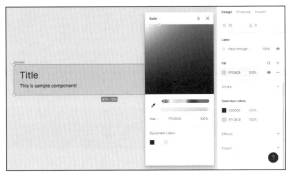

図3-48：「Fill」では、選択した部品の背景色を指定する。

フレームのStroke

　もう1つの「Stroke」は、フレームとTextで少し異なる働きをします。フレームの場合、これは「フレームの枠（輪郭）の線」の表示を設定します。色を選び、線の太さを入力すると、その太さの枠がフレームに表示されるようになります。

　なおStrokeは、デフォルトでは項目が用意されていないかもしれません。その場合は、Strokeの右側にある「＋」をクリックすると設定項目が追加されます。

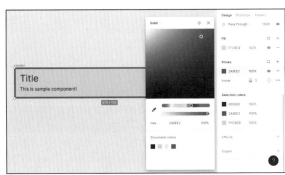

図3-49：フレームの「Stroke」は、フレームの枠線に関する設定を行う。

TextのStroke

　Textの場合、Strokeはテキスト（文字）の装飾のような形で用いられます。文字の中や文字の周辺に色を設定し表示することができます。Strokeに用意されている「Center」「Inside」「Outside」の切り替えメニューで設定します。

Center	テキストの中央に線を描く。
Inside	テキストの内側に線を描く。
Outside	テキストの周囲に線を描く。

単にテキストの色を変更したいだけなら、Fillで色を指定すればいいでしょう。これで（背景の塗りつぶしではなく）Textの色を変更できます。

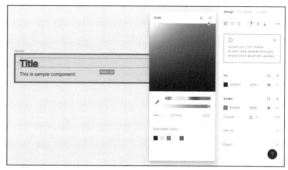

図3-50：Strokeでフレームの枠とTextのテキストなどの色を設定する。

Effectの設定

Textでは、この他に「Effect」という設定も用意されています。これはテキストの表示に効果を与えるためのものです。用意されている効果には以下のようなものがあります。

Inner shadow	テキストの内部に表示される影の設定。
Drop shadow	テキストの影を描く設定。
Layer blur	テキストをぼかす設定。
Background blur	テキストの背景部分をぼかす設定。

これらは「Effect」の「＋」をクリックすることで複数の設定を追加することができます。選択した効果名の左側にあるアイコンをクリックすると左側にパネルが現れ、そこで効果の設定が行えます。

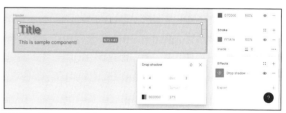

図3-51：Effectでは影付けやぼかしなどの効果を設定できる。

3.3.
グラフィックの作成

Shape toolsについて

　Figmaでは、テキストの他にも作成できる部品があります。それは「グラフィック」です。さまざまな形状の種類があり、それらを必要に応じて組み合わせてビジュアルな部品を作成できます。

　比較的よく使われるのは「シェイプ」と呼ばれる図形でしょう。シェイプはきまった形状の図形です。フリーハンドで描くようなものではなく、四角や丸など決まった形のものを配置して利用します。

　シェイプの図形は、ツールバーにある「Shape tools」(左から4つ目の四角いアイコン)の中にまとめられています。このアイコンの右側にある「v」をクリックするとメニューがプルダウンして現れ、そこからシェイプを選ぶとマウスで図形を描けるようになります。

図3-52：Shape toolsのメニュー

四角形を描く

　では、Shape toolsを使ってみましょう。「Rectangle」メニューを選んでください。これは四角形を描くものです。マウスで中央エリアの適当なところをドラッグすると、そこに四角形が描かれます。

　描かれた四角形は、四隅の○をドラッグしてリサイズしたり、中央をドラッグして移動することができます。また輪郭線の部分をドラッグすることで、縦幅・横幅だけを広げたりすることもできます。

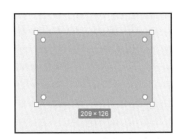

図3-53：Rectangleで作成した四角形。

　この他、四隅の○部分をドラッグすることで図形を回転することもできます。

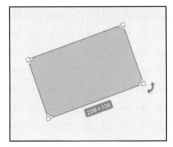

図3-54：ドラッグして図形を回転する。

角の丸みについて

　四角形を選択すると、四隅の○とは別に、四角系の内部にも4つの○が表示されるのがわかります。これは、角の丸みを設定するものです。この○をマウスでドラッグして動かすと、各角の丸みが変化します。丸みは4つの角それぞれで設定できるわけではなく、すべての角で同じ丸みが設定されます。

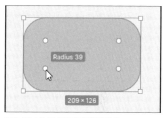

図3-55：角の丸みを調整できる。

位置と大きさの設定

　作成した図形は、マウスで位置や大きさを変更するだけでなく、数値で設定することもできます。作成した図形を選択すると、右側のエリアに位置揃えと位置・大きさ（x, y, w, h）や、回転角度、丸みの値などがまとめて表示されます。これらの値を直接書き換えることで、位置や大きさなどを微調整できます。

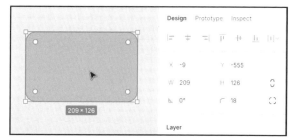

図3-56：右側のパネルには位置と大きさの値がまとめられている。

カラーの設定

　作成した図形のカラーも右側のパネルから設定することができます。図形の内部の色（塗りつぶし色）は「Fill」で設定できます。「Fill」に表示されている16進数の左側にあるアイコンをクリックすると、画面にカラーパレットが現れます。ここで色を選択することで図形の色を変更できます。

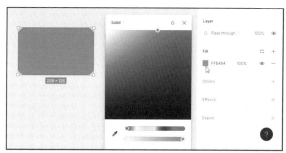

図3-57：「Fill」で図形の塗りつぶし色を変更する。

Strokeによる線の設定

Fillの下にある「Stroke」は、図形の線分の設定を行います。「＋」をクリックすると設定の項目が作成されます。そこで線の色と太さを設定します。

また、線分を図形のどこに描くかを以下の3つの中から選ぶことができます。

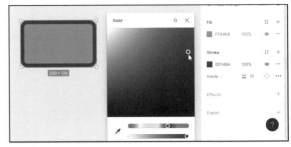

図3-58：Strokeで線分の太さと色を設定できる。

Center	図形の輪郭に線の中央が来るように描く。
Inside	図形の輪郭の内部に線を描く。
Outside	図形の輪郭の外側に線を描く。

効果を与える

その下にある「Effect」は、図形に特殊な効果を与えます。「＋」をクリックすることで設定が追加され、そこにある項目で以下のいずれかを選択します。

Inner shadow	テキストの内部に表示される影の設定。
Drop shadow	テキストの影を描く設定。
Layer blur	テキストをぼかす設定。
Background blur	テキストの背景部分をぼかす設定。

見ればわかるように、Textに用意されていたのと同じ効果ですね。これらを選び、効果名の左側にあるアイコンをクリックすれば、その効果の設定パネルが現れます。

図形でこれらの効果を使うと、その働きがよくわかるでしょう。例えばInner shadowなどはTextで設定してもほとんどわかりませんが、図形で使うと「内側に影を付ける」というのがどういうことかよくわかります。

図3-59：「Effect」で効果を設定する。

部品のコピー＆ペースト

図形を複数作成するときに覚えておきたいのが、コピー＆ペーストでしょう。Figmaの部品もコピー＆ペーストは行えます。配置した部品を選択し、マウスの右ボタンをクリックするとメニューがポップアップして現れます。ここにコピー＆ペースト関係のメニューがまとめられています。

Copy	選択した部品をコピーする。
Paste here	マウスポインタのある場所に部品をペーストする。
Paste to replace	選択した部品をクリップボードにある部品に置き換える。
Copy/Paste as	選択した部品をCSS, CSV, PNGでコピー、あるいはプロパティをコピー＆ペーストする。

「Copy/Paste as」はサブメニューを持っており、それらを使って選択部品をPNGでコピーしたりできます。またサブメニューにある「Copy properties」「Paste properties」を使うと、選択した部品のプロパティ（設定情報）だけをコピーし、他の部品にペースト（設定を反映させる）することもできます。これらは図形だけでなく、Textなどの部品全般で利用することができます。

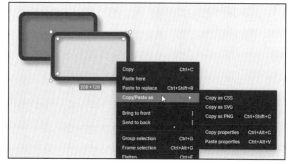

図3-60：右クリックで呼び出すメニューを使ってコピー＆ペーストする。

Layerと重ね合わせ

複数の図形を作成したとき、考えなければならないのが「図形の重なり順」です。シェイプは形状と表示の情報を保持した部品であり、1つ1つの図形を動かしたりすることができます。図形を重ねたとき、図形は常に「最初に作ったものが一番下に、作った順に上へと重なる」形で描かれます。

この重なり順は、後から変更することもできます。図形を右クリックし、ポップアップして現れるメニューから以下のものを選びます。

| Bring to front | 選択した部品を一番上に移動する。 |
| Send to back | 選択した部品を一番下に移動する。 |

いくつかの部品が重なっているとき、これらのメニューを選ぶとその部品を一番上または一番下に移動します。重なり順を1つずつ上下に移動するようなメニューは今のところありません。一番上か、一番下に移動するだけです。

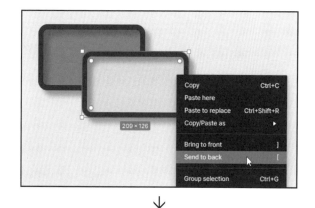

↓

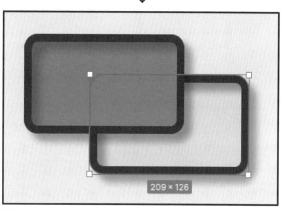

図3-61：右ボタンのメニューから「Bring to front」を選ぶと一番前に移動する。

Layerとブレンド効果

図形を重ね合わせるとき、その重ね方に特殊な効果（ブレンド効果）を設定することができます。これは右側エリアにある「Layer」という設定を使います。この設定には多数の重ね合わせ方式がポップアップメニューにまとめられており、これを選ぶことで図形の重なり部分の表示に特殊な効果を与えられます。

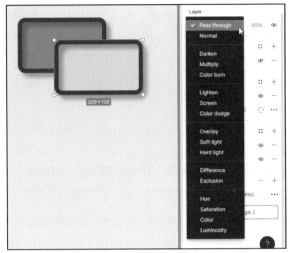

図3-62：「Layer」設定にはブレンドの種類が多数用意されている。

ここに用意されている効果は非常に多いため、すべてを覚える必要はありません。比較的よく利用されそうなものをいくつかピックアップして紹介しておきましょう。

Normal	なんの効果もない状態。
darken	コントラストを重ね合わせて暗くする。
Lighten	コントラストを重ね合わせて明るくする。
Color burn	焼き込み。各コントラストがより強調される。
Overlay	各コントラストがより薄くなる。

この他にもさまざまな効果があります。実際にLayerから効果を選んでどのように表示が変わるか確認してみましょう。

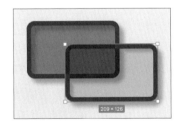
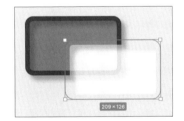

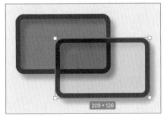
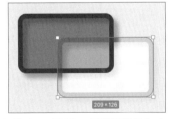

図3-63：Layerによる効果。上段左からNormal、Darken、Lighten。下段左からColor burn、Overray。

楕円(Ellipse) 図形

図形の基本的な使い方が一通りわかったところで、四角形以外の図形についても見ていきましょう。

四角形と並んでよく使われる図形といえば「円(楕円)」でしょう。これはShape toolsに「Ellipse」として用意されています。これを選んで中央のエリアの適当な場所をドラッグすれば、それに合わせて楕円の図形が作成されます。

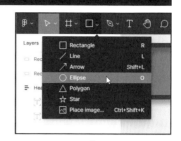

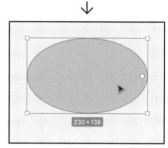

図3-64：「Ellipse」メニューを選んでドラッグすると楕円の図形が作られる。

円弧の作成

作成した楕円を見ると、円の中に○が表示されるのに気づくでしょう。これは円弧(Arc)のためのものです。この○を円周に沿ってドラッグして動かすと円の一部分が切り取られ、円弧の形になります。

切り取られた半径部分にも○が表示されており、この部分をドラッグすることで、円弧の角度や向きなどが調整できます。円の中心にある○をドラッグすると、ドーナツのように中央が空いた円弧を作れます。元の円に戻したいときは、半径部分にある○をドラッグして完全な円として閉じれば円に戻ります。

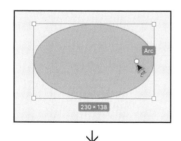

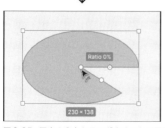 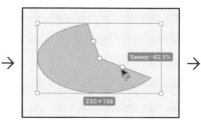 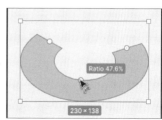

図3-65：円内の○をドラッグすることで円弧を作れる。さらに中心の○をドラッグしてドーナツ状の円弧も作れる。

複数部品の整列

　いくつも図形を作成していくと、それらをきれいに揃えて並べるのがけっこう大変になってきます。いくつも部品が配置されているとき、部品をドラッグして動かしたりリサイズしたりすると、他の部品の端や中央の位置で赤い直線が現れ、位置が揃ったことを知らせます。このガイドを目安にしてドラッグしていけば、位置や大きさを揃えるのは比較的簡単に行えます。

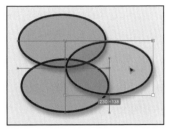

図3-66：他の部品と端や中央の位置が揃うと赤いガイドラインが現れる。

　多数のオブジェクトをまとめて整列させるような場合は、1つ1つドラッグしてガイドラインを見ながら揃えるよりも、もっといい方法があります。

　整列させたい部品をすべて選択し、右エリアの最上部にある位置揃えのアイコンから縦あるいは横方向の中央揃えのアイコンをクリックするのです。これですべての位置が揃います。

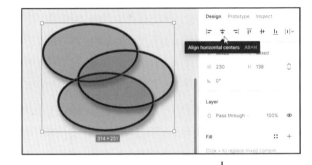

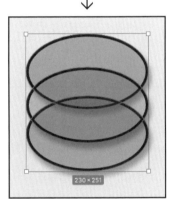

図3-67：一揃えのアイコンを使えばすべての部品の位置を整列できる。

　また、「複数の部品を均等に配置したい」という場合も位置揃えが使えます。一揃えのアイコンの右端にあるアイコンをクリックするとメニューが現れます。これを使って、部品の間隔を調整できるのです。

Tidy up	選択した部品を縦横に適当に整列して片付ける。
Distribute virtical spacing	縦方向に等間隔に並べる。
Distribute horizontal spacing	横方向に等間隔に並べる。

これらを活用することで、多数の部品をきれいに揃えて並べることができるようになります。

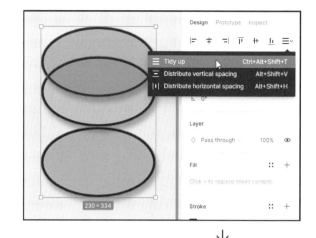

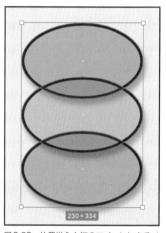

図3-68：位置揃え右端のアイコンにあるメニューを使うと、部品を等間隔に整理できる。

直線と矢印

　その他の形状の図形についても触れておきましょう。四角形、円の次に利用が多いのは「直線」でしょう。これにはShape toolsアイコンに2つのメニューが用意されています。「Line」と「Arrow」です。

　Lineは、2点を結ぶ直線を描くものです。そしてArrowは終端に矢印を表示したものです。

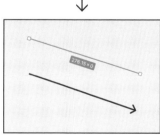

図3-69：LineとArrowは、直線と矢印を作成する。

Strokeによる線分設定

直線と矢印の線に関する設定は「Stroke」で行います。色や線の太さはここで設定することができます。

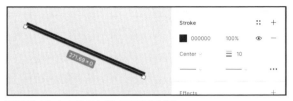

図3-70：Strokeで先の太さと色を設定できる。

このStrokeには、この他にも先端の形状を指定するための項目が用意されています。これにより、先端部に矢印を表示したり、丸や四角などを表示させることができます。

ということは、矢印も直線も先端部の設定が違うだけで、実は同じものである、ということがわかります。「Arrow」メニューは単に「最初から矢印が先端に設定された直線」を作っているだけだったのですね。

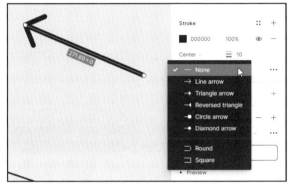

図3-71：先端の形状をメニューから選ぶと矢印などを表示できる。

多角形

Shape toolsのメニューには、多角形を描く「Polygon」というものが用意されています。これを選んで画面上をドラッグすると、三角形の図形が作成されます。

作成された図形は、移動や拡大縮小、回転など基本的な操作は他の図形と同じように行えます。

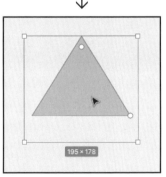

図3-72：「Polygon」メニューを使うと三角形の図形が作成される。

　この三角形には、頂点の1つに○が表示されています。これをマウスでドラッグすると、四角形、五角形、六角形……と頂点の数を増減できます。

　また、図形の内部にも○があり、こちらはドラッグすると角の丸みを調整することができます。

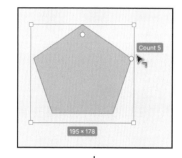

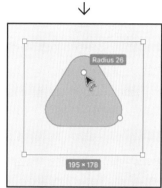

図3-73：○をドラッグすることで、頂点数や角の丸みを調整できる。

スター（星型多角形）

　多角形と同様にちょっとしたアクセントとして使われるのが「星型多角形（スター）」です。☆などの図形ですね。

　これはShape toolsの「Star」というメニューとして用意されています。このメニューを選び、画面上をドラッグすると5芒星の形をした図形が作成されます。

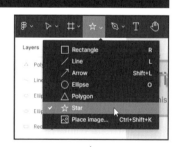

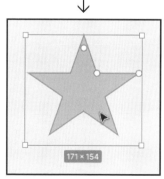

図3-74：「Star」メニューでは星型の図形が作成される。

星型の図形には、先端の角と内側の角にそれぞれ○が表示されます。ここをドラッグすることで、星型の頂点数と長さを調整することができます。

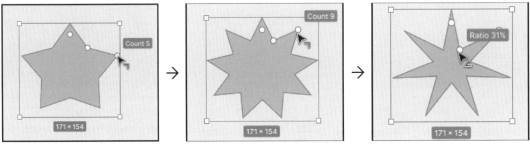

図3-75：○をドラッグすることで頂点の数と長さを調整できる。

図形の内部の塗りつぶしと線の設定は、それぞれ右側エリアの「Fill」と「Stroke」で行えます。使い方はこれまでの図形とまったく同じですからわかるでしょう。

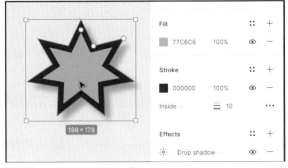

図3-76：色と線分の設定は「Fill」「Stroke」で行える。

イメージの表示

イメージの表示はShape toolsの「Picture image...」メニューで作成できます。このメニューを選ぶと、ファイルを選択するダイアログが開かれます。そのまま表示するページのファイルを選び、画面上をクリックまたはドラッグすると、選択したイメージを表示する図形が作成されます。

↓

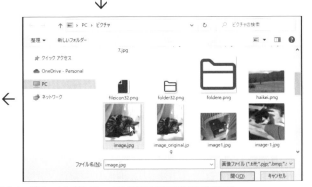

図3-77：「Picture image...」メニューを選びイメージファイルを選ぶと、それを表示する図形が作成される。

この図形も内部に○が表示されており、この部分をドラッグすることで四隅の丸みを変更できます。もっとも内側までドラッグすればイメージを円形に表示できます。

図3-78:○をドラッグすると角の丸みを調整できる。

イメージの図形も「Stroke」で周辺の線の設定を行えます。「Effect」による効果の設定なども他の図形と同様に行えます。

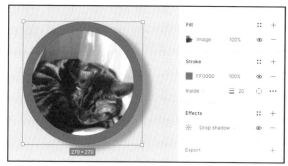

「Fill」では塗りつぶしの設定は行えませんが、代わりに表示するイメージの変更や、各種の色と明るさの調整（フィルター処理）が行えます。調整はスライドするバーを使ってドラッグすることでリアルタイムに表示を変更していけます。

図3-79:「Stroke」を使えば輪郭線の設定が行える。

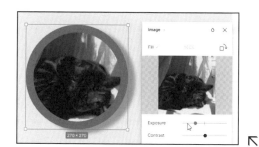

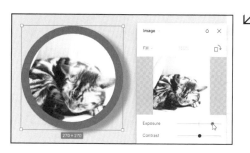

図3-80:「Fill」ではイメージの変更の他、各種のフィルター処理が行える。

PenとPencil

　曲線の作成は、ツールバーにあるDrawing tools（左から5番目のアイコン）を使って行います。このアイコンには以下の2つのメニュー項目が用意されています。

Pen	ベジエ曲線を作成する。
Pencil	フリーハンドによる曲線を作成する。

　これらは曲線を描くツールを利用して作成するものと、フリーハンドで作成するものの違いです。

Penで曲線を作る

　Penによるベジエ曲線の作成は、まずDrawing toolsから「Pen」メニューを選び、中央エリアの適当なところをクリックします。するとマウスポインタまで曲線が伸びるので、適当なところをマウスでプレスし、ドラッグして曲線を作ります。

　マウスをプレスするとその場所にポイントが作られ、ドラッグとともにコントロールポイントと呼ばれる曲線を調整するための補助線が伸びてきます。これをそのままマウスでドラッグして曲線の形状を調整します。マウスボタンを話すと、その場所にポイントとコントロールポイントが設定され、次のポイントの設定に進みます。曲線ができたらダブルクリックすれば図形が確定します。

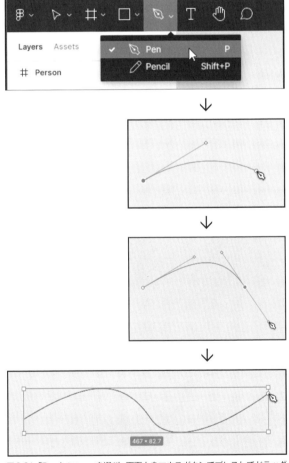

図3-81：「Pen」メニューを選び、画面上をマウスボタンでプレスしてドラッグすることで曲線が作られていく。最後にダブルクリックすると曲線が確定する。

Pencilで曲線を作る

　もう1つのPencilは、フリーハンドによる
曲線の作成です。Drawing toolsの「Pencil」
メニューを選び、中央のエリアをマウスでド
ラッグしていくと、それに合わせて曲線が描
かれてきます。

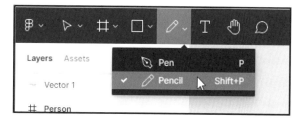

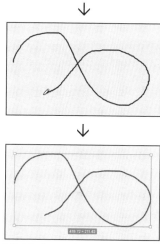

図3-82：「Pencil」メニューを選び、画面
をドラッグすればその通りに曲線が作成さ
れる。

曲線はダブルクリックで再編集できる

　作成された曲線は、「Stroke」で先の太さや色を設定できます。図形をダブルクリックすると、作成した
曲線を再編集できます。

　ダブルクリックすると、曲線のポイントが選択できるようになるの
で、これを1つ1つクリックしドラッグすることで曲線の形状を変更
できます。フリーハンドの場合、思った以上に多くの点が作成されて
いるので、1つ1つ調整していきましょう。

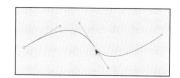

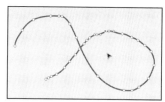

図3-83：曲線はダブルクリックすると再編
集できる。

3.4.

データモデル用コンポーネントの利用

コンポーネントの作成

作成したフレームは、そのままAmplify Studioで使えるわけではありません。実際に利用するためには、フレームを「コンポーネント」に変換する必要があります。

コンポーネントは、Figmaで使われる汎用的な部品です。これはメニューを選ぶことで行えます。例えば、先に作成した「Header」フレームをコンポーネントにしてみましょう。「Header」を選択し、右クリックしてください。メニューがポップアップして現れます。この中から「Create component」を選択すると、「Header」フレームがそのままコンポーネントに変換されます。

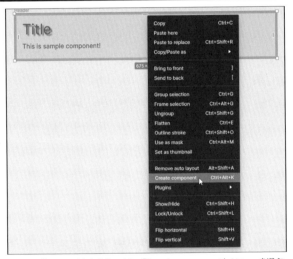

図3-84：「Header」を右クリックし、「Create component」メニューを選ぶ。

見た目にはフレームとコンポーネントの違いはまったくわからないかもしれません。しかしAmplify Studioで利用する場合、作成したコンポーネントだけがインポート可能になります。それ以外のものはAmplify Studio側から認識できず利用することはできません。したがって、Amplify Studioで使うことを考えたなら、必ず作成したフレームはコンポーネントに変換しておく必要があります。

コンポーネントとデータベース

では、実際にAmplify Studioで利用するための部品としてコンポーネントを作成しましょう。Amplify Studioで利用するUIというのは、基本的に「データベースと連携し表示するための部品」です。データベースに用意したデータをきれいにレイアウトして利用するための部品をFigmaで作成し、それをインポートして利用するのです。先ほどのヘッダー（Headerコンポーネント）のようなものも利用は可能ですが、基本的には「Figmaのコンポーネントは、データベースのデータ表示のためのもの」と考えていいでしょう。

では、実際にAmplify Studioに用意したデータベースのデータを表示するためのコンポーネントを作ってみましょう。

Boardコンポーネントを作る

まずは、「Board」モデルのデータを表示するためのコンポーネントを作りましょう。Region toolsから「Frame」メニューを選択し、中央のエリアをドラッグしてフレームを作成します。そして名前を「BoardComponent」に変更しておきます。

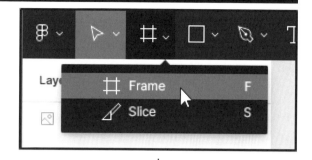

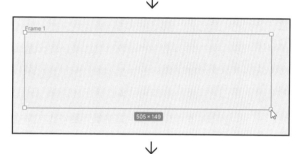

図3-85：「Frame」メニューでフレームを作成し、名前を「Board」とする。

作成したフレームを右クリックし、「Create component」メニューでコンポーネントに変換しておきます。

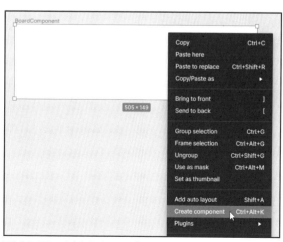

図3-86：フレームを右クリックし、「Create component」メニューを選ぶ。

Textを配置する

では、コンポーネントに部品を配置しましょう。「Text」アイコンをクリックして選択し、「Board」コンポーネント内をドラッグしてTextを1つ作成します。

図3-87：Textを作成する。

作成したTextをダブルクリックして、「message」とテキストを入力しておきましょう。そして右側エリアの「Text」を使い、表示するテキストのフォントサイズやスタイルなどを調整しておきます。

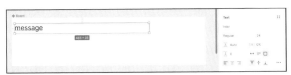

図3-88：右側エリアの「Text」で表示テキストの調整をする。

配置できたら、同様にして「name」「createdAt」といったTextを作成していきます。用意する項目や表示場所、フォントのスタイル設定などはそれぞれで考えて作成しましょう。

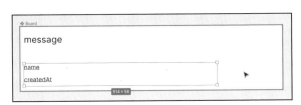

図3-89：name, createdAtといったTextも作成する。

テキスト関係の項目を用意したら、Boardのimageで設定するイメージを表示するための項目を用意しましょう。Shape toolsから「Picture image...」メニューを選び、イメージの図形を1つ作成します。表示するイメージは適当に設定しておきます。そしてBoardコンポーネント内に大きさを調整し、配置してください。

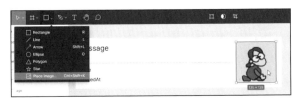

図3-90：「Picture image...」メニューでイメージを表示する。

配置したイメージの図形も名前を設定しておきましょう。左側のエリアには、配置した部品名が階層的に表示されています。「BoardComponent」コンポーネント内に配置したイメージは、「character1」という名前になっていることでしょう。この部分をダブルクリックし、「image」と名前を変更しておきます。

これで、Boardのコンポーネントができました。

図3-91：イメージの部品名を「image」に変更する。

PersonComponent コンポーネントを作る

続いて、Person モデルのためのコンポーネントも作成しましょう。Region tools の「Frame」メニューを選び、画面上をドラッグしてフレームを作成します。名前は「PersonComponent」と変更しておきましょう。

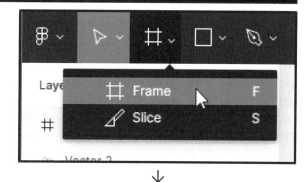

図3-92：フレームを作成し「PersonComponent」と名前を設定する。

フレームを右クリックし、「Create component」メニューを選んでコンポーネントに変換しておきます。

図3-93：「Create component」メニューでコンポーネントにする。

Text を配置する

コンポーネントに Text を配置しましょう。Person は、以下の4つの Text を作成しておけばいいでしょう。それぞれ作成したらテキストを入力し、部品名を変更しておいてください。表示するテキストのフォントやスタイルなどはそれぞれで調整しておきましょう。

name	名前の表示。
email	メールアドレスの表示。
age	年齢の表示。
tel	電話番号の表示。

これで、BoardとPersonのモデルのデータを表示するコンポーネントが作成できました。これらを
Amplify Studioから利用します。

では、作成しているFigmaのページのURLをコピーし、どこかに保管しておきましょう。このURLを
指定してAmplify StudioからUIをロードします。

図3-94：コンポーネントに4つのTextを配置する。

Amplify StudioのUI Library

Figmaでコンポーネントが作成できたら、後はAmplify Studioにインポートし利用します。Amplify
Studioに表示を切り替え、左側のリストから「UI Library」を選択してください。Figma利用のための表示
が現れます。

この表示の右上に「Figma settings」とい
うリンクがあります。これをクリックしてく
ださい。

図3-95：「UI Library」を表示し、「Figma settings」リンクをクリックする。

Figma settings

画面に「Figma settings」というパネルが
現れます。ここにある「Figma file link」とい
うフィールドに先ほどコピーしたFigmaの
URLをペーストし、「Save changes」ボタ
ンをクリックします。

これで、作成したFigmaのファイルが設
定されました。

図3-96：URLをペーストし、「Save changes」ボタンをクリックする。

設定したら、右上に見える「Sync with Figma」というボタンをク
リックしてください。Figmaにアクセスし、データをインポートし
ます。

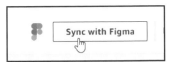

図3-97 「Sync with Figma」ボタンをク
リックする。

Review updated components

インポートが完了すると、「Review updated components」という画面が表示され、そこにインポートしたコンポーネントのプレビューが表示されます。おそらく最初に表示されるのはHeaderコンポーネントでしょう（場合によっては別のコンポーネントが表示されることもあります）。

この右上に「Reject」「Accept」というボタンがあります。このコンポーネントを使う場合は、「Accept」ボタンをクリックしてください。使わない場合は、「Reject」ボタンをクリックします。

今回は、作成したすべてのコンポーネントを使うことにしましょう。「Accept」ボタンをクリックしてください。

図3-98：インポートされたコンポーネントが表示されるので、「Accept」ボタンをクリックする。

続いて、「BoardComponent」と「PersonComponent」コンポーネントが順に表示されていきます。いずれも「Accept」ボタンをクリックして使用を許可しましょう。これですべてのコンポーネントが許可されます。

数が多い場合は、上にある「Accept all」ボタンを使えば、すべてのコンポーネントをまとめて許可できます。ただし、使わないものが含まれていてもすべてインポートされるので、それほどコンポーネントが多くないなら1つ1つチェックしていったほうがいいでしょう。

図3-99：BoardComponentとPersonComponentコンポーネント。これらもAcceptしておく。

すべてのコンポーネントをAcceptしたら、右上に「Save Components」というボタンが表示されます。これをクリックしましょう。許可したコンポーネントがAmplify Studioのバックエンドに保存されます。

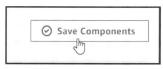

図3-100：「Save Components」ボタンをクリックする。

インポートされたコンポーネント

再び「UI Library」を開いたときの表示に
戻りますが、エリアの左側にリストが追加さ
れ、そこにインポートしたコンポーネントが
すべて表示されているのがわかるでしょう。

図3-101：インポートされたコンポーネントがリスト表示される。

Headerコンポーネントを設定する

では、これらのコンポーネントに設定を行い、必要な情報が表示されるようにしていきましょう。

まずは、データベースとは関係のない「Header」コンポーネントです。左側のリストからこれを選択する
と、コンポーネントのプレビューが表示されます。

図3-102：「Header」コンポーネントを選択する。

個々の部品の設定をしていきましょう。右
上にある「Configure」ボタンをクリックし
てください。表示が変わり、コンポーネント
内の項目が左側のリストに表示されるように
なります。コンポーネントの各部品を選択し
て設定が行えるようになったのです。

図3-103：「Configure」ボタンをクリックすると、コンポーネント内の項目
が選択できるようになる。

タイトルを設定する

では、タイトルから設定します。プレビュー部分の「Title」をクリックし選択してください。あるいは左側のリストから「Title」を選択してもかまいません。

右側の「Properties」というところに、「Component properties」「Child properties」「Bind label to data」といった表示が現れます。これらは、選択した部品のプロパティ（属性）や表示データを設定するためのものです。

図3-104：「Title」を表示すると、右側のエリアにプロパティ設定のための表示が現れる。

「Component properties」の右側にある「＋」をクリックしてください。コンポーネントのプロパティが追加されます。この「Name」の項目に「label」と入力してください。

図3-105：「Component properties」の「＋」をクリックし、「label」と入力する。

その下に「Bind label to data」という表示があります。ここにある「Set text label」というボタンをクリックしてください。Child properties に項目が新しく作られます。ここでは「Prop」というところに「label」という値が設定され、その下の「Value」が入力可能な状態となります。

ここで値を設定すると、label プロパティに値が設定され、コンポーネントの label に反映されるようになります。

図3-106：「Bind label to data」ボタンをクリックし、Child properties を1つ作成する。

では、Valueのフィールドに「Sample application」と記入しましょう。すると、プルダウンして表示されているメニューの「Set as constant value」というところに「"Sample application"」という項目が表示されます。これは「"Sample application"という定数」を示すものです。

この項目を選ぶと、"Sample application"という定数がlabelプロパティに設定され、コンポーネントのTitle部分にテキストが表示されるようになります。コンポーネントのTextへの表示は、このように「Component propertiesでlabelを追加する」「Child propertiesでlabelにテキストの定数を設定する」という形で行えます。

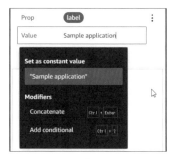

図3-107：テキストを記入しメニューを選ぶと、そのテキストがコンポーネントに表示される。

PersonComponentコンポーネントを設定する

続いて、データベースと連携するコンポーネントを設定していきます。まずは「PersonComponent」から行いましょう。

「UI Library」を選択してコンポーネントのリストが表示されている画面に戻りましょう。そして、リストから「PersonComponent」を選択してください。

図3-108：UI Libraryのリストから「PersonComponent」コンポーネントを選ぶ。

「Configure」ボタンをクリックして編集モードに切り替え、「name」を選択します。まずはこれから設定しましょう。

図3-109：「Configure」ボタンをクリックし、nameを選択する。

右側のエリアにある「Bind label to data」の「Set text label」ボタンをクリックしてChild propertiesの項目を追加します。

図3-110：「Set text label」ボタンをクリックする。

追加された Child properties の「Value」に表示されるプルダウンメニューから、「person」内にある「person.name」という項目をクリックして選択してください。これで Person の name の値が選択したText 部品に表示されるようになります（ただし、この段階では表示されるのはダミーで生成された値です）。

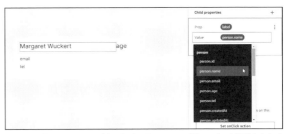

図 3-111：「person.name」を選択すると name のダミーデータが設定される。

person.name を選択すると、上の「Component properties」のところに以下のような項目が追加されます。

Name	person
Type	Person

これは、Person の値を保管する「person」というプロパティがコンポーネントに用意されたことを示します。この person プロパティに設定されている値から name の値を label に設定していたのですね。

データベースのデータとの連携は、このようにコンポーネントにデータモデルの型のプロパティを用意し、その値を各部品のプロパティに割り当てることで行えます。

図 3-112：Component properties に「person」というプロパティが追加されている。

emailの設定

設定の仕方がわかったら、その他の項目も設定していきましょう。PersonComponent コンポーネントの「email」を選択し、「Set text label」ボタンをクリックして Child properties を追加します。そしてValue に「person.email」を選択しましょう。

図 3-113：「email」の Child properties を作成し、Value の「person.email」を設定する。

ageの設定

Personコンポーネントの「age」を選択し、「Set text label」ボタンをクリックします。追加されたChild propertiesのValueの値を「person.age」に設定します。

図3-114：「age」のChild propertiesに「person.age」を設定する。

telの設定

残るは「tel」ですね。これを選択して「Set text label」ボタンでChild propertiesを追加し、Valueに「peson.tel」を選択しましょう。

これで、PersonComponentコンポーネントのすべての項目が設定できました。

図3-115：「tel」のChild propertiesに「person.tel」を設定する。

BoardComponentコンポーネントを設定する

次は、「BoardComponent」コンポーネントです。「UI Library」を選択し、コンポーネントのリストから「BoardComponent」を選択してください。

図3-116：「BoardComponent」コンポーネントを選択する。

「Configure」ボタンをクリックして編集モードに切り替えます。そして順にコンポーネントの部品を選択し、「Set text label」ボタンを使ってプロパティを設定していきます。

図3-117：「Configure」ボタンで編集モードに切り替える。

「message」

「Set text label」ボタンでChild propertiesを追加し、Valueから「board.message」を選択します。これで上の「Component properties」に「board」が追加され、Boardの値が利用できるようになります。

図3-118：「message」のChild propertiesに「board.message」を選択する。

「name」

「Set text label」ボタンでChild propertiesを追加し、Valueを「board.name」に設定してください。

図3-119：「name」に「board.name」を設定する。

「createdAt」

「Set text label」ボタンでChild propertiesを追加し、Valueを「board.createdAt」に設定します。このcreatedAtは自動生成される値です。

図3-120：createdAtに「board.createdAt」を設定する。

「image」

「Set text label」ボタンでChild propertiesを追加し、Valueを「board.image」に設定します。この項目については、Propの値はlabelではなく「src」になります。これはテキストではなく、イメージを表示するため（<img>のsrc属性と考えてください）です。

図3-121：imageに「board.image」を設定する。

BoardComponentコレクションを作成する

これでPersonComponentとBoardComponentのコンポーネントに設定がされました。が、これらは1つ1つのデータを表示するものです。データ全体をずらっと表示するわけではありません。データを多数並べて表示するような場合は、これらのコンポーネントの「コレクション」を作成する必要があります。

コレクションとは、あるコンポーネントを必要に応じて並べて配置するためのコンポーネントです。これは、データベース利用のコンポーネントの編集画面から作成をします。

では、BoardComponentコンポーネントを並べて表示するコレクションを作成してみましょう。まだBoardComponentコンポーネントは編集中の状態になっているでしょうか？ 「UI Library」に戻ってしまっている人は、再度「BoardComponent」コンポーネントを選択して「Configure」ボタンをクリックし、編集モードにしてください。

この状態で、右上に「Create collection」というボタンが表示されるので、これをクリックしましょう。画面に「Create collection」と表示されたパネルが現れるので、ここで作成するコレクションの名前を入力します（ここでは「BoardComponentCollection」としておきます）。そして「Create」ボタンをクリックすれば、「BoardComponentCollection」コンポーネントが作成されます。

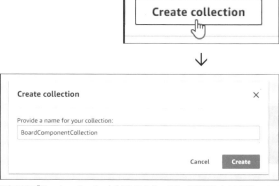

図3-122：「Create collection」ボタンをクリックし、名前を入力して「Create」ボタンをクリックする。

コレクションの編集モード

コレクションが作成されると、表示がコレクションの編集モードに切り替わります。左側には位置や大きさなどの設定情報を編集するための表示が並び、中央にコレクションのプレビュー表示、そして右側には「Set filters」「Set sort conditions」といった項目が用意されます。これらを使って、コレクションに関する設定を行います。

図3-123：コレクションの編集モード。

コレクションのレイアウト

コレクションの編集モードで左側のエリアに表示されているのは、主にレイアウトに関するものです。上から「Name（名前）」「Origin（表示するコンポーネント）」の下に「Layout」という項目が用意され、ここにレイアウト関係の設定がまとめられています。簡単に内容を説明しておきましょう。

Type

コンポーネントを並べる方式を指定するものです。「List」は、そのままコンポーネントを縦に一列表示するものです。

「Grid」はコンポーネントを縦横に決まった数だけ並べていく方式です。Gridに変更すると「Columns」という項目が追加され、ここで列数を指定できます。例えば「2」とすれば、指定のコンポーネントが2列に並んで表示されます。

図3-124：Typeが「List」だとコンポーネントを1列に並べる。「Grid」だとColumnsに指定した列数だけコンポーネントが横に並ぶ。

各コンポーネントの配置

その下には、コレクションで並べるコンポーネントの配置に関する設定が用意されています。四角い枠の上下左右には「0px」というように表示がされていますが、これらは上下左右の余白幅を指定します。また中央には「width」「height」といった設定が用意され、これも各コンポーネント間の余白幅を指定します（デフォルトではautoになっています）。

余白設定の下には「Y-align」「X-align」という項目があり、縦方向および横方向の位置揃えを設定できます。これらにより、コンポーネントを上・中央・下・均等、あるいは左・中央・右・均等のどこに位置揃えするかを設定できます。

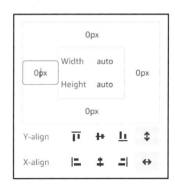

図3-125：コンポーネント間の余白幅と縦横の位置揃えを設定する。

検索とページ分け

配置関係の項目のさらに下には「Search」と「Pagination」という項目が用意されています。これらは検索とページ訳の設定を行うためのものです。デフォルトでは特に設定を用意していません。

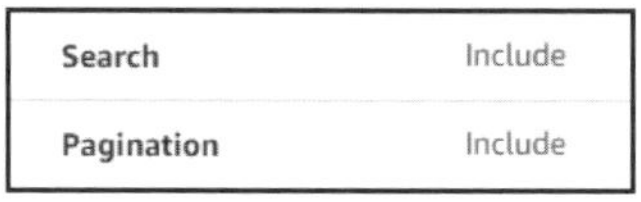

| Search | Include |
| Pagination | Include |

図3-126：SearchとPaginationの設定。デフォルトではなにもない。

検索の設定

「Search」は検索に関する設定です。この項目の「＋」をクリックすると、検索の設定が追加されます。設定と言っても、用意されているのは「Default text」という項目だけです。これは検索フィールドに表示されるテキストを指定するものです。

| Search | Remove |
| Default text | 検索テキスト... |

図3-127：Searchの「＋」をクリックすると、検索フィールドのデフォルトのテキストが設定できる。

ページ分けの設定

「Pagination」はデータのページ利用に関する設定です。この項目の「＋」をクリックすると、「Page size」という設定項目が追加されます。これは、1ページ当たりに表示されるデータ数です。例えば、これを「3」とすれば3個ずつデータが表示され、下にページ移動のリンクが表示されるようになります。

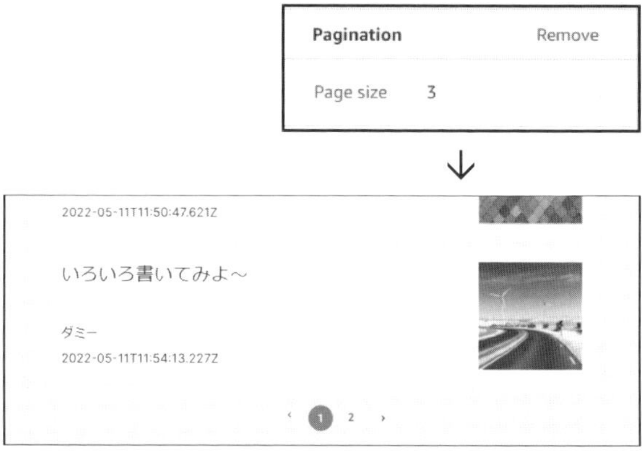

| Pagination | Remove |
| Page size | 3 |

↓

図3-128：Paginationでページあたりの表示数を指定すると、下部にページ移動のリンクが表示されるようになる。

フィルターの設定

右側のエリアにもコレクションに関する設定が用意されています。「Set filters」は、フィルターの設定を行うためのものです。フィルターというのは、特定の条件に合致するデータだけを検索するためのものです。「Add filter」リンクをクリックすると、下に「New filter」という項目が追加されます。これがフィルターの設定を行うものです。

これをクリックすると、小さな設定パネルがポップアップして現れます。ここには以下のような項目が用意されています。

図3-129：「Add filter」をクリックするとフィルターの設定が追加される。

Property	検索対象となるプロパティを選択する。
Operator	比較演算子を指定する。
Value	検索対象の値を指定する。

　このフィルター設定は「《プロパティ》＝ 値」というように、プロパティと値を比較する式を設定します。これにより、式が成立する項目だけが取り出されるようになります。

　フィルターの設定は、設定のパネルで行います。このパネルに表示されている項目をクリックすると、設定できる項目がプルダウンして現れます。ここから項目を選んでいくことで設定が作成できます。

　例えば、このように項目を入力してみましょう。

図3-130：フィルター設定をクリックすると、設定内容がパネルとして表示される。

Property	「Board.name」を選択する。
Operator	「Equals(eq)」を選択する。
Value	「タロー」と入力し、「"タロー"」を選択する。

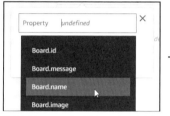  

図3-131：フィルター設定のパネルから「Board.name」「Equals(eq)」「"タロー"」と入力する。

　これで、「Board.name == タロー」という設定が作成できます。これにより、nameの値がタローのデータだけが表示されるようになります。

　作成したフィルター設定は、「×」をクリックして削除することもできます。

図3-132：nameの値が「タロー」のデータだけが表示されるようになる。

ソートの設定

　その下にある「Set sort conditions」は、データのソートを行うためのものです。「Add sort」リンクをクリックすると、ソートの設定項目が追加されます。クリックするとパネルが現れ、そこでソートの設定を行うようになっています。このパネルに用意されているのは以下の2つの項目です。

Property	ソートの基準となるプロパティを設定する。
Order	ソートの方向（昇順か降順か）を設定する。

図3-133：「Add sort」をクリックすると項目が追加される。これをクリックするとソートの設定パネルが現れる。

　例えば、Boardのデータを新しいものから順に表示させる設定はどうすればいいのでしょうか？　これはまず、Propertyで「Board.createdAt」を選択します。続いてOrderの値をクリックし、「Decsending」を選択します。これでcreatedAtの値を逆順（大きい値から順、すなわち新しい値から順）に表示するようになります。

図3-134：設定パネルでBoard.createdAt
とDescendingを選ぶ。

　設定したら、プレビューの表示を確認してみましょう。プレビューはダミーデータではなく、実際に登録されているデータを元に表示を行うため、データがソートされているのが確認できます。

図3-135：プレビューでソートされた状態を確認できる。

PersonComponentコレクションを作成する

これでBoardの一覧を表示するコレクションはできました。PersonComponentのコレクションも作成しましょう。「UI Library」を選択し、コンポーネントのリストから「PersonComponent」を選択します。そして右上の「Configure」ボタンで編集モードに切り替えてください。

図3-136：UI Libraryのリストから「PersonComponent」コンポーネントを選択し、「Configure」ボタンをクリックする。

PersonComponentの編集モードに切り替わります。すでにPersonComponentのデータベース設定は完了していますから、後はコレクションを作るだけですね。右上の「Create collection」ボタンをクリックし、新しいコレクションとして「Person Component Collection」という名前でコンポーネントを作成しましょう。

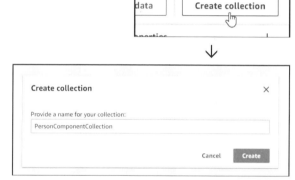

図3-137：PersonComponentコンポーネントの編集モードで「Create collection」ボタンをクリックし、名前を「PersonComponentCollection」として作成する。

これでコンポーネントが作成されました。後は必要に応じて設定を行うだけです。Search、Pagination、Set filters、Set sort conditionsの各設定のやり方は先ほど作成したBoardと同じです。ページ分け（Pagination）とデータのソート（Set sort conditions）あたりは設定しておいたほうがいいでしょう。これらの設定は自由に行えるので、それぞれで考えて設定をしましょう。

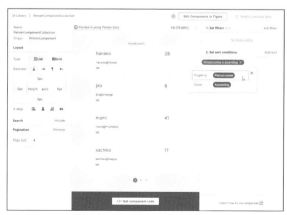

図3-138：必要な設定を行ってコレクションを完成させる。

コレクションはいくつでも作れる

　データベース用のコンポーネントとそのコレクションが一通り用意できました。コレクションを作成するとき、頭に入れておきたいのが「コレクションはいくつでも作れる」という点です。1つだけしか作れないわけではありません。

　したがって、例えば検索条件やソートの条件の異なるコレクションをいくつも用意したり、レイアウトの異なるものを複数作成しておくことも可能です。作ったコレクションは、必ずすべて利用しなければいけないわけではないので、「とりあえずこういうものは使えそうだ」と思ったものをすべて作っておいてもいいでしょう。

Chapter 4

Reactによるフロントエンド開発

Amplify Studioでは、
フロントエンドの開発にはReactアプリケーションの基本的な知識が必要となります。
ここでReactアプリケーションとReactの基本的な使い方について、
一通り理解しましょう。

<table>
<tr><td>Chapter
4</td><td>4.1.
Reactアプリケーションの基本</td></tr>
</table>

4.1.
Reactアプリケーションの基本

バックエンドをプルする

Chapter 3で、FigmaとAmplify Studioを使ってUIを作成しました。次は、フロントエンドでこれらを利用したアプリケーションを作成していくことにしましょう。

フロントエンドの開発は、ローカル環境に用意したアプリケーションをVisual Studio Codeなどで編集して作成していきます。これらでFigmaのコンポーネントを利用するためには、作成したバックエンドの情報をローカルのアプリケーションにプルする必要があります。

では、Visual Studio Codeのターミナルから以下のコマンドを実行しましょう。

```
amplify pull --appId 《アプリID》 --envName 《環境名》
```

これでAmplifyにあるバックエンド環境がローカル側のアプリケーションにプルされ組み込まれます。作成したUIコンポーネントもすべてアプリケーションに追加されます。なお、先に説明したように、すでにアプリIDと環境名を指定してamplify pullを実行してある場合は、これらのオプションを省略して単に「amplify pull」だけでも動作します。

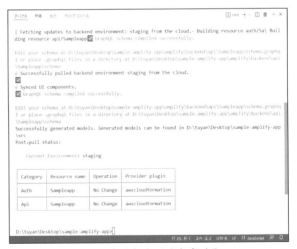

図4-1：amplify pullコマンドでバックエンドをプルする。

UI-Reactモジュールのインストール

もう1つ、やっておく必要のある作業があります。それは、「UI-React」というモジュールのインストールです。Amplify Studioの「UI Library」で作成したUIコンポーネントをReactで使えるようにするためのものです。

　これは、Chapter 2でアプリケーションを作成した際にaws-amplifyと一緒にインストールをしていました。が、もしまだこれらのインストールをしていない場合は、Visual Studio Codeのターミナルから以下のコマンドを実行してください。

```
npm install aws-amplify @aws-amplify/ui-react
```

　これでAmplifyとUIコンポーネントのパッケージがインストールされ、Reactから利用できるようになります。

アプリケーションの基本構成

　では、プルしてバックエンドが更新されたローカルアプリケーションの内容を見てみましょう。アプリケーション内には以下のようなフォルダーが用意されています。

.vscode	Visual Studio Code関係のファイル。
node_modules	アプリケーションで使用するモジュール。
amplify	Amplify関連のファイル。
public	公開ファイル（URLを指定して直接アクセスできるもの）。
src	ソースコードファイル（アプリのプログラム部分）。

　「.vscode」「node_modules」フォルダーは、直接ファイルを編集したりすることはほとんどないでしょう。また「public」も、イメージファイルなど公開されるファイルを配置するだけのものです。
　開発する側にとって重要になるのは、ソースコードファイルがまとめられている「src」フォルダーと、Amplify関連のファイルがまとめられている「amplify」フォルダーの2つだけと考えていいでしょう。

「src」フォルダーの内容

　では、「src」フォルダーから内容を見てみましょう。先にアプリケーションを作成したときに主なものについては簡単に説明しましたが、その他にもファイルやフォルダーが増えています。ここで改めて整理しておきましょう。

ファイル類

App.css/App.js/App.test.js	「App」コンポーネントのファイル。
index.js/index.css	アクセス時に最初に呼び出されるファイル。
aws-exports.js	AWSにより自動生成されたファイル。

フォルダー類

「models」フォルダー	データベースモデル関連。
「ui-components」フォルダー	UIコンポーネント関連。

　ファイル類についてはこの他にもいくつかあると思いますが、それらはアプリケーションの開発には直接関係ないので省略します。
　アプリケーションは、アクセスするとまずindex.jsが実行されます。その中でAppコンポーネント（App.js）が呼び出されてレンダリングされ、表示されます。この2つがアプリケーションの本体部分といえます。

これに加え、Amplifyのバックエンドで作成したデータモデルとUIコンポーネント関連のファイルが、それぞれ「models」「ui-components」フォルダーにまとめられ保存されています。ここにあるファイルをindex.jsやApp.jsからインポートして利用することで、データベースやUIコンポーネントが利用できるようになります。

Reactの基本コードについて

Reactアプリケーションの本体部分は、index.jsとApp.jsのコードにある、といっていいでしょう。これらのコードの意味を知るということは、イコール「Reactのアプリケーションの仕組みを知る」ということです。Reactについて一通り学んだことがあるならコードを見ればすぐに内容がわかるでしょうが、「あまりReactは知らない」という人も多いことでしょう。そこで、まずは簡単にコードの内容を説明しておきましょう。

index.jsのコードについて

index.jsは、単にApp.jsで用意されたコンポーネントを組み込んで表示しているだけなので、それほど難しい処理はしていません。ただし、Reactの最重要機能である「レンダリングして表示を行う」という処理はここで行っています。

記述されているコードは以下のようになります（コメントは省略）。

▼リスト4-1

```
import React from 'react';
import ReactDOM from 'react-dom/client';
import './index.css';
import App from './App';
import reportWebVitals from './reportWebVitals';

const root = ReactDOM.createRoot(document.getElementById('root'));
root.render(
  <React.StrictMode>
    <App />
  </React.StrictMode>
);

reportWebVitals();
```

これが、Reactを利用した基本的なコードになります。簡単に説明しておきましょう。

まず、アプリで利用するモジュールやスタイルシートなどを読み込むimport文が続き、その後に2つの処理を行っています。

1. Reactの仮想DOMを作成する。
2. 仮想DOMで、引数に用意した内容をレンダリングし指定されたエレメントに組み込む。

これがReactを使って表示を作成するもっとも基本となる部分です。これらは次のような形で実行されています。

▼Rootオブジェクトを作成する
```
const root = ReactDOM.createRoot(《DOMオブジェクト》);
```

▼表示をレンダリングする
```
root.render(…表示内容…);
```

　Reactでは、「ReactDOM.Root」というオブジェクトを使って表示を作成します。これは、引数に指定したDOMオブジェクトにReactの表示内容をはめ込んで表示するためのものです。「DOMオブジェクト」というのは、JavaScriptからHTMLの要素を利用するために用意されるオブジェクトで、それぞれのHTML要素に応じてオブジェクトが用意されています。
　例えば、index.jsではこのような形で記述されていますね。

```
const root = ReactDOM.createRoot(document.getElementById('root'));
```

　引数のdocument.getElementById('root')というのは、id="root"が設定されたHTML要素のDOMオブジェクトを取り出すものです。こうして取り出したDOMオブジェクトを引数に指定して、createRootでReactDOMオブジェクトを作成しています。
　表示の作成は、ReactDOMの「render」メソッドで行います。これは、引数に指定したコンテンツをレンダリングし、ReactDOMでルートに指定したHTML要素にはめ込んで表示するものです。
　つまり、この2行で「id="root"のHTML要素を取り出し、これにReactのコンテンツをレンダリングして表示する」ということを行っていたのです。

C　　　　　O　　　　　L　　　　　U　　　　　M　　　　　N

id="root" の要素はどこにある?

index.js では、id="root" の HTML 要素にコンテンツを表示する処理を作成していました。この id="root" という HTML 要素はどこにあるのでしょうか?
これは、実は「public」フォルダーにあります。このフォルダーは、公開されるファイルがまとめられているところでしたね。この中に、「index.html」という Web ページがあります。ここに、<div id="root"></div> というように HTML 要素が用意されているのです。

JSXについて

　renderの引数は「JSX」と呼ばれるものを使って書かれています。JSXは、HTMLと同じようなタグをそのまま値として記述できるようにするJavaScriptの機能拡張です。renderの引数部分を見ると、デフォルトではこのようになっていました。

```
<React.StrictMode>
  <App />
</React.StrictMode>
```

　HTMLのように、<>で記述されたタグのようなものが値として書かれていますね。これが、Reactに用意されている「JSX」による記述です。

　JSXは「JavaScript拡張」と呼ばれる機能で、JavaScriptにHTMLのようなタグを値として追加します。例えば<p>○○</p>のような記述をJavaScriptの値として書けるようになるのです。

　このJSXはHTMLのタグだけでなく、Reactで定義したコンポーネントもタグとして記述することができます。ここにある<React.StrictMode>や<App/>も、Reactのコンポーネントをタグの形で記述したものです。<React.StrictMode>はStrictモード（JavaScriptの厳格モード。厳密に文法をチェックするモード）を示すコンポーネントで、<App/>はApp.jsで定義しているコンポーネントです。

　ここでは以下のような要素を用意しています。

| <React.StrictMode> | JavaScriptの厳格モードで実行するためのもの。 |
| <App /> | App.jsで作成しているコンポーネント。 |

　要するに、App.jsの内容を組み込んで表示するものだったわけですね。「説明を読んでも何だかわからない」という人も多いでしょうが、Reactのコンポーネントについてはもう少し後できちんと説明するので、今はよくわからなくても心配はいりません。

　さぁ、これでだいぶindex.jsで行っていることがわかってきました。整理すると、以下のようになります。

1. ReactDOM.createRootで、コンテンツを表示するHTML要素を指定してReactDOMオブジェクトを作成する。
2. ReactDOMの「render」で、引数に用意したJSXのコンテンツをレンダリングし、指定したHTML要素に表示する。

　この基本がわかれば、Reactの表示の仕組みはわかったといってよいでしょう。

C　　　O　　　L　　　U　　　M　　　N

reportWebVitals ってなに？

ndex.js では、最後に「reportWebVitals」という関数を呼び出しています。これはいったい何でしょう？これは、WebVitals という計測ライブラリの機能を呼び出すものです。React に標準で組み込まれているため記述されていますが、これ自体はアプリの実行とは関係がないので削除してしまってもまったく問題ありません。

App.jsのコードについて

では、実際に画面に表示されている内容を作っている「App.js」のソースコードを見てみましょう。これは以下のようになっています（一部省略）。

▼リスト4-2

```
import logo from './logo.svg';
import './App.css';

function App() {
  return (
    <div className="App">
      <header className="App-header">
        ……省略……
      </header>
    </div>
  );
}

export default App;
```

ここではAppという関数を定義しています。この関数がReactのコンポーネントです。関数ではreturnでJSXを使った表示を戻り値として返しています。これがそのままindex.jsで<App />として表示されることになります。

表示している内容は、<div>タグの中に<header>タグが用意され、そこにロゴなどを表示するHTML要素が用意されるという比較的シンプルなものです。この部分を書き換えれば、表示をカスタマイズできます。

関数コンポーネントの定義

では、「App」コンポーネントはどのようになっているのでしょうか？　App.jsでは、整理するとこのように記述されています。

```
function App() {
  return (…コンテンツ…);
}

export default App;
```

実は、コンポーネントというのは関数を1つ書くだけで作成できます。これは「関数コンポーネント」と呼ばれるもので、関数内でJSXによるコンテンツを用意しreturnするだけの非常にシンプルなものです。定義した関数は「export default ○○;」というものを最後に記述し、他のスクリプトからimport文で読み込み利用できるようにします。

returnで返しているJSXの内容は見ればわかりますが、<div>の中にごく一般的なHTML要素を記述しただけのもので、特別なものは何もありません。「HTMLのコードを書けば、そのままJSXの値として使える」ということがよくわかるでしょう。

UIコンポーネントを利用する

　Reactの基本がわかったところで、今度はAmplifyのバックエンドで作成されたUIコンポーネントがどのような形で用意されているのか見てみることにしましょう。

　UIコンポーネントのファイルは、「ui-components」フォルダーの中にまとめられています。まずは、もっともシンプルなHeaderコンポーネントから見てみましょう。これは「Header.jsx」というファイルになります。.jsxという拡張子は、JSXを利用したコンポーネントを記述したファイルに使われるものです。

　ここには以下のようなコードが書かれているでしょう。

▼リスト4-3

```
import React from "react";
import { getOverrideProps } from "@aws-amplify/ui-react/internal";
import { Flex, Text } from "@aws-amplify/ui-react";

export default function Header(props) {
  const { label, overrides, ...rest } = props;
  return (
    <Flex
      …属性の設定…
      {...rest}
    >
      <Text
        …属性の設定…
      ></Text>
      <Text
        …属性の設定…
      ></Text>
    </Flex>
  );
}
```

　Headerコンポーネントはそれぞれで自由に作成していますから、これとは違う形になっている人も当然いることでしょう。<Flex>というタグではなく代わりに<View>というタグになっていたり、それ以外のタグが使われていたりする人もいるかもしれません。ただ、「コンポーネントのタグがあり、その中に表示テキストを表す<Text>というタグがある」という基本的な形は変わりないでしょう。

　ここで使われているJSXの要素について簡単に触れておきましょう。

<Flex>	フレックスコンテナ（内部にあるコンテンツをサイズに応じて柔軟にレイアウトできるようにした入れ物）の要素。
<Text>	テキストを表示するための要素。

　テキストを表示するだけのコンポーネントですから、<Text>というタグに必要な情報を記述してテキストを表示する、というポイントだけしっかり理解できればここでは十分です。

　これらのタグの中には{}でgetOverridePropsなどといったものが書かれていて、「これは何だ？」と思う人もいるでしょうが、現時点でこれらを理解する必要はまったくありません。「JSXの要素に何かする文が書いてあるらしい」程度に考えておきましょう。

Headerコンポーネントの定義

では、作成されている「Header」コンポーネントがどのように作られているのかコードの形を見てみましょう。すると、このような形になっていることがわかるでしょう。

```
export default function Header(props) {
  …略…
  return (
    …略…
  );
}
```

見ればわかるように、Appコンポーネントと同じ形をしています。このように、コンポーネントはどんなものでも基本的なコードの形は同じです。この関数の形さえわかっていれば、コンポーネントの内容はおおよそわかるようになります。

index.htmlを書き換える

「Header」コンポーネントを実際に使ってみることにしましょう。UIコンポーネントを利用するためには、いくつかのファイルのコードを修正しておく必要があります。

まずは、アプリのURLにアクセスした際に呼び出されるHTMLファイルからです。「public」フォルダー内にある「index.html」を開いて、以下のようにコードを書き換えましょう。

▼リスト4-4

```
<!DOCTYPE html>
<html lang="ja">
  <head>
    <meta charset="utf-8" />
    <link rel="icon" href="%PUBLIC_URL%/favicon.ico" />
    <meta name="viewport" content="width=device-width, initial-scale=1" />
    <meta name="theme-color" content="#000000" />
    <meta
      name="description"
      content="Web site created using create-react-app"
    />
    <link rel="apple-touch-icon" href="%PUBLIC_URL%/logo192.png" />
    <link rel="manifest" href="%PUBLIC_URL%/manifest.json" />
    <title>React App</title>
    <link href="https://cdn.jsdelivr.net/npm/bootstrap@5.1.3/dist/css/↴
        bootstrap.min.css" rel="stylesheet" />
    <script
    src="https://cdn.jsdelivr.net/npm/bootstrap@5.1.3/dist/js/↴
        bootstrap.bundle.min.js"></script>
  </head>
  <body class="container">
    <noscript>You need to enable JavaScript to run this app.</noscript>
    <div id="root"></div>
  </body>
</html>
```

ここでは、BootstrapというCSSフレームワークのクラスを読み込む`<link>`と`<script>`を追加してあります。その他、デフォルトで書かれていたコメント類はすべて省略しました。`<body>`に用意しているのは、相変わらず`<div id="root"></div>`だけです。

index.jsを書き換える

続いて「src」フォルダー内にある「index.js」です。これはアクセスした際に最初に実行されるJavaScriptコードになります。これを以下のように修正しておきましょう。

▼リスト4-5

```javascript
import React from 'react';
import ReactDOM from 'react-dom/client';
import './index.css';
import App from './App';
import { AmplifyProvider } from "@aws-amplify/ui-react"
import awsconfig from './aws-exports'
import { Amplify } from 'aws-amplify'

Amplify.configure(awsconfig);

const root = ReactDOM.createRoot(document.getElementById('root'));
root.render(
  <React.StrictMode>
    <AmplifyProvider>
      <App />
    </AmplifyProvider>
  </React.StrictMode>
);
```

先にChapter 2のところで、App.jsにAmplify.configure(awsconfig);を実行するようにコードを追記していましたね。これは、Amplifyに用意されている設定情報を反映させるための処理でした。これを忘れると、認証やデータベースアクセスなどが正常に動作しなくなるので注意が必要です。

このAmplify.configure(awsconfig);は、App.jsで実行しなければいけないわけではありません。index.jsに用意しても問題なく動作します。

今回、index.jsで実行するように修正しましたが、これはApp.jsに記述するコードがこれからどんどん増えてくるため、初期化処理はなるべくApp.jsから出してindex.jsで行っておきたいと考えてのことです。特に「index.jsに書かないといけない」というわけではないので勘違いしないでくださいね。

`<AmplifyProvider>`について

root.renderの引数にあるJSX部分を見てみましょう。ここでは、renderで実行しているJSXに以下のようなコードを追加してあります。

```
<AmplifyProvider>
  <App />
</AmplifyProvider>
```

この<AmplifyProvider>という記述は、Amplifyに用意されているReactコンポーネントです。この要素内にあるものについて、Amplifyの設定や機能を反映するためのものです。AmplifyProviderタグ内に<App />を記述しておけば、Appコンポーネント内にあるものにはすべてAmplifyの設定や機能などが反映され、それらを利用できるようになるのです。

これから先、データベースやその他のAmplifyの機能を利用するようになると、「Amplifyの設定や機能が反映され使えるようになっているか」が非常に重要になります。これを忘れるとAmplifyの機能がうまく動いてくれなくなったりするので、注意してください。

Headerコンポーネントを追加する

これでUIコンポーネントを利用するための準備は整いました。では、AppコンポーネントにHeaderコンポーネントを組み込んでみましょう。

Headerコンポーネントは、「src」内の「ui-components」というフォルダーの中に「Header.jsx」というJSXファイルとして用意されていますから、これをApp.jsにインポートし、コンポーネントとして利用すればいいのです。ではApp.jsを修正し、Headerコンポーネントを表示させましょう。

▼リスト4-6

```
import './App.css';
import { withAuthenticator } from '@aws-amplify/ui-react';
import '@aws-amplify/ui-react/styles.css';
import { Header } from './ui-components';

function App() {
  return (
    <div className="py-4">
      <Header className="mb-4" />
      <p>※これは、UIコンポーネントを利用した表示です。</p>
    </div>
  );
}

export default withAuthenticator(App);
```

Amplify.configure関係をindex.jsに移したので、だいぶすっきりしたコードになりました。実行すると、画面の上部にHeaderコンポーネントによるタイトルが表示されます。Figmaで作成したコンポーネントがAmplify Studioからローカルアプリケーションへと送られ、こうして使えるようになったことが確認できました。

図4-2：Headerコンポーネントを表示する。

ここでは、以下のようにしてHeaderコンポーネントをインポートしています。

```
import { Header } from './ui-components';
```

「ui-components」フォルダーにあるHeader.jsxは、このようにフォルダーから{ Header }と指定することでインポートできます。以下のように記述するのと同じです。

```
import Header from './ui-components/Header';
```

ファイル名まで指定すると、複数のコンポーネントをインポートする場合はファイルのimport文をすべて書かないといけません。フォルダーを指定する方式では、{}内にインポートするコンポーネント名を追加していくだけで済みます。このやり方のほうが便利でしょう。

なぜフォルダーからコンポーネントがimportできるのか

UIコンポーネントでは、import { Header } from './ui-components';というようにしてフォルダーからコンポーネントがインポートできます。これは考えてみると不思議ですね。

importは、指定したファイルを読み込んでオブジェクトなどをインポートするものです。フォルダーを指定すると、その中のファイルにあるコンポーネントがインポートされるというのは、普通ではありえません。

その秘密は、「ui-components」フォルダーにあるindex.jsにあります。importでも、ファイル名が省略されている場合は、そこにあるindexというファイルをデフォルトのファイルとして読み込みます。この中で、フォルダー内にある各ファイルのコンポーネントをインポートできるようにexport文が用意されているのです。

この手法はUI-componentsに限らず、他にも利用されています。例えばモデルをインポートする場合も「models」フォルダーを指定すれば、その中のindex.jsから各モデルが取り出せるようになっています。

classNameによるクラスの指定

ここで使ったJSXの要素では、「className」という属性が用意されていました。こんな具合ですね。

```
<div className="py-4">
<Header className="mb-4" />
```

これは、HTMLの要素にある「class」属性と同じものです。JSXでは、classという属性名は使えません。すべて「className」として記述をします。

ここで使っているpy-4やmb-4といったものは、すべてBootstrapのクラスです。これらはコンポーネントの周囲や内部の余白幅を指定するものです。Bootstrapを利用すると、このようにclassNameにクラスを指定するだけで、さまざまな表示設定ができます。

本書ではBootstrapについては詳しく触れません。興味ある人はそれぞれで調べてみてください。

Chapter
4

4.2.
Reactコンポーネントの設計

コンポーネントの組み合わせ

Reactアプリケーションの基本がわかったら、Reactの基本となる「コンポーネント」の利用について少し学んでいくことにしましょう。

サンプルで作成したアプリケーションではAppコンポーネントというものを定義し、これを組み込んで表示していました。このように表示をコンポーネントとして定義し、それを組み合わせていくのがReactアプリケーションの基本です。コンポーネントはAppを見ればわかるように、関数として簡単に定義することができます。別ファイルに定義してインポートし利用することもできますし、1つのファイル内にいくつもの関数コンポーネントを書いて利用することも可能です。

では、実際に複数のコンポーネントを作って利用してみましょう。App.jsに記述していたApp関数を以下のように書き換えてください。なお、Appの他にHelloとNowというコンポーネントも用意してありますが、これらも併せて記述をしておきましょう。

▼リスト4-7

```
function App() {
  return (
    <div className="py-4">
      <Header className="mb-4" />
      <p>※これは、UIコンポーネントを利用した表示です。</p>
      <Hello />
      <Now />
    </div>
  );
}

function Hello() {
  return (
    <p className="border border-primary p-3 my-3">
      こんにちは！
    </p>
  );
}

function Now() {
  return (
    <p className="bg-secondary text-dark bg-opacity-25 p-3 my-3">
      現在は、{
```

```
        new Date().getHours()
      } 時です。
    </p>
  );
}
```

　ここでは、画面に「こんにちは！」と「現在は、○○時です。」という表示が追加されています。これらはHelloとNowというコンポーネントです。見ればわかるように、それぞれHelloとNowという関数として定義されています。

図4-3：AppコンポーネントにHelloとNowの今ボーンとを組み込む。

　そして、これらをそのまま<Hello />や<Now />というように記述し、Appコンポーネントの表示内に埋め込んでおけばいいのです。関数として書けば、そのままタグとしてJSXの中で使える、この手軽さがReactのコンポーネントの良さでしょう。

属性で値を指定する

　コンポーネントを利用するとき、必要な値を渡すことができれば表現力もアップします。例えば、先ほどの<Hello />コンポーネントで、表示するメッセージを指定できればいろいろ使えるようになりますね。<Hello message="こんにちは" />などというように表示メッセージの値を属性に指定すると、それが表示されるようにするわけです。

　これは意外に簡単に行えます。先ほどのコードでHelloとApp関数を以下のように書き換えてみましょう。

▼リスト4-8

```
function Hello(props) {
  return (
    <div className={"alert alert-" + props.type}>
      {props.message}
    </div>
  )
}

function App() {
  return (
    <div className="py-4">
      <Header className="mb-4" />
      <p> ※これは、UI コンポーネントを利用した表示です。</p>
      <Hello message=" サンプルのメッセージです。" type="primary" />
      <Hello message=" 表示のタイプも変更できます。" type="dark" />
    </div>
  );
}
```

これで、メッセージと背景色の異なる2つのHelloコンポーネントが表示されます。

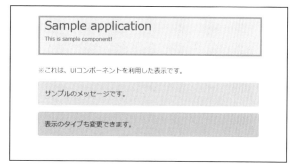

図4-4：App内に2つのHelloコンポーネントを組み込む。それぞれメッセージとタイプを設定してある。

ここでは以下のような形でコンポーネントを呼び出していますね。

```
<Hello message=" サンプルのメッセージです。" type="primary" />
<Hello message=" 表示のタイプも変更できます。" type="dark" />
```

コンポーネントにmessageとtypeという属性を指定しています。これにより、表示するメッセージと背景色を設定していたのです。

引数と属性

では、Helloコンポーネントがどのように定義されているのか見てみましょう。今回は以下のような形になっていますね。

```
function Hello(props) {……}
```

引数が1つ用意されています。この引数が、<Hello />に用意された属性の値なのです。この引数には属性と、その値をオブジェクトにまとめたものが用意されています。このオブジェクトから、属性名のプロパティを取り出せば、その属性の値が得られるのです。

ここでrerurnしているJSXの表示内容を見てみましょう。

```
return (
  <div className={"alert alert-" + props.type}>
    {props.message}
  </div>
);
```

classNameでは、props.typeという値を使ってクラスを設定しています。そして<div>タグのコンテンツとして、{props.message}というようにしてpropsのmessageを出力しています。このように、引数propsから属性の値を取り出し、それを利用して表示内容を作成していきます。これで属性を使って表示を設定できるようになります。

イベントの利用

　コンポーネントは表示だけでなく、ボタンをクリックして処理を実行させるなどのイベント処理を用意することもできます。これは、JSXで表示するHTML要素のイベント属性を利用します。例えば、クリックしたときのイベント処理は「onClick」属性を使い、以下のように設定すればいいでしょう。

```
onClick={ 関数 }
```

　onClickは、HTMLの要素に用意されているonclick属性に対応するJSXの属性です。こうしたイベントの属性では、実行する関数を{}で指定します。{}は、JSXで「JavaScriptのコード」を埋め込むのに使うものです。{ 関数 }と記述することで、指定した関数が実行されるようになるのです。

　呼び出す関数は、コンポーネントの関数とは別に定義してもいいですし、関数コンポーネント内にさらに関数として用意することも可能です。また、アロー関数を使って{}内に直接記述することもできます。

ボタンをクリックしてアラートを表示する

　では、実際に簡単なイベント処理を使ってみましょう。App関数を以下のように書き換えてください。また、onClick関数も追加しておいてください。

▼リスト4-9
```
function onClick() {
  alert("クリックした！");
}

function App() {
  return (
    <div className="py-4">
      <Header className="mb-4" />
      <p>※これは、UIコンポーネントを利用した表示です。</p>
      <button className="btn btn-primary" onClick={onClick}>
        Click me!
      </button>
    </div>
  );
}
```

　アクセスすると、今回はボタンが1つ表示されます。これをクリックすると、「クリックした！」とメッセージが表示されます。ごく単純なものですが、イベント処理の使い方はこれでわかるでしょう。

図4-5：ボタンをクリックするとアラートが表示される。

　ここでは、<button>にonClick={onClick}というようにして呼び出す関数を指定しています。注意したいのは関数の書き方です。{onClick()}というように、()を付けて書かないようにしてください。イベント属性に指定する関数では引数の指定はできません。

4.3.

ステートフックと副作用フック

イベントで値を変更する

コンポーネントの基本がだいたいわかったところで、コンポーネントを操作することを考えていくことにしましょう。

先に、ボタンをクリックしてアラートを表示するサンプルを作りました。これを修正し、ボタンクリックで数字がカウントしていくサンプルを考えてみることにしましょう。

▼リスト4-10

```
function App() {
  let val = 0;
  const onClick = ()=> {
    val += 1;
  }

  return (
    <div className="py-4">
      <Header className="mb-4" />
      <p>※これは、UI コンポーネントを利用した表示です。</p>
      <div className="alert alert-primary">
        Count: {val}.
      </div>
      <button className="btn btn-primary" onClick={onClick}>
        Click
      </button>
    </div>
  );
}
```

今回は、onClick関数はApp関数の中に定数として用意しておきました。ボタンをクリックするとこの関数を呼び出し、変数valの値を1ずつ増やしていくようにしています。

実際に使ってみると、どうなったでしょうか？　ボタンをクリックしても表示はまったく変わらないはずです。

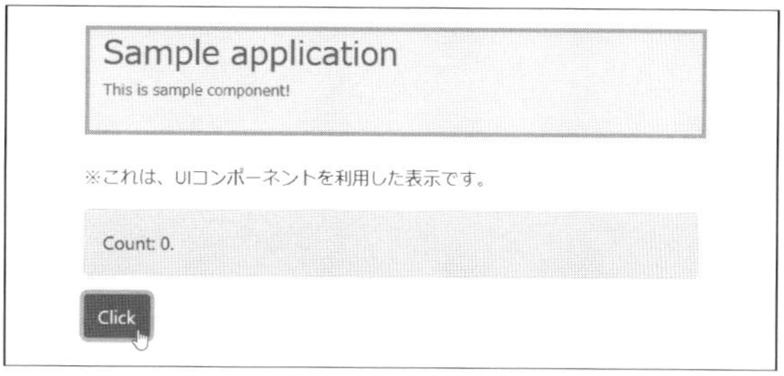

Sample application
This is sample component!

※これは、UIコンポーネントを利用した表示です。

Count: 0.

Click

図4-6：ボタンをクリックしても数字は増えない。

コンポーネントは、ただの「関数」

　これは考えてみれば当たり前で、コンポーネントが画面に表示されているということは、App関数はすでに実行され、もう終了している、ということです。

　関数コンポーネントは、コンポーネントといっても実態はただの関数です。どこかから呼び出されない限りは実行されません。コンポーネントは必要に応じて再実行されますが、実行されたときには、関数内に用意されている変数などはすべて初期状態に戻っています。関数コンポーネント内の変数は常に保持されているわけではなく、実行後にはすべて消えてしまうのです。

　ということは、「クリックして数字をカウントする」ためには、関数が実行した後も値を保持し続ける「何か」を考えなければいけません。そのためにReactに用意されているのが「ステートフック」というものです。

ステートフックについて

　ステートフックは、Reactに用意されている「フック」と呼ばれる機能の1つです。フックは、関数コンポーネントにさまざまなReactの機能を接続するためのものです。フックの一種である「ステートフック」は、関数コンポーネントに「ステート」と呼ばれるものを接続します。

　ステートは、値の変化に応じて表示を自動更新できる特別な値です。ステートの値を{}でコンポーネントに埋め込み表示すると、ステートの値が変更されるとその表示も更新されます。ステートはReactの機能であるため値は常に保持されており、いつでも呼び出して利用することができます。

　ステートフックを利用することで、関数コンポーネントからReactのステートを使って値を保管し、それを利用できるようになります。

ステートフックの使い方

　ステートフックはreactモジュールに用意されており、利用の際は以下のようにimport文を用意します。

```
import { useState } from 'react';
```

　この「useState」という関数がステートフックを作成するために用意されているものです。以下のように記述します。

```
const [ 変数1, 変数2 ] = useState( 初期値 );
```

　useStateは、引数に初期値を指定して呼び出します。これは省略することもできます。戻り値は2つあり、これらを[]内の2つの変数に取り出します。これは「分割代入」と呼ばれるもので、関数から返された複数の値をそれぞれの変数に代入する働きをします。

　変数1には、指定したステートフックの値が代入されます。この変数1を{}でJSXのコード内に埋め込めば、その値を表示できます。

　変数2には、ステートフックの値を更新するための関数が代入されます。この第2引数に用意される関数を使って値を更新すると、変数1を{}で埋め込んでいる部分の表示がすべて自動的に変更されます。

　この2つの変数を使うことで、関数コンポーネントは「常に値を保持する変数」を使えるようになります。そしてその値は、いつでも操作して表示を更新できるようになるのです。

イベント処理からステートフックを使う

では、先ほどの「クリックして数字をカウントする」というサンプルを修正し、ちゃんと動くようにしましょう。App関数を以下のように修正してください。import文の追記も忘れないようにしてください。

▼リスト4-11

```
// import { useState } from 'react';

function App() {
  const [count, setCount] = useState(0);

  const onClick = () => {
    setCount(count + 1);
  }

  return (
    <div className="py-4">
      <Header className="mb-4" />
      <p>※これは、UI コンポーネントを利用した表示です。</p>
      <div className="alert alert-primary">
        Count: {count}.
      </div>
      <button className="btn btn-primary" onClick={onClick}>
        Click
      </button>
    </div>
  );
}
```

ボタンをクリックすると、数字が1ずつ増えていくようになります。

図4-7：クリックすると数字がカウントされるようになった。

今回は一般的な変数を使わず、ステートフックでcountステートを用意し利用しています。

```
const [count, setCount] = useState(0);
```

countというステートと、ステートを変更するsetCount関数が用意できました。ボタンクリックで実行するonClickは以下のように修正しています。

```
const onClick = () => {
  setCount(count + 1);
}
```

　setCountでcountステートの値を1増やしているだけです。これで、countが埋め込まれている表示が自動的に更新され1ずつ増えていきます。ステートを利用すると、このようにただステートの値を変更するだけで自動的に表示を更新することができます。「いつどのように表示を変更するか」といったことは考える必要がなくなり、ただ値の管理だけを行えばいいのです。

変数とステートの使い分け

　では、ステートはどのようなときに使えばいいのでしょうか？　そしてステートではなく変数を使っても問題ないのはどういうときでしょう？
　これは、以下の2点を考えれば判断することができます。

- 関数の実行後も値を保持する必要があるかどうか。
- 値が画面に出力されており、常に更新される必要があるかどうか。

　値を常に保持する必要がある場合、また値の表示が更新される必要がある場合には、ステートを利用しなければいけません。それ以外の場合、ただ関数の中だけで一時的に値を保存するだけなら、通常の変数を使ってもまったく問題はありません。

コンポーネント属性とステート

　ステートはそのまま画面に出力するだけでなく、コンポーネントの属性として渡す場合にも利用できます。例えば、コンポーネント内に別のコンポーネントを埋め込んで表示している場合、埋め込んだコンポーネントの属性ステートで制御することができるのです。
　実際にサンプルを見たほうがわかりやすいでしょう。App関数を以下のように修正してください。なお、今回は先に作成したHello関数も使うので、必ず記述しておいてください。

▼リスト4-12
```
function Hello(props) {
  return (
    <div className={"alert alert-" + props.type}>
      {props.message}
    </div>
  )
}

function App() {
  const [msg, setMsg] = useState("");
  const [msgs, setMsgs] = useState([]);

  const onChange = (event)=> {
    setMsg(event.target.value);
  }
  const onClick = ()=> {
    setMsgs([
      "Hello, " + msg + "!",
      "こんにちは、" + msg + "さん。"
    ]);
```

```
  }
  return (
    <div className="py-4">
      <Header className="mb-4" />
      <p>※これは、UIコンポーネントを利用した表示です。</p>
      <div className="mx-0 my-3 row">
        <input type="text" className="form-control col"
          onChange={onChange} />
        <button className="btn btn-primary col-2"
          onClick={onClick}>Click</button>
      </div>
      <Hello message={msgs[0]} type="primary" />
      <Hello message={msgs[1]} type="dark" />
    </div>
  );
}
```

ここでは名前を入力するフィールドとボタン、そして2つのHelloコンポーネントを用意してあります。フィールドに名前を書いてボタンをクリックすると、2つのHelloコンポーネントのメッセージが変わります。

図4-8:名前を書いてボタンをクリックするとHelloコンポーネントが更新される。

ここでは以下のように、2つのステートフックを用意しています。

```
const [msg, setMsg] = useState("");
const [msgs, setMsgs] = useState([]);
```

msgは<input>で入力した値を保管しておくためのもので、msgsは2つのHelloコンポーネントに表示するメッセージを配列でまとめたものです。msgは特に画面には表示しておらず、msgsステートは2つのHelloコンポーネントの属性として利用しています。

```
<Hello message={msgs[0]} type="primary" />
<Hello message={msgs[1]} type="dark" />
```

msgsは配列を保管するステートなので、msgs[0]というようにしてその中の値をmessage属性に割り当てています。これらのステートは、<input>と<button>のイベントで更新されます。

　<input>にはonChange={onChange}というようにして、入力された値が変更されるたびにonChange関数が呼び出されるようにしています。ここではmsgステートの値を更新しているだけです。

```
const onChange = (event)=> {
  setMsg(event.target.value);
}
```

　このmsgステートは直接画面には表示されていませんから、変更しても何ら表示は変わりません。そして<button>には、onClick={onClick}というようにしてクリック時にonClick関数が呼び出されるようにしています。この関数でmsgsステートを更新しています。

```
const onClick = ()=> {
  setMsgs([
    "Hello, " + msg + "!",
    "こんにちは、" + msg + "さん。"
  ]);
}
```

　setMsgsに、2つのメッセージを用意した配列を設定していますね。これでmsgsが更新されると、それによって<Hello>のmessage属性の値も更新される（つまり、<Hello>の表示が更新される）ことになります。
　このように、App内に埋め込んだ<Hello>の属性にステートを利用することで、App側で値を変更すると埋め込んだ<Hello>の表示も更新されるようになります。コンポーネントの内部に埋め込んである別コンポーネントもこうして操作できることがわかります。

副作用フックについて

　ステートフックは、ステートの値を操作するためのものでした。これにより、コンポーネントの表示を自動的に更新させることができるようになりました。
　では、表示が更新されるときに合わせて何らかの処理を実行させたいことはないでしょうか？　例えばステートの値が変更されたとき、それに合わせてなにかの処理を実行して表示を更新したい、ということはあるでしょう。
　このように、コンポーネントの表示が更新されたときに、自動的に処理を実行させるのに用いられるのが「副作用フック」というものです。以下のような形で作成します。

```
userEffect( 関数 , [ ステートの値 ]);
```

　第1引数に、実行する関数を用意します。これは引数なしのアロー関数として用意します。第2引数には、更新をチェックするステートフックの値を配列にまとめて用意します。
　ここに設定したステートフックの値が更新されると、第1引数の関数が自動的に呼び出されるようになります。第2引数は省略することもでき、この場合はどのような理由であれ表示が更新されると常に処理が実行されるようになります。

副作用フックでコンポーネント更新する

この副作用フックは、「ステートの更新と処理の実行を切り分ける」役割を果たします。例えばonClick などのイベントの処理で表示を更新する場合、純粋にステートの値を操作する部分と、何らかの処理を実行する部分を分けて整理することができるようになります。

ごく簡単な例として、先ほどのHelloコンポーネントでメッセージを表示するサンプルを修正し、時間に応じてメッセージが変わるようにしてみましょう。App関数の内容を以下に書き換えてください。なお、reactからのimport文にuserEffectを追記しておくのを忘れないように。

▼リスト4-13

```
// import { useState, useEffect } from 'react';

function App() {
  const data = [
    ["おやすみ、", "..."],
    ["おはよう、", "！"],
    ["こんにちは、", "さん。"],
    ["こんばんは、", "さん。"]
  ]
  const [input, setInput] = useState("");
  const [msg, setMsg] = useState(input);
  const [msgs, setMsgs] = useState(msg);

  const onChange = (event)=> {
    setInput(event.target.value);
  }
  const onClick = ()=> {
    setMsg(input);
  }
  useEffect(()=>{
    if (msg == "") {
      setMsgs("no message.");
    } else {
      const h = Math.floor(new Date().getHours() / 6);
      setMsgs(data[h][0] + msg + data[h][1]);
    }
  }, [msg]);

  return (
    <div className="py-4">
      <Header className="mb-4" />
      <p>※これは、UIコンポーネントを利用した表示です。</p>
      <div className="mx-0 my-3 row">
        <input type="text" className="form-control col"
          onChange={onChange} />
        <button className="btn btn-primary col-2"
          onClick={onClick}>Click</button>
      </div>
      <Hello message={msgs} type="primary" />
    </div>
  );
}
```

名前を入力しボタンをクリックすると、そ
の時の時刻に応じてメッセージが変わります。
0〜5時は「おやすみ」、6〜11は「おはよう」、
12〜17は「こんにちは」、18〜23は「こ
んばんは」と表示されます。

図4-9：名前を入力すると、時刻に応じて異なるメッセージが表示される。

ここでは入力したテキストの値はinputステートに、そしてボタンをクリックするとその値をmsgステー
トに設定するようにしています。そしてuserEffectを使い、msgを元に表示するメッセージを作成し、msgs
に設定しています。テキストの入力やボタンのクリックで実行している処理はonChangeとonClickであり、
これらではステートの値を変更する処理しか行っていません。現在の時刻を調べ、それを元にmsgsにメッ
セージを設定するという処理はuseEffectで行っています。

これでonChangeやonClickは、あくまでステートを操作するだけであり、なんの処理も実行しないよ
うになります。そして必要な処理はすべてuseEffectにまとめられます。表示するメッセージを変更するな
ど処理を修正する場合、useEffectの部分だけを書き換えればいいのです。

独自フックについて

ステートフックや副作用フックは、コンポーネントの更新やイベントなどに応じた処理をコンポーネント
に組み込むものです。このフックは用意されているものだけでなく、自分で独自に定義し利用することもで
きます。こうした「独自に定義したフック」というのも、やはり関数を使って作成します。これは以下のよ
うな形で定義します。

```
function 関数 ( 引数 ) {
    ……処理……

    return [ 値 , 関数 ];
}
```

関数の中で必要な処理をし、最後にreturnで値と関数を配列にまとめて返します。これらがフックで得
られる値と、値を設定するための関数として返され利用されます。

この独自フックあたりになると、かなり本格的にReactを利用するようにならないと使うことはあまり
ないかもしれません。けれど「フックは自分で作れる」ということを知っていれば、これから先、本格的に
アプリ開発を行う上でかならず役に立つときがくるでしょう。

表示メッセージを独自フックに切り離す

先ほど作成したメッセージを表示する処理をさらに修正し、Helloコンポーネントに表示するメッセージ
関係を独自フックとして切り離してみましょう。

ではApp.jsに新たにuseMessage関数を追加し、App関数の内容を次に掲載したように書き換えてく
ださい。

▼リスト4-14

```javascript
function useMessage(value) {
  const data = [
    ["おやすみ、", "..."],
    ["おはよう、", "！"],
    ["こんにちは、", "さん。"],
    ["こんばんは、", "さん。"]
  ]
  const [msg, setMsg] = useState(value);

  const setMsgs = (v)=> {
    if (v == "") {
      setMsg("no message.");
    } else {
      const h = Math.floor(new Date().getHours() / 6);
      setMsg(data[h][0] + v + data[h][1]);
    }
  }
  return [msg, setMsgs];
}

function App() {
  const [msg, setMsg] = useState("");
  const [message, setMessage] = useMessage(msg);

  const onChange = (event)=> {
    setMsg(event.target.value);
  }
  useEffect(()=>{
    setMessage(msg);
  }, [msg]);

  return (
    <div className="py-4">
      <Header className="mb-4" />
      <p>※これは、UIコンポーネントを利用した表示です。</p>
      <div className="mx-0 my-3 row">
        <input type="text" className="form-control col"
          onChange={onChange} />
      </div>
      <Hello message={message} type="primary" />
    </div>
  );
}
```

名前を入力すると、時刻に応じてリアルタイムにメッセージが表示されます。

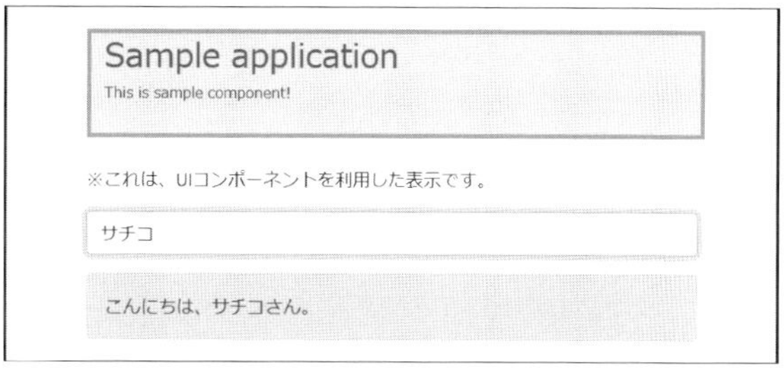

図4-10：時刻に応じてリアルタイムにメッセージが表示される。

　ここではuseMessageという関数として独自フックを定義しています。このuseMessage関数は、整理すると以下のような形になっています。

```
function useMessage(value) {
    ……略……
    const [msg, setMsg] = useState(value);

    const setMsgs = (v)=> {
        ……略……
    }
    return [msg, setMsgs];
}
```

　内部に値を保管するためのmsgステートフックを用意しています。そしてsetMsgsという関数を定義し、その中でseMsgでmsgステートを更新する処理を用意します。

　最後にreturnを使い、[msg, setMsgs]というように値を保管するmsgステートと、msgの更新をするsetMsgs関数を返しています。これらはApp関数の中で以下のように使われています。

```
const [message, setMessage] = useMessage(msg);
```

　これでuseMessageでreturnされたmsgステートと、setMsgs関数がそれぞれ[message, setMessage]に代入され利用できるようになります。独自フックがどのように働いているのかは、setMessage関数で何をしているのかよく考えればわかってきます。それぞれで処理の流れを考えてみてください。

　フックは、「ステートフック」についてしっかり理解していれば、とりあえずReactは使えるようになります。副作用フックはある程度Reactを使うようになったら、そして独自フックはかなりReactを使い込むようになったら利用するもの、ぐらいに考えておけばいいでしょう。

4.4.
Reactコンポーネントを活用する

条件による表示の切り替え

Reactの基本的な使い方は、だいたい頭に入ったことでしょう。最後に、「覚えておくと役立つ」という機能についていくつか補足的に説明しておくことにします。まずは、必要に応じて表示を切り替える方法について。例えば条件に応じて表示をON/OFFしたり、2つの表示を交互に切り替えたりすることはよくあります。こうした表示の切り替えは、Reactでは条件となる変数を使って以下のように記述します。

```
{ 真偽値 ?
  < true 時の表示 >
:
  < false 時の表示 >
}
```

{}の中に、3項演算子として表示するJSXを用意しておくのですね。チェックする真偽値はステートとして用意しておくのを忘れないでください。

2つのコンポーネントを切り替える

では、2つのコンポーネントを切り替える簡単な例を挙げておきましょう。ここでは、AlertMessageとCardMessageというコンポーネントを用意し、これをApp内で切り替え表示してみます。

▼リスト4-15
```
function AlertMessage(props) {
  return (
    <div className="alert alert-primary">
      <h3>{props.title}</h3>
      {props.msg}
    </div>
  )
}

function BoxMessage(props) {
  return (
    <div className="card">
      <div className="card-header">
      {props.title}
      </div>
      <div className="card-body">
      {props.msg}
```

```
      </div>
    </div>
  )
}

function App() {
  const [flag,setFlag] = useState(false);
  const onChange = (event)=> {
    setFlag(event.target.checked);
  }
  return (
    <div className="py-4">
      <Header className="mb-4" />
      <p>※これは、UIコンポーネントを利用した表示です。</p>
      <div className="form-check">
        <input className="form-check-input" type="checkbox"
          id="check1" onChange={onChange} />
        <label className="form-check-label" htmlFor="check1">
          表示の切り替えチェックボックス
        </label>
      </div>
      <hr />
      {flag ?
        <AlertMessage title="チェックはON!"
          msg="チェックONのメッセージです！！"/>
        :
        <BoxMessage title="チェックはOFF"
          msg="チェックOFFのメッセージです..."/>
      }
    </div>
  );
}
```

チェックボックスが1つあり、その下にメッ
セージが表示されています。このチェックを
ON/OFFすると、それに合わせてメッセージ
の表示がAlertMessageとBoxMessageで
交互に切り替わります。

図4-11：チェックのON/OFFでAlertMessageとCardMessageが切り替わる。

ここでは２つのコンポーネントを以下のような形で用意しています。

```
{flag ?
  <AlertMessage title="チェックはON!"
    msg="チェックONのメッセージです！！"/>
  :
  <BoxMessage title="チェックはOFF"
    msg="チェックOFFのメッセージです..."/>
}
```

これにより、flagの値によってAlertMessageとBoxMessageのどちらかが表示されるようになります。チェックボックスでは、onChange={onChange}というようにして値が変更されると、onChange関数が呼ばれるようにしてあります。そしてonChangeでは、flagステートの値を以下のように操作しています。

```
const onChange = (event)=> {
  setFlag(event.target.checked);
}
```

event.target.checkedは、イベントが発生した要素（<input type="checkbox">）のチェック状態の値です。これでflagの値が交互に切り替わります。ステートを変更するだけで、表示がガラリと変わるのがわかるでしょう。

子要素利用のコンポーネント

続いて、コンポーネントの子要素の利用についてです。Reactではコンポーネントを簡単に作成できますが、これまで作ってきたものは基本的にこのような形のものでした。

```
<○○ />
```

単独で使うことのできるものですね。しかしHTMLの要素などでは、内部に子要素を持つことのできるものもあります。このような形ですね。

```
<○○>
  子要素
</○○>
```

コンポーネントで、こういう書き方はできないのでしょうか？　もちろん可能です。ただしそのためには、コンポーネント側で「自身の内部に組み込まれた要素」をどう扱うのか、きちんと考えて処理しておく必要があります。

内部に組み込まれた子要素は、関数コンポーネントの引数で渡された値にある「children」というプロパティに保管されています。これは配列になっており、ここから取り出した値を順に処理していけば、内部に組み込まれている要素の処理が行えます。

内部の要素を表示する

　内部の子要素を利用するコンポーネントを作ってみましょう。ここではMessage関数として定義をしておきます。Messageを追記し、App関数の内容を以下のように書き換えてください。

▼リスト4-16
```
function Message(props) {
  return (
    <div className={"alert alert-" + props.type}>
      {props.children}
    </div>
  )
}

function App() {
  return (
    <div className="py-4">
      <Header className="mb-4" />
      <p>※これは、UI コンポーネントを利用した表示です。</p>
      <Message type="dark">
        <h1>メッセージ</h1>
        <p>これはMessageコンポーネントの利用例です。</p>
      </Message>
      <Message type="info">
        <ul>
          <li>メッセージ1</li>
          <li>メッセージ2</li>
          <li>メッセージ3</li>
        </ul>
      </Message>
    </div>
  );
}
```

　実行すると、<Message>を使ったメッセージが表示されます。

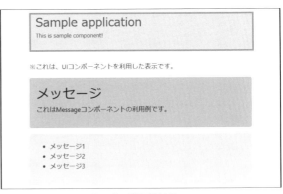

図4-12：<Message>でメッセージを表示する。

　このMessageコンポーネントは以下のように利用できます。

```
<Message type="タイプ">
　……表示するコンテンツ……
</Message>
```

このように＜Message＞の内部に表示するコンテンツを用意すると、それを内部に表示するコンポーネントを作成します。このMessage関数では、以下のようなJSXのコンテンツをreturnしています。

```
<div className={"alert alert-" + props.type}>
  {props.children}
</div>
```

＜div＞の内部に、{props.children}として子要素を配置しています。このようにprops.childrenの値を利用し出力することで、内部に組み込まれた子要素を扱うコンポーネントを作成できます。

子要素を配列処理する

内部に複数の要素を保つ場合、それらを1つずつ取り出して処理することもできます。JSXでは、配列の1つ1つの要素を処理するには「map」メソッドを利用します。

```
配列 .map( 引数 => 値 )
```

mapは配列の各要素について、引数の関数を実行します。この関数では、配列から取り出した要素が引数として渡されます。これを元に、実際に表示するコンテンツを作成して返せば、配列のすべての要素について必要な処理がされた配列を得ることができます。

子要素をリストにまとめる

先ほどのMessageコンポーネントを修正し、子要素の表示を加工するようにしてみましょう。MessageとApp関数を以下のように修正してください。

▼リスト4-17

```
function Message(props) {
  let first = null;
  let data = null;
  if (Array.isArray(props.children)) {
    first = props.children[0];
    data = props.children.slice(1, props.children.length);
  } else {
    first = props.children;
    data = [<p> no data</p>];
  }
  return (
    <div className="alert alert-primary">
    <ul className="list-group">
      <div className="text-center">{first}</div>
      {data.map(value=> (
        <li className="list-group-item">
          {value}
        </li>
      ))}
    </ul>
    </div>
  )
}
```

```
function App() {
  return (
    <div className="py-4">
      <Header className="mb-4" />
      <p>※これは、UIコンポーネントを利用した表示です。</p>
      <Message>
        <p>タイトルです</p>
        <p>これはサンプルで作ったメッセージです。</p>
        <p>これはコンテンツのテキストです。</p>
      </Message>
    </div>
  );
}
```

　実行すると、<Message>内に用意した1
つ目の要素がタイトルとして表示され、それ
以降のものはリストにまとめられて表示され
ます。

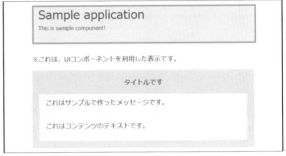

図4-13:<Message>内の1つ目の要素をタイトルにし、それ以降をリスト
にまとめて表示する。

　ここではまず、props.childの値をfirstとdataに分けて取り出します。1つ目の要素をfirstに、それ以
降をdataにまとめます。

```
if (Array.isArray(props.children)) {
  first = props.children[0];
  data = props.children.slice(1, props.children.length);
} else {
  first = props.children;
  data = [<p> no data</p>];
}
```

　子要素がまとめてあるchildrenの値は、1つだけしか要素がない場合はその要素が保管され、2つ以上あ
る場合はそれらを配列にまとめて保管します。ですので、まずArray.isArray(props.children)でprops.
childrenが配列かどうかチェックし、配列だった場合は1つ目とそれ以降を分けてそれぞれ変数に取り出
しています。配列でない場合はchildrenをfirstに入れ、dataにはダミー表示の配列を用意しておきます。
　後はfirstの値を表示し、<ul>内に以下のようにして<li>にまとめた子要素を出力します。

```
{data.map(value=> (
  <li className="list-group-item">
    {value}
  </li>
))}
```

data.mapでdata配列の値を順に処理していますね。<li> ～ </li>というように要素を用意し、その中に{value}を配置しています。これで、dataの中の要素はすべて<li>で囲われた状態で出力されるようになります。

子要素コンポーネントから値を受け取る

先に、子コンポーネントに属性を利用して値を渡す方法について説明をしました。例えば、こんな具合です。

```
<○○ value=" 値 " />
```

これで、このコンポーネントでは、props.valueでvalue属性の値を取り出して処理できるようになります。自身の中に配置している子要素については、このように属性を使って簡単に値を渡すことができます。

では、子要素から値を取り出して利用するにはどうすればいいでしょうか？　子要素の中にある変数やステートなどを取り出すことはできません。JSXで記述したコンポーネントでは、その内部にあるものにはアクセスできないのです。

では、どうすればいいのか。これは、コンポーネントの内と外をつなぐ「属性」をうまく利用するのです。属性は値だけでなく、関数を設定することもできます。そして属性に設定した値は、propsからアクセスできます。属性に関数を設定し、子コンポーネント内からpropsの関数を呼び出し実行することで、子コンポーネント内にある情報を利用して親コンポーネント側の処理を実行できるようになります。

3つのコンポーネントを相互に呼び出す

これも、実際にどのように動くのか見てみないといっていることがよくわからないでしょう。ここではMessage、Form、Appという3つの関数コンポーネントを作成し、相互に呼び出して動くようにしてみます。以下のように3つの関数を用意してください。MessageとAppについてはすでに記述しているはずなので、それらを修正する形で作成しましょう。

▼リスト4-18

```
function Message(props) {
  return (
    <div className="alert alert-primary">
      <h6>{props.title}</h6>
      <p>{props.value}</p>
    </div>
  )
}

function Form(props) {
  const [value,setValue] = useState(props.value);
  const onChange = (event)=> {
    setValue(event.target.value);
  }
  const onClick = (event)=> {
    props.onClick(value);
```

```
  }
  return (
    <div className="alert alert-info">
      <input type="text" className="form-control"
        onChange={onChange} value={value} />
      <button className="btn btn-primary"
        onClick={onClick}>
        Click
      </button>
    </div>
  );
}

function App() {
  const [msg, setMsg] = useState("ok");
  const onClick = (value)=> {
    setMsg("You typed: " + value);
  }
  return (
    <div className="py-4">
      <Header className="mb-4" />
      <p>※これは、UIコンポーネントを利用した表示です。</p>
      <Message title="結果の表示" value={msg} />
      <Form value="ok" onClick={onClick}/>
    </div>
  );
}
```

　ここではAppコンポーネント内に、メッセージを表示するMessageと、フォームを表示するFormコンポーネントを配置しています。

　Formコンポーネントにあるフィールドにテキストを書いてボタンをクリックすると、Messageコンポーネントの表示が変わります。Formから値が取り出され、それを使った値がMessageに設定されていることがわかるでしょう。

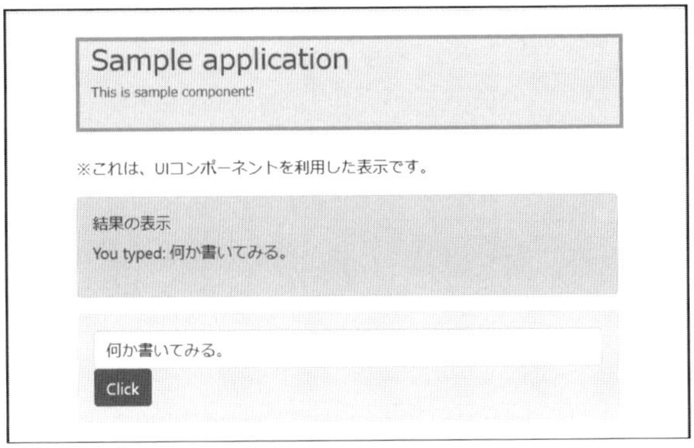

図4-14：Formコンポーネントのフィールドにテキストを書いてクリックすると、Messageコンポーネントのメッセージが変更される。

Formの働き

　Formコンポーネントがどのようになっているのか見てみましょう。このコンポーネントでは、以下のように入力フォームとボタンを作成しています。

```
<input type="text" className="form-control" onChange={onChange} value={value} />
<button className="btn btn-primary" onClick={onClick}>
```

　入力フィールドではonChange={onChange}として値が変更されると、onChange関数が実行されるようにしています。またボタンはonClick={onClick}でクリックすると、onClick関数が呼び出されるようになっています。

　では、Formの処理を見てみましょう。まず、入力した値を保管するステートを作成していますね。

```
const [value,setValue] = useState(props.value);
```

　そしてフィールドの値が変更されたときと、ボタンをクリックしたときの処理をそれぞれ関数として用意します。

```
const onChange = (event)=> {
  setValue(event.target.value);
}
const onClick = (event)=> {
  props.onClick(value);
}
```

　onChangeでは、valueステートの値を更新しています。注目すべきは、onClickです。ここでは、props.onClick(value);という文が実行されていますね。propsにあるonClickの関数を実行しています。propsは、属性の値をまとめたものでした。つまりこれは、このFormコンポーネントのonClick属性に設定された関数を呼び出していたのです。

　引数にはvalueを指定し、入力したテキストが渡されるようにしています。後はFormコンポーネントを設置する際、onClickに必要な処理を用意すればいいだけです。

```
<Message title="結果の表示" value={msg} />
<Form value="ok" onClick={onClick}/>
```

　Formには、onClick={onClick}というようにして属性を設定しています。これにより、Form側でボタンがクリックされると、属性に割り当てたonClick関数が呼び出されるようになります。Messageでは、value属性にmsgステートの値を設定してあります。

　では、onClick関数がどのようになっているのか見てみましょう。

```
const onClick = (value)=> {
  setMsg("You typed: " + value);
}
```

　引数で渡されるvalueを使い、setMsgでmsgステートの値を変更しています。これでMessageの
value属性の値が更新され、Messageの表示が変更されます。

　このように、FormコンポーネントのonClickという属性を使って、Appに用意した関数をFormの内部
から呼び出していることがわかります。ここでは入力したテキストの値（value）を引数で渡しているだけで
すが、必要であればいくらでもForm内の値を渡せることはわかるでしょう。

Reactはフロントエンドの基本

　以上、Reactの基本的な使い方について説明をしました。本書はReactの解説書ではないので、とりあ
えず基本的な機能が使えるようになればそれでOKと割り切って考えてください。もっとReactを使いこな
したいという人は、別途解説書などで学習しましょう。

　なぜ、AWS Amplifyの入門書でこれだけページ数を取ってReactの説明をしたのかといえば、AWS
Amplifyの開発においては、フロントエンドでReactを使うのがほぼ標準となっているからです。というより、
AWS Amplifyに限らず「フロントエンドでフレームワークを導入するときはReactが基本」となりつつある、
といえるでしょう。Reactは、もはや「フロントエンド開発をする上で必要な基礎知識」となっているのです。

　この先、AWS Amplifyの学習を進めていくのはもちろんですが、その前に「Reactを一通り使えるよう
になっているか」についてよく考えてみてください。この先、データベースやストレージのアクセスなど
さまざまな機能について説明していきますが、それらの実装は、すべてReactベースで行うことを前提に
しています。Reactがわからないと、この先の学習にも支障が出てくるのです。このChapterで説明した
「Reactの基礎部分」ぐらいはしっかりと使えるようになってから先へ進むようにしましょう。

Chapter 5

DataStoreによるデータベースアクセス

Amplifyのデータベースアクセスに使われるのがDataStoreです。
これを利用してデータベースにアクセスするための基礎知識を覚えましょう。
また、Reactの中からDataStoreを利用するための方法も学んでいきましょう。

Chapter 5

5.1.
コレクションコンポーネントの利用

UIコンポーネント配置の準備

　Chapter 4でReactアプリケーションの基本について説明をしました。アプリケーションの基本がだいたいわかったら、Amplifyの機能について学んでいくことにしましょう。まずは、「データベースの利用」についてです。

　データベースを利用する場合、念頭に入れておきたいのが「データベースにアクセスするさまざまな機能を用意する必要がある」という点です。

　データベースを使う場合、ただデータを表示するだけでは済みません。新しいデータを追加したり削除したりする操作が必要になるでしょう。

　こうした点を考えると、最初からいくつもの表示を必要に応じて簡単に切り替え表示できるような形でページを設計しておきたいところです。

　では、最初に画面の表示のベースとなる部分を作っていくことにしましょう。App.jsの内容を以下に書き換えてください。

▼リスト5-1

```
import './App.css';
import '@aws-amplify/ui-react/styles.css';
import { Auth } from 'aws-amplify';
import { withAuthenticator } from '@aws-amplify/ui-react';
import { Header } from "./ui-components";

const content1 = <p>タブ1のコンテンツ</p>;  // ①
const content2 = <p>タブ2のコンテンツ</p>;  // ②
const content3 = <p>タブ3のコンテンツ</p>;  // ③
const content4 = <p>タブ4のコンテンツ</p>;  // ④

function App() {
  return (
    <div>
      <Header className="my-4"/>
      <p>※これは、UIコンポーネントを利用した表示です。</p>
      <ul className="nav nav-tabs">
        <li className="nav-item">
        <a href="#tab1" className="nav-link active"
          data-bs-toggle="tab">List</a>
        </li>
```

```
      <li className="nav-item">
      <a href="#tab2" className="nav-link"
        data-bs-toggle="tab">Create</a>
      </li>
      <li className="nav-item">
      <a href="#tab3" className="nav-link"
        data-bs-toggle="tab">Update</a>
      </li>
      <li className="nav-item">
      <a href="#tab4" className="nav-link"
        data-bs-toggle="tab">Delete</a>
      </li>
    </ul>
    <div className="tab-content">
      <div id="tab1" className="my-2 tab-pane active">
        { content1 }
      </div>
      <div id="tab2" className="my-2 tab-pane">
        { content2 }
      </div>
      <div id="tab3" className="my-2 tab-pane">
        { content3 }
      </div>
      <div id="tab4" className="my-2 tab-pane">
        { content4 }
      </div>
    </div>
    <p className="my-2">
      <a className="btn btn-primary" href="."
      onClick={Auth.signOut}>
      Sign Out
    </a></p>
  </div>
 );
}

export default withAuthenticator(App);
```

　ここでは、「List」「Create」「Update」「Delete」という4つの切り替えタブを用意してあります。表示されるコンテンツは、現段階ではダミーの表示です。これらはタブをクリックすることで、その下のコンポーネントが切り替え表示されるようになっています。

図5-1：タブを使って表示を切り替えるようにした。

タブ切り替えの仕組み

切り替えタブは、Bootstrapフレームワークに用意されている機能を使います。これは、Bootstrapにあるタブパネルのクラスを利用して作成します。タブパネルの表示は、大きく2つの要素で構成されています。切り替え式のタブ部分と、それをクリックすると表示されるコンテンツ部分です。

まずはタブ部分について説明しましょう。これは、ざっと以下のような感じになっています。

```
<ul class="nav nav-tabs">
  <li class="nav-item">
    <a href="#tab1" class="nav-link active"
      data-bs-toggle="tab">List</a>
  </li>
  ……必要なだけ<li>を配置……
```

切り替えタブは、まず最初にタブ部分の作成をします。これは<ul class="nav nav-tabs">のコンポーネント内に、さらに<li>でコンテンツを記述して作ります。<li>には<a>を用意しておきます。ここにはhref="#tab1"というようにして、切り替え表示するコンテンツのコンテナをIDで指定します。

このタブで表示する内容は、<ul>の後に以下のような形で作成しておきます。

```
<div id="tab1" class="my-2 tab-pane active">
  { content1 }
</div>
```

id="tab1"というように、<li>の<a>で指定したIDを設定しておきます。こうすることで、そのタブをクリックしたとき、このコンテンツが表示されるようになります。コンテンツの内容は定数content1に用意しておき、これを表示するようにしてあります。

これで、後は必要に応じてcontent1 ～ content4の定数にコンテンツを作成していけば、各タブの表示が作成できます。

BoardComponentCollectionでBoardを表示する

Amplify Studioで作成したデータベースを表示させてみましょう。Amplify Studioでは、UIコンポーネントとして「コレクション」というものを作成しました。Boardモデルであれば、モデルを表示するBoardComponentと、このBoardComponentをリスト表示するBoardComponentCollectionというものを作りましたね。

では、この「BoardComponentCollection」コンポーネントを使って、Boardの内容を表示させてみましょう。

App.jsのコードに用意してある定数content1の部分（①の文）を以下のように書き換えてください。

▼リスト5-2

```
// import { Header , BoardComponentCollection } from "./ui-components";

const content1 = <BoardComponentCollection />;
```

ui-componentsからのimport文も修正する必要があるので、忘れず行ってください。これで「List」タブをクリックすると、Boardのリストが表示されるようになります。コレクションによるデータベースのデータ表示は、このようにコンポーネントを追加するだけで簡単に行えます。

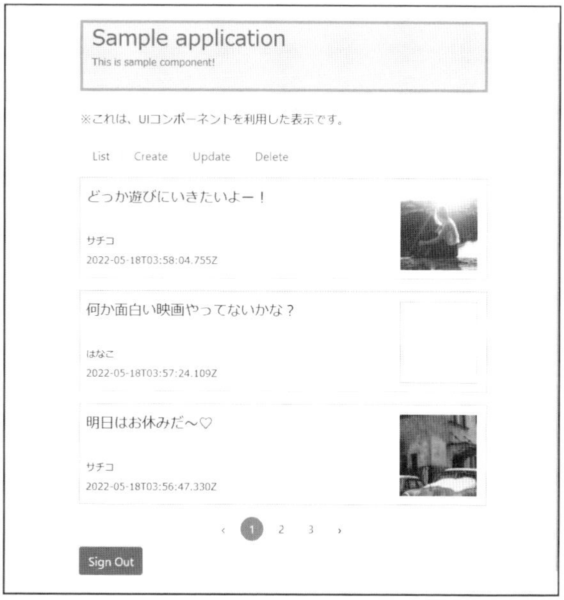

図5-2：Boardの一覧が表示される。

コレクションのコンポーネント利用には、細かな設定などをする必要は一切ありません。データベースにアクセスする処理を書くことすら無用です。ただui-componentsからコレクションのコンポーネントをインポートし、JSXでタグを記述しておくだけでデータベースがレイアウトされた状態で表示されるのです。

FigmaとAmplify Studioを使ったUIコンポーネントの作成が、どれだけ便利なものか実感できるでしょう。基本的な使い方がわかったらPersonComponentCollectionコンポーネントを使って、Personのリストを表示させることにも挑戦してみてください。基本的なやり方はBoardComponentCollectionと同じです。それぞれで試してみましょう。

図5-3：BoardComponentCollectionの代わりにPersonComponent Collectionを表示させたところ。

Chapter 5

5.2.

ReactとDataStoreの利用

DataStoreを利用する

FigmaによるUIコンポーネントを使うと、非常に簡単にデータベースのデータを表示することができるようになります。しかもAmplify Studioであらかじめ設定しておけば、ページ分け表示やデータの並び順の指定などもあらかじめ行っておけます。

ただし、逆にいえば「あらかじめ用意したそのままに表示することしかできない」ということでもあります。コンポーネントのタグを書くだけでデータが表示されるということは、「タグを書く以外のことができない」ということにもなります。

プログラムを作成していれば、どうしても「ここは場合によってはこう処理したい」というような細かな制御が必要となることもあるでしょう。UIコンポーネントを使う限り、そうした細かな制御は望むべくもありません。

こうした「きめ細かな処理」が必要となった場合には、UIコンポーネントには頼らずコードでデータベースにアクセス処理を行う必要があります。

Ampifyのデータベースにアクセスする方法はいくつかあります。もっとも基本的な方法は、「DataStore」を利用することです。

DataStoreはAmplifyに用意されているデータアクセスのための仕組みです。DataStoreは永続的なストレージリポジトリを提供します。Amplifyのバックエンドに接続可能な状態ならばそこにアクセスしてデータ操作を行えますし、ネットワーク接続されていない場合にもローカルのデータストアとして使うことができます。

このDataStoreは、aws-amplifyモジュールに用意されています。JavaScriptから利用する場合は以下のようにしてインポートしておきます。

```
import { DataStore } from 'aws-amplify';
```

モデルのデータを取得する

では、DataStoreを利用してデータを取得するにはどうすればいいのでしょうか？　これには「query」というメソッドを使います。

```
DataStore.query( モデル );
```

　引数には、モデルとなるオブジェクトを指定します。これでモデルから全データを取得します。ただし、注意したいのは「queryによるデータ取得は非同期で行われる」という点です。したがって、実際に取得したデータを得るためには、戻り値のPromiseから「then」メソッドを呼び出し、その引数としてコールバック処理を要する必要があります。

```
DataStore.query( モデル ).then(values=>{…処理…});
```

　つまり、このようになるわけですね。thenの引数に用意するコールバック関数では、取得したデータが引数に渡されます。これは、モデルのオブジェクト配列の形になっています。ここから順にオブジェクトを取り出し、値を処理すればいいのです。

DataStoreを使ってBoardデータを表示する

　では、実際にDataStoreを利用してBoardモデルのデータを取得し表示してみましょう。App.jsを書き換える必要があります。以下のように修正をしてください。なお、returnするJSXの値は特に変更ないため省略してあります。

▼リスト5-3
```
import './App.css';
import '@aws-amplify/ui-react/styles.css';
import { useState } from 'react';
import { Auth } from 'aws-amplify';
import { withAuthenticator } from '@aws-amplify/ui-react';
import { Header } from "./ui-components";
import { DataStore } from 'aws-amplify';
import { Board } from './models';

const content2 = <p>タブ2のコンテンツ</p>;
const content3 = <p>タブ3のコンテンツ</p>;
const content4 = <p>タブ4のコンテンツ</p>;

function App() {
  const [content1, setContent1] = useState(); //①タブ1の表示

  DataStore.query(Board).then(values=>{
    const data = []
    for(let item of values) {
      data.push(
      <li key={item.id} className="list-group-item">
        {item.message}({item.name})
      </li>
      )
    }
    setContent1(<ol className="my-3 list-group">
      {data}
    </ol>);
  });

  return (…略…);
}
```

アクセスするとBoardからデータを取得し、メッセージと名前を一覧リストにまとめて表示します。UIコンポーネントを使わず、独自にデータの表示を作成していることがわかるでしょう。

図5-4：Boardのメッセージと名前が一覧表示される。

DataStore.queryで取得したデータの処理

では、ここでどのようにデータを取得し処理しているのか見てみましょう。データは以下のような形で取り出しています。

```
DataStore.query(Board).then(values=>{……});
```

queryの引数にBoardを指定することで、Boardモデルのデータを取り出しています。データベースモデルのオブジェクトというのは、「src」内の「models」というフォルダーに保管されたファイルの中で定義されています。これは以下のようにしてインポートしています。

```
import { Board } from './models';
```

これで「models」フォルダーの中からBoardモデルが取り出されます。こうしてqueryメソッドでBoardモデルのデータを取り出せたなら、後はそのデータを元に表示内容を作成していくだけです。ここではdataという変数に空の配列を用意しておき、繰り返しを使って処理をしています。

```
for(let item of values) {……}
```

valuesは、コールバック関数の引数で渡されるモデルの配列ですね。ここから順にオブジェクトを取り出して変数itemに代入し、繰り返し処理をしています。繰り返しで行っているのは、<li>要素を作成して配列dataに追加する処理です。

```
data.push(
  <li key={item.id} className="list-group-item">
    {item.message}({item.name})
  </li>
)
```

<li> ～ </li>のコンテンツとして、{item.message}({item.name})という値が用意されています。JSXでは、{}はJavaScriptの文や式を書くとそれを実行して結果を書き出します。{item.message}ならば、itemオブジェクトのmessageプロパティの値を書き出しているわけですね。

こうしてdataの中に各データの値をまとめた<li>が追加されていきます。すべて処理したら、それをcontent1に設定して表示させればいい、というわけです。

C　　　　　O　　　　　L　　　　　U　　　　　M　　　　　N

key属性って何？

ここでは、<li>にkey={item.id}という属性が用意されています。これは、JSXで配列に要素をまとめて扱うときに必要となるものです。配列にJSXの要素をまとめた場合、個々の識別用にkey属性を用意する必要があります。これは個々の値が異なるユニークな値にしておきます。

ステートフックによるデータ表示の用意

ただし、DataStoreは非同期で実行されますから、Webページをロードしたときには、まだcontent1にはデータの表示内容が用意できていません。Webが表示された後になってデータベースの取得が完了し、データの表示が作られるわけです。

Reactでは、こうした値の表示には「ステートフック」を利用します。ステートフックというのは、値の変更に応じて表示をリアルタイムに更新するためのものでしたね。ここでは、このステートフックを利用してデータの一覧表示を行っています。

content1ステートフックの利用

先ほどのサンプルでどのようにデータを表示しているのか見てみましょう。ここでは、まず以下のようにステートフックを作成しています。

```
const [content1, setContent1] = useState();
```

初期値は省略しておきました（したがって、最初はnullが値に設定されます）。これでcontent1にステートフックの値が保管され、setContent1で値が更新できるようになります。

queryで取得した値を元にJSXのコンポーネントが配列にまとめられたら、以下のようにしてcontent1の値を更新しています。

```
setContent1(<ol className="my-3 list-group">
  {data}
</ol>);
```

これでcontent1に<ol>によるリストが追加されます。それが「List」タブのコンテンツとして表示されるというわけです。この「ステートフックを使った値の更新」はReactで値を表示する際の基本となるものなので、ぜひここで基本的な使い方を覚えておきましょう。

BoardComponentを使った表示

DataStoreを使ってデータを取得し表示するという基本がわかりました。データの表示は、Boardならば BoardComponentという UIコンポーネントとして作成していました。では、取り出したデータをこの BoardComponentを利用して表示させることはできるでしょうか？　もちろん可能です。

では、やってみましょう。App.jsに用意してある App関数（Appコンポーネント）を以下のように修正してください。なお、今回は BoardComponentCollectionは使わず、BoardComponentコンポーネントを利用するので、import文を修正しておくのを忘れないでください。

▼リスト5-4

```
// import { Header, BoardComponent } from './ui-components';

function App() {
  const [content1, setContent1] = useState(null);

  DataStore.query(Board).then(values=>{
    const data = []
    for(let item of values) {
      data.push(
        <BoardComponent
          board={item}
          key={item.id}
        />
      )
    }
    setContent1(<div>
      {data}
    </div>);
  });

  return (…略…);
}
```

アクセスすると、取得したデータをBoardComponentを使って表示するようになります。DataStoreの基本的な処理の流れはまったく変わりありません。

図5-5：BoardComponentを使ってデータを表示する。

ただ、for内でdataにpushするJSX要素の部分だけが以下のように変わっています。

```
<BoardComponent
  board={item}
  key={item.id}
/>
```

<BoardComponent />というのがBoardComponentのコンポーネントですね。これは、Board ComponentCollectionのようにただタグを書くだけで使えるわけではありません。表示するモデルの属性（ここではboard）と識別キーの属性（key）をそれぞれ指定する必要があります。

モデルの属性には、表示するモデルのオブジェクトを値として設定します。またkeyはユニークな値（すべての項目の値が異なっている）でなければいけないため、表示するデータのIDを指定すればいいでしょう。

データのフィルター処理

queryは、そのまま実行するとすべてのデータを取得します。特定の条件に応じて検索するような場合はどうすればいいでしょうか？

これは、queryメソッドを呼び出す際に「フィルター」と呼ばれるものを引数に指定することで行えます。フィルターは以下のような形で指定します。

```
query(Board, フィルター )
```

第2引数にフィルターを用意します。このフィルターはアロー関数の形で作成します。フィルター用の関数は、基本的に以下のような形になります。

```
引数 => 引数 . メソッド( 演算子 , 値 )
```

なんだか漠然としていますね。引数で渡されるのは、モデルのオブジェクトです。そのモデルからメソッドを呼び出して設定します。では、このメソッドはなんという名前のメソッドなのか？ それは「プロパティ名のメソッド」になるのです。

検索と演算子

例えば、「nameプロパティの値が "はなこ" のものを検索する」というフィルターを用意するとしましょう。このとき、フィルターのアロー関数は以下のような形になります。

```
ob=>ob.name("eq", "はなこ")
```

nameプロパティの設定は、「name」というメソッドで行います。第1引数には、値が等しいことを示す演算子の値 "eq"を指定し、第2引数には、比較する値として "はなこ" を用意します。これで、nameの値が "はなこ" と等しいものだけを取得するフィルターが完成します。

第1引数に指定できる演算子には、次のようなものが用意されています。

テキスト、数値

eq	等しい。
ne	等しくない。
lt	小さい。
le	等しいか小さい。
gt	大きい。
ge	等しいか大きい。
between	2つの値の間に含まれる（引数2つ必要）。

テキスト、リスト

contains	含まれる。
notContains	含まれない。

テキストのみ

beginsWith	指定のテキストで始まる。

　使える演算子は、プロパティの値の種類によって異なります。プロパティの値は、基本的に「テキスト」「数値」「リスト」のいずれかになります（メールアドレスや電話番号などはすべてテキストです）。リストは複数の値を保管するためのもので、要するに「配列のプロパティ」と考えていいでしょう。

　これらの演算子は、指定のプロパティの値とメソッドの第2引数の値を比較し、結果がtrueのデータだけが取り出されるわけです。

nameでデータを検索する

　実際にフィルターを使って検索条件を指定し、データを表示するサンプルを作成してみましょう。App関数を以下のように修正します。なお、今回はuseStateの他にuseEffectという関数も使うので、import文の修正を忘れないでください。

▼リスト5-5

```
// import { useState, useEffect } from 'react';

function App() {
  // 「List」タブ用のフック
  const [content1, setContent1] = useState("");
  const [input, setInput] = useState("");
  const [find, setFind] = useState(input);
  // 「List」タブ用のイベント関数
  const doChange = (event)=> {
    setInput(event.target.value);
  }
  const doFilter = (event)=> {
    setFind(input);
  }
  // 「List」タブのBoard表示
  useEffect(()=> {
    DataStore.query(Board, ob=>ob.name("contains", find)).then(values=>{
      const data = []
      for(let item of values) {
        data.push(
```

```
          <BoardComponent
            board={item}
            key={item.id}
          />
        )
      }
    setContent1(
      <div>
        <div className="mx-0 my-3 row">
          <input type="text" className="form-control col" onChange={doChange} />
          <button className="btn btn-primary col-2"
            onClick={doFilter}>Click</button>
        </div>
        {data}
      </div>);
    });
  },[input, find]);

  return (…略…);
}
```

普通にアクセスするとすべてのデータを表
示しますが、フィールドに名前を書いてボタ
ンをクリックすると、その名前の投稿だけが
表示されます。なお、名前は完全一致でなく、
一部のみでも検索できます（例えば「山田太
郎」は「山田」や「太郎」でも検索できる）。

図5-6：フィールドに名前を書いてボタンをクリックすると、その名前の投稿だけが表示される。

　実際にいろいろと入力して試してみてください。なお、すべて表示される状態に戻したいときは、フィールドを空にして検索をします。

検索フィールドについて

　今回のサンプルはReact特有の機能を活用しているため、動作がわかりにくいでしょう。順に説明していきましょう。まず検索のフォームから。これは以下のような形で作成されています。

```
<input type="text" className="form-control col" onChange={doChange} />
<button className="btn btn-primary col-2" onClick={doFilter}>Click</button>
```

　ここでは2つのイベント属性が使われています。onChange={doChange}では、<input>の値が変更されるとdoChagneという関数が呼ばれるようになっています。またonClick={doFilter}では、ボタンがクリックされるとdoFilter関数が実行されます。

　JSXでは、イベントで実行される処理はこのように{関数}という形で記述をします。これらの関数で行っているのは、実は非常に単純なことです。

```
const doChange = (event)=> {
  setInput(event.target.value);
}
const doFilter = (event)=> {
  setFind(input);
}
```

　<input>の入力時に呼び出されるdoChangeでは、setInputというものを呼び出しています。これはinputというステートフックの値を変更する関数です。ボタンクリックで実行されるdoFilterではsetFindというものを呼び出しており、こちらはfindステートフックの値を変更する関数になります。つまり、どちらも「ステートフックの値を変更する」ということしかやっていないのですね。

　このsetInputで設定している値は、event.target.valueというものですね。eventは引数で渡される値で、発生したイベントの情報がオブジェクトとしてまとめられています。targetは、イベントが発生したオブジェクト（ここでは<input>要素）を示す値で、valueで入力した<input>の値を取り出していた、というわけです。このevent.target.valueという値はイベント用の関数で頻繁に使いますから、ここで覚えておきましょう。

用意されているステートフック

　では、今回のApp関数コンポーネントに用意されているステートフックがどうなっているか見てみましょう。

▼表示するコンテンツ（タブ1用）
```
const [content1, setContent1] = useState("");
```

▼入力フィールドの値
```
const [input, setInput] = useState("");
```

▼フィルター設定する値
```
const [find, setFind] = useState(input);
```

　入力フィールドの値をそのままフィルター設定で使ってもいいのですが、そうするとテキストを入力中もリアルタイムに検索が実行されてしまいます。例えば「やまだ」と入力すると、「や」で検索し、「やま」で検索し、「やまだ」で検索する、という感じですね。

　これはちょっとうるさいので、入力テキストとフィルター設定をする値を分けておきました。そしてボタンをクリックしたら、入力フィールドの値（input）をフィルター用に設定する（setFind）して検索結果が更新されるようにしています。

副作用フックの利用

　では、肝心の「フィルター処理したBoardデータの取得」はどのように行っているのでしょうか。これは、Reactの「副作用フック」を利用しています。

　副作用フックは、表示が更新される際に処理を実行するための機能でしたね。今回のAppコンポーネントに用意した副作用フックがどのようになっていたのか見てみましょう。

```
useEffect(()=> {
    DataStore.query(Board, ob=>ob.name("contains", find)).then(values=>{
        ……データの表示をdata配列にまとめる処理……
        }
    setContent1(
        <div>
            ……フォームの表示……
            {data}
        </div>);
    });
},[input, find]);
```

　だいたいこのような形になっていることがわかります。useEffectの引数には、[input, find]というようにしてinputとfindのステートが更新された際に実行されるようにしてあります。

　ここでは、DataStore.queryでBoardデータを取得しています。queryの第2引数には、ob=>ob.name("contains", find) と関数が用意されていますね。これにより、nameプロパティの値にfindの値が含まれるデータが検索されます。

　thenのコールバック関数で、取り出したデータを元にデータの表示をBoardComponentコンポーネントの配列にまとめる処理を行い、setContent1でフォームとdataの内容を表示するJSXをcontent1に設定します。これにより、作成されたデータが表示されるようになります。

AND/ORによる複数条件の設定

　単純に「○○の値が××」というような検索ならば、DataStore.queryで行うことができるようになりました。しかし実際の開発では、そんな単純な検索ばかり行うわけではありません。複数の条件を組み合わせた検索のほうが多いでしょう。

　複数の条件を使った検索というのは、大きく2つに分けられます。「AND（論理積）」と「OR（論理和）」です。

AND（論理積）	AとBの2つの条件があったとき、どちらの条件も成立するもののみを取得する。
OR（論理和）	AとBの2つの条件があったとき、どちらか一方の条件が成立すれば取得する（もちろん、両方成立してもOK）。

　この2つの検索がわかれば、複数の条件を組み合わせた複雑な検索が可能になります。ここでは2つの条件としてありますが、必要であれば3つ4つと条件を増やすことも可能です。

and/orメソッドについて

　では、これらの検索条件はどのように設定するのでしょうか？　これはquery内に用意する関数の設定で行います。

▼AND検索

```
DataStore.query(モデル, 引数=>引数.and(…関数…))
```

▼OR検索

```
DataStore.query(モデル, 引数=>引数.or(…関数…))
```

わかりますか？　queryメソッドの第2引数で、引数に渡されるオブジェクトの「and」または「or」メソッドを呼び出し、その中にフィルター設定の関数を用意するのです。この関数のところで、フィルター設定する複数のメソッドを連続して呼び出していきます。こうすることで、それらのメソッドをAND/ORで条件設定し検索するようになります。

nameとmessageで検索

これは実際にコードを見てみないと書き方がよくわからないでしょう。例として、Boardモデルのnameとmessageを使った検索処理を書いてみましょう。

先ほどのサンプルコードで、App関数内にあるuseEffectメソッド内のコードを見てください。そこで、最初にDataStore.queryを呼び出していますね？　この部分を以下のように書き換えてみましょう。

▼リスト5-6：AND検索

```
DataStore.query(Board, ob=>ob.and(ob2=>ob2.name("contains", find)
  .message("contains", find))).then(…略…);
```

▼リスト5-7：OR検索

```
DataStore.query(Board, ob=>ob.or(ob2=>ob2.name("contains", find)
  .message("contains", find))).then(…略…);
```

前者のように修正すると、nameとmessageの両方に検索テキストを含むデータだけを表示します。後者のようにすると、nameとmessageのどちらかに検索テキストがあればすべて表示します。

図5-7：OR検索を使った例。nameとmessageの両方から検索テキストを探してデータを表示する。

ここで、queryメソッドの第2引数に設定されている関数がどうなっているか見てみましょう。

▼AND検索
```
ob=>ob.and(ob2=>ob2.name("contains", find).message("contains", find))
```

▼OR検索
```
ob=>ob.or(ob2=>ob2.name("contains", find).message("contains", find))
```

関数では、ob.and(……)あるいはob.or(……)というように書かれていることがわかります。これらの引数内にあるメソッドでは、ob2.name(……).message(……)というように、nameとmessageを連続して呼び出しています。こうすることで、nameとmessageの両方のプロパティに検索の設定を行っているのですね。

and/orメソッドは、「関数の中の関数」という状態が幾重にも組み込まれているため、見た目には非常に難しく見えます。けれど基本の書き方をしっかり理解すれば、それほど複雑なことをしているわけではないことがわかるでしょう。

データのソート

Boardのようなメッセージボードでは、表示されるデータは新しいものから順になっているのがベストです。そのためには、データのソート機能を使う必要があります。データのソートは、queryの第3引数に用意するオブジェクトを使って設定します。

```
DataStore.query( モデル , フィルター設定 , オブジェクト );
```

第3引数のオブジェクトにはさまざまな設定情報が盛り込まれます。ソートもその中の1つです。これはsortというメソッドとして以下のような形で処理を作成します。

```
引数 => 引数 . メソッド ( 《SortDirection》 )
```

基本的な書き方は、先ほどのフィルターで使った関数と同じですね。引数に渡されるのはモデルのオブジェクトです。そこからソートに使うプロパティ名のメソッドを呼び出し、ソートの方向を示す値を引数に指定します。これは「SortDirection」というオブジェクトに用意されている以下のいずれかのプロパティを使います。

ASCENDING	昇順に並べる。
DESCENDING	降順に並べる。

これでデータのソートが行えるようになります。第2引数のフィルターとは別に用意するので、フィルター処理でどのようなデータが取得されても常に指定の並び順でソートし、表示できます。

新しい投稿から並べる

では、Boardを新しい投稿から順に並べ替えてみましょう。今回から、App関数本体とuseEffectでの処理を切り分ける形にしました。func1関数を新たに追記し、App関数を次のように書き換えてください。なお、新しいオブジェクトをインポートする必要があるため、aws-amplifyから取り出すimport文も修正するのを忘れずに。

▼リスト5-8

```
// import { DataStore, Predicates, SortDirection } from 'aws-amplify'

function func1(input, setContent1, doChange) {
  DataStore.query(Board, Predicates.ALL, {
    sort:ob=> ob.createdAt(SortDirection.DESCENDING)
  }).then(values=>{
    const data = []
    for(let item of values) {
      data.push(
        <BoardComponent
          board={item}
          key={item.id}
        />
      )
    }
    setContent1(
      <div>
        {data}
      </div>);
  });
}

function App() {
  // 「List」タブ用のフック・関数
  const [content1, setContent1] = useState("");
  const [input, setInput] = useState(0);
  const doChange = (event)=> {
    setInput(event.target.value);
  }
  useEffect(()=> {
    func1(input, setContent1, doChange);
  },[input]);

  // コンポーネントの表示（変更なし）
  return (…略…);
}
```

今回はフィルター関係の表示は省略しておきました。アクセスすると、Boardのデータが最新の投稿から順に並んで表示されます。

図5-8：最新の投稿から順に並べて表示される。

ここでのqueryメソッドの実行がどうなっているか見てください。

```
DataStore.query(Board, Predicates.ALL, {
  sort:ob=> ob.createdAt(SortDirection.DESCENDING)
})
```

　第2引数のフィルター設定には、「Predicates.ALL」という値が用意されていますね。これは「すべてのデータを取得する」ことを示す特別な値です。特にフィルターの設定をしないときは、第2引数にこの値を用意しておけばいいでしょう。

　第3引数に用意した関数では、createdAt(SortDirection.DESCENDING)というようにしてソートを設定しています。これでcreatedAtプロパティの値を降順に並べ替えてデータを取得します。createdAtというのは、Amplify Studioでモデルを設計した際、自動的に追加されたプロパティで、データが作成された日時が保管されています。

複数のソート条件の設定

　ソートというのは、1つの基準だけで済むわけではありません。例えば「投稿した名前順で並べる。それぞれの利用者の投稿は新しいものから順にする」という表示を考えてみましょう。すると、まず名前順にデータをソートし、それぞれの名前のデータはさらに作成日時順に並べる必要があります。

　このような場合は、メソッドを連続して呼び出すことで細かなソート設定を行うことができます。例えば、先ほどのサンプルでDataStore.queryメソッドの呼び出し部分を以下のように書き換えてみましょう。

▼リスト5-9

```
DataStore.query(Board, Predicates.ALL, {
  sort:ob=> ob.name(SortDirection.ASCENDING)
    .createdAt(SortDirection.DESCENDING)
})
```

　これで、名前順にデータが並ぶようになります。各名前の投稿は新しいものから順に並んでいます。2つのソート設定が使われていることがわかるでしょう。

　ここではob.name(…).createdAt(…) というように、nameメソッドとcreatedAtメソッドを連続して呼び出しています。こうすることで、2つのプロパティによるソート設定が用意されます。

図5-9：データを名前順にソートする。各名前の投稿は新しいものから並ぶ。

ページネーション

Amplify Studioではデータモデルを一覧表示するコレクションを作成したとき、ページネーションを設定することで自動的にページネーションが用意できました。DataStoreを利用する場合、ページごとのデータ取得は自分で処理しなければいけません。

これは、queryメソッドの第3引数にそのための値を用意して対応します。そう、ソートの設定を用意した第3引数のオブジェクトです。ここに以下のような形でページネーションのための値を用意します。

```
{
  page: 番号,
  limit: 個数
}
```

pageには表示するページのインデックス番号を指定します。最初のページはゼロとなり、以下1, 2, 3……と番号を指定することで指定のページのデータを取り出せます。limitは1ページあたりの最大表示個数を示すものです。「最大」というのは、例えば最後のページは指定した数だけデータが取り出せない場合もあるためです。つまり「取り出せるなら最大個数を、そんなにないならあるだけ」を取り出すわけですね。

ページネーションを実装する

では、実際にページネーションを実装してみましょう。先ほど作成したfunc1のコードを以下のように書き換えてください。

▼リスト5-10

```
function func1(input, setContent1, doChange) {
  DataStore.query(Board, Predicates.ALL, {
    sort:ob=> ob.createdAt(SortDirection.DESCENDING),
    page: +input,
    limit: 3
  }).then(values=>{
    const data = []
    for(let item of values) {
      data.push(
        <BoardComponent
          board={item}
          key={item.id}
        />
      )
    }
    setContent1(
      <div>
        <input type="number" className="my-2 form-control"
          onChange={doChange} />
        {data}
      </div>);
  });
}
```

ここでは1ページ当たり3つのBoardデータを表示するようにしました。数値の入力フィールドの値を0、1、2……と増やしていくと、表示されるデータが変更されていきます。新しいところから3つずつ表示されていくのが確認できるでしょう。

ステートフックでページ数を設定する

では、どのようにページネーションが行われているのか見てみましょう。まず、ページ番号を入力するフィールドです。これは以下のようになっています。

図5-10：入力フィールドの数値を変更するとそのページのデータが表示される。

```
<input type="number" className="form-control" onChange={doChange} />
```

type="number"で数値を入力するようにしてあります。そしてonChange={doChange}で値が変更されると、doChangeが呼び出されるようにしています。

このdoChagneでは、入力フィールドの値の保管用に用意したステートフック（input）に値を設定する処理を用意しています。

```
const [input, setInput] = useState(0);
const doChange = (event)=> {
  setInput(+event.target.value);
}
```

useState(0)というように、初期値にはゼロを指定していますね。今回のinputステートフックはページ番号を保管するものなので、setInputでは+event.target.valueというように値の前に＋を付けて数値に変換したものを設定しています。そしてqueryでは、pageにinputの値を指定してデータを取得しています。こうすることで、inputで指定したページ番号のデータを取り出せるようになるわけです。後はデータを元に表示を作成していくだけです。

関連モデルの取得と利用

データの取得については一通り行えるようになってきました。が、実は非常に重要なものがまだ抜けています。それは「リレーションされたデータモデル」の扱いです。

Boardには、投稿したユーザー情報としてPersonをリレーション設定していました。各Boardには、関連付けられたPersonがあったはずです。このデータはどうやって取り出し処理するのでしょうか？

実をいえば、これはけっこうベタなやり方になります。Boardのデータを取り出したら、その1つ1つでpersonIdの値を取り出し、これを使ってPersonオブジェクトを取り出し利用するのです。つまり、手作業でPersonを1つずつ取り出していくのです。

　データの一覧を取得する場合、queryでデータを取得したら、だいたいはforなどの繰り返しを使ってその1つ1つについて処理を行うことになります。このとき、取り出したモデルからリレーションシップのIDを取り出し、それを元にフィルター処理をして関連するデータを取り出せばいいのです。

　実際にやってみましょう。Appコンポーネントで、各投稿に投稿者のメールアドレスを表示するようにしてみます。func1関数を以下のように修正してください。なお、今回はPersonモデルも使うため、modelsからのimport文にPersonを追記しておくのを忘れないようにしましょう。

▼リスト5-11

```
// import { Board, Person } from './models';

function func1(input, setContent1, doChange) {
  DataStore.query(Board, Predicates.ALL, {
    sort:ob=> ob.createdAt(SortDirection.DESCENDING),
  }).then(values=>{
    const data = []
    for(let item of values) {
      DataStore.query(Person, ob=>ob.id('eq', item.personID)).then(value=>{
        data.push(
          <div key={item.id}>
          <BoardComponent
            board={item}
          />
          <p className="text-end">posted by {value[0].email}.</p>
          </div>
        );
        setContent1(
          <div>
            {data}
          </div>
        );
      });
    }
  });
}
```

　アクセスすると、Boardのデータが最新のものから順に取り出されます。表示されているBoardデータの下には、投稿者のメールアドレスが表示されていますね。これはリレーションシップで設定されたPersonからemailの値を取り出して表示しているものです。

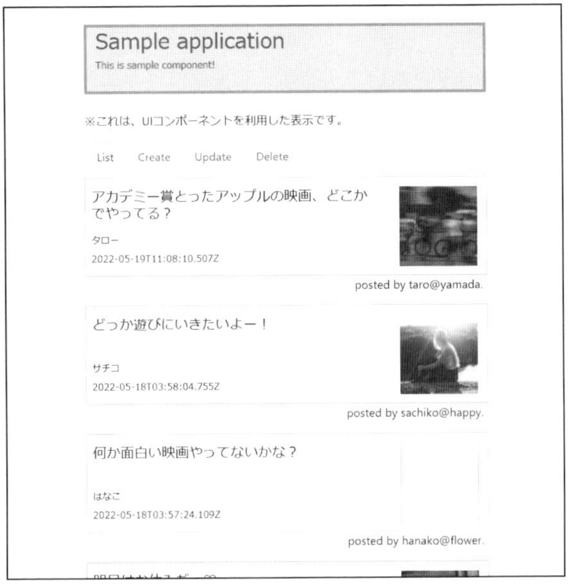

図5-11：各投稿の下に投稿者のメールアドレスが表示される。

関連Personの取得処理

ここではDataStoreのqueryでBoardデータを取得した後、forで各データの表示を作成しています。この繰り返しでは以下のような形で処理を行っています。

```
for(let item of values) {
  DataStore.query(Person, ob=>ob.id('eq', item.personID)).then(value=>{
    data.push(…表示内容…);
      ……略……
```

forの中で、さらにDataStore.queryを呼び出しています。ob=>ob.id('eq', item.personID)というようにして、PersonのidがitemとpersonID等しいものを検索しています。そして得られたPersonオブジェクトからemailの値を取り出し、利用していたのです。

このやり方だと、表示するBoardの数だけPersonの取得を行うことになります。非常に無駄に多くのデータベースが行われているように感じるかもしれません。しかしDataStoreのようなNoSQLデータベースは、SQLデータベースほど複雑なことができない代わりに高速なデータベースアクセスが行えます。アクセスの回数が多少増えたところで、それほど大きな負担となることはないでしょう。

5.3.
モデルデータの操作

データの新規作成

　データベースの利用は、ただ用意されているデータを取り出すだけでは済みません。データを新たに作成したり、すでにあるデータを編集したり削除したりと、さまざまな操作を行う必要があるでしょう。こうした「データの操作」について考えてみましょう。

　まずは「データの新規作成」についてです。データの作成は、DataStoreに用意されている「save」というメソッドを使って行います。これは以下のように呼び出します。

▼データの保存
```
DataStore.save( データ );
```

　非常に単純ですね。引数に保存するデータを用意して呼び出すだけです。このsaveメソッドは非同期で実行されるため、保存後に何か処理をしたい場合はさらにthenを付けて実行します。

```
DataStore.save( データ ).then(()=>{…処理…});
```

　これで保存後の処理も行えるようになります。

　データの保存そのものはこのように非常に簡単です。問題は「保存するデータ」をどう用意するのか、でしょう。これは「モデル」のオブジェクトとして作成をします。モデルオブジェクトは以下のような形で作ります。

▼モデルの作成
```
new モデル ( { プロパティ:値, プロパティ:値, ……} );
```

　モデルはnewを使ってオブジェクトを作ります。モデルには保管する値がプロパティとして用意されていますが、それらをオブジェクトにまとめたものを引数に指定します。

　こうして作成したモデルオブジェクトをsaveの引数に指定し実行すれば、そのデータがAmplifyのバックエンドに保存されます。

Boardのメッセージを投稿する

　データの新規作成を行ってみましょう。ここでは「Create」タブにフォームを表示し、メッセージの投稿を行えるようにしています。では、App.jsの修正を行いましょう。まず、「Create」タブ用に用意したcontent2変数を削除します。以下の文を探して消してください。

▼リスト5-12

```
const content2 = <p>タブ2のコンテンツ</p>;
```

　続いて、App関数に「Create」タブ用のフックを追記します。以下のコードをApp関数内に記述してください。App関数には「List」タブ用のフック・関数の記述が並んでいますが、その下あたり（returnの手前）に追記しておけばいいでしょう。

▼リスト5-13

```
const [content2, setContent2] = useState("");
const [fmsg, setFmsg] = useState("");
const [femail, setFemail] = useState("");
const [fimg, setFimg] = useState("");
useEffect(()=> {
  func2(setContent2,fmsg,femail,fimg,setFmsg,setFemail,setFimg);
},[fmsg,femail,fimg]);
```

　ここでは表示コンテンツと、入力フォーム用のステートを以下のように用意してあります。

content2	「Create」タブ用の表示。
fmsg	フォームのメッセージ保管用。
femail	フォームのメールアドレス保管用。
fimg	フォームのイメージURL保管用。

　この他、副作用フック（useEffect）にfunc2という関数の呼び出しを用意してあります。このfunc2に、content2で表示するJSXの表示内容を作成する処理を用意しておきます。入力値の保存やボタンクリックによるデータの保存などのイベント処理も、この関数側に用意します。

「Create」タブのコンテンツを作成する

　では、「Create」タブのコンテンツを作成するfunc2関数を用意しましょう。以下の関数をApp.js内に追記してください。

▼リスト5-14

```
function func2(setContent2,fmsg,femail,fimg,setFmsg,setFemail,setFimg) {
  const onEmailChange = (event)=> {
    const v = event.target.value;
    setFemail(v);
  }
  const onMsgChange = (event)=> {
    const v = event.target.value;
   setFmsg(v);
```

```
  }
  const onImgChange = (event)=> {
    const v = event.target.value;
    setFimg(v);
  }

  const onClick = ()=> {
    DataStore.query(Person, ob=>ob.email('eq',femail)).then(value=>{
      if (value.length != 1) {
        alert("アカウントが見つかりませんでした。");
        return;
      }
      const bd = new Board({
        message:fmsg,
        name:value[0].name,
        image:fimg == "" ? null : fimg,
        personID:value[0].id
      });

      DataStore.save(bd).then(()=>{
        alert("メッセージを投稿しました。");
      });
    });
  }

  setContent2(
    <div>
      <h3>Create new Board:</h3>
      <div className="alert alert-primary my-3">
        <div className="mb-2">
          <label htmlFor="add_message" className="col-form-label">
            Message</label>
          <input type="text" className="form-control"
            id="add_message" onChange={onMsgChange}/>
        </div>
        <div className="mb-2">
          <label htmlFor="add_email" className="col-form-label">
            Email</label>
          <input type="text" className="form-control"
            id="add_email" onChange={onEmailChange}/>
        </div>
        <div className="mb-2">
          <label htmlFor="add_image" className="col-form-label">
            Image(URL)</label>
          <input type="text" className="form-control"
            id="add_image" onChange={onImgChange}/>
        </div>
        <div className="mb-2 text-center">
          <button className="btn btn-primary" onClick={onClick}>
            Click</button>
        </div>
      </div>
    </div>
  );
}
```

これを記述してアクセスしてみましょう。「Create」タブをクリックすると、Boardのメッセージ投稿用のフォームが表示されるようになります。

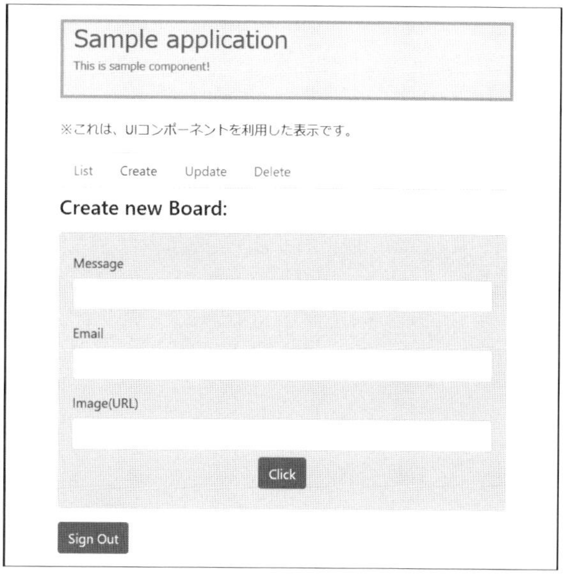

このフォームではメッセージの他、メールアドレスとイメージのURLが入力できます。メールアドレスが投稿者のアカウント代わりになっています。これらを入力しボタンをクリックして送信すると、Personデータベースから入力されたメールアドレスのデータを検索し、その名前を投稿者名として使います。

入力したメールアドレスが見つからなかった場合は、エラーメッセージが表示されます。

図5-12：「Create」タブに切り替えると、投稿のフォームが表示されるようになる。

図5-13：フォームに入力しボタンをクリックする。アカウントがあれば投稿でき、見つからないとエラーメッセージが表示される。

　実際にメッセージを投稿したら、ページを
リロードして投稿したメッセージが追加され
ているか確認しましょう。ここでは「List」タ
ブの表示は特に変更していないので、投稿し
ただけではメッセージのリストは更新されま
せん。どうすれば投稿後に「List」タブの表示
が更新されるか、それぞれで考えてみましょ
う（投稿後に「List」タブの表示を作成してい
る副作用フックが呼び出されるようにできれ
ば更新されます）。

図5-14：リロードすると、投稿されたデータが追加表示される。

Boardの新規作成処理

　実行している処理を見ていきましょう。ここでは<button>にonClick＝{onClick}と処理が設定されて
います。このonClickでBoardの新規作成を行っています。

　Boardの新規作成は、new Boardでオブジェクトを作りsaveすればいいだけです。ただし、Boardは
Personとリレーションシップが設定されていました。したがって、BoardのpersonIDに関連するPerson
のIDを設定してやらなければいけません。このためには、まず入力されたメールアドレスを使ってPerson
オブジェクトを検索し、それを使ってBoardを作成する必要があります。

　まず最初に、入力したメールアドレスの値を使ってPersonオブジェクトを検索します。以下のようになっ
ていますね。

```
DataStore.query(Person, ob=>ob.email('eq',femail)).then(value=>{……});
```

　検索のフィルター設定には、ob=>ob.email('eq',femail)という関数が用意されています。これで、email
プロパティの値がfemailステートと同じ（つまりメールアドレスのフィールドの値と同じ）ものを検索します。

```
if (value.length != 1) {
  alert(" アカウントが見つかりませんでした。");
  return;
}
```

　検索されたPerson配列の要素数が1ならば、指定したメールアドレスのPersonが得られていますが、
それ以外の場合は見つからなかったか、同じメールアドレスのPersonが複数あることになります。これら
はアカウントが特定できなかったとしてエラーメッセージを表示し、処理を抜けるようにします。

Boardオブジェクトの作成

1つだけPersonが得られたなら、その値を元にして以下のようにBoardオブジェクトを作成します。

```
const bd = new Board({
  message:fmsg,
  name:value[0].name,
  image:fimg == "" ? null : fimg,
  personID:value[0].id
});
```

new Boardには、必要な値をまとめたオブジェクトを引数に指定します。このとき、nameと personID プロパティにはDataStore.queryで得られたPersonから値を指定します。その他のmessageとimageについては、ステートに保存されているfmsgとfimgの値を使います。

これでBoardオブジェクトが作成できました。後は、これをsaveで保存するだけです。

```
DataStore.save(bd).then(()=>{
  alert("メッセージを投稿しました。");
});
```

保存後、alertでメッセージを表示させてあります。Boardの場合、関連するPersonの情報を用意しなければいけないため、ちょっと面倒でした。しかし他となんのリレーションシップも設定されていないモデルならば、ただデータをまとめたオブジェクトを使ってモデルを作成しsaveするだけですから、とても簡単でしょう。

データの更新

続いて、データの更新です。データの更新も、実をいえば新規作成と同じです。DataStoreのsaveを使えばいいのです。編集したいデータをDataStoreのqueryなどを使って取得し、その内容を編集してsaveすれば、そのまま更新されます。

ただし、注意しなければいけないのは、DataStoreのqueryなどで取得したモデルのオブジェクトでは、そのままでは保存されているプロパティが変更不可になっている、という点です。したがって、queryでデータを取得したらそれをコピーして編集する必要があります。

では、手順を整理してみましょう。

1. 編集したいデータを取得する

```
DataStore.query(……)
```

まず、保存されているデータをqueryで取り出します。これまで使ってきましたからわかりますね。

2. データをコピーする

```
モデル.copyOf( データ , 引数 => {……データの更新……});
```

取得したデータのオブジェクトをコピーします。これは、モデルに用意されている「copyOf」メソッドを使います。例えばBoardモデルをコピーするなら、Board.copyOfメソッドを使えばいいわけです。

　引数には、第1引数に元になるデータのオブジェクトを指定し、第2引数にはデータ修正のための関数を指定します。この関数はコピーされたオブジェクトが引数として渡されるので、その引数にあるプロパティを書き換えてデータを更新します。

3. データを保存

```
DataStore.save( データ );
```

　書き換えたデータが用意できたら、saveメソッドでデータを保存します。これで、データベースにあるデータが書き換えられます。

Boardのデータを更新する

　では、データの更新を作ってみましょう。ここでは「Update」タブにフォームを用意し、そこでBoardデータの更新を行えるようにしてみます。
　まず、「Update」タブ用コンテンツの変数を削除しておきましょう。App.jsに用意されている以下の変数宣言文を削除してください。

▼リスト5-15

```
const content3 = <p>タブ3のコンテンツ</p>;
```

　続いて、App関数に「Update」タブ用のフックを追記します。適当なところ（先に書いた「Create」タブ用フック・関数の後あたり）に以下のコードを追記しましょう。

▼リスト5-16

```
const [content3, setContent3] = useState("");
const [umsg, setUmsg] = useState("");
const [uimg, setUimg] = useState("");
const [seldata, setSeldata] = useState([]);
const [selbrd, setSelbrd] = useState(null);

useEffect(()=> {
  func3(setContent3,seldata,setSeldata,umsg,uimg,setUmsg,setUimg,selbrd,setSelbrd);
},[content1,umsg,uimg,selbrd,seldata]);
```

　今回は、データの更新処理用に以下のようなステートフックを用意してあります。

content3	「Update」タブのコンテンツ。
umsg	メッセージ用フィールドの値。
uimg	イメージURL用フィールドの値。
seldata	選択リストで選択した項目。
selbrd	選択されたBoardオブジェクト。

　今回のサンプルでは、<select>によるリストで最近投稿したメッセージを選択できるようにし、ここで選択したBoardをselbrdに保管しておきます。これを元にデータの編集を行おう、というわけです。

「Update」タブを実装する

　「Update」タブで表示されるコンテンツは、useEffectないから呼び出しているfunc3関数にまとめるようにしてあります。では、関数を作成しましょう。App.jsの適当なところに、以下のようにしてfunc3関数を追記してください。

▼リスト5-17

```
function func3(setContent3,seldata,setSeldata,umsg,uimg,setUmsg,setUimg,selbrd,setSelbrd) {
  const onUMsgChange = (event)=> {
    const v = event.target.value;
    setUmsg(v);
  }
  const onUImgChange = (event)=> {
    const v = event.target.value;
    setUimg(v);
  }
  const onSelChange = (event)=> {
    const v = event.target.value;
    DataStore.query(Board, ob=>ob.id('eq',v)).then(value=>{
      if (value.length != 1) {
        alert("見つかりませんでした。");
        return;
      }
      setSelbrd(value[0]);
      setUmsg(value[0].message);
      setUimg(value[0].image);
    });
  }

  const onUClick = ()=> {
    DataStore.save(
      Board.copyOf(selbrd, updated => {
        updated.message = umsg;
        updated.image = uimg == "" ? null : uimg;
      })
    ).then(()=>{
      alert("メッセージを更新しました。");
    });
  }

  const data = [
    <option key="nodata" vaue="-">-</option>
  ];
  DataStore.query(Board, Predicates.ALL, {
    sort:ob=> ob.createdAt(SortDirection.DESCENDING),
    limit: 5,
  }).then(values=>{
    for(let item of values) {
      data.push(
        <option key={item.id} value={item.id}>{item.message}</option>
      );
    }
    setSeldata(data);
  });

  setContent3(
```

```
  <div>
    <h3>Update new Board:</h3>
    <select className="form-select" onChange={onSelChange}>
      {seldata}
    </select>
    <div className="alert alert-primary my-3">
      <div className="mb-2">
        <label htmlFor="edit_message" className="col-form-label">
          Message</label>
        <input type="text" className="form-control" value={umsg}
          id="edit_message" onChange={onUMsgChange}/>
      </div>
      <div className="mb-2">
        <label htmlFor="edit_image" className="col-form-label">
          Image(URL)</label>
        <input type="text" className="form-control" value={uimg}
          id="edit_image" onChange={onUImgChange}/>
      </div>
      <div className="mb-2 text-center">
        <button className="btn btn-primary" onClick={onUClick}>
          Click</button>
      </div>
    </div>
  </div>
);
}
```

図5-15:選択リストから編集したい投稿を選択すると、それがフォームに設定される。

「Update」タブに切り替えると、<select>による選択リストとフォームが表示されます。リストをクリックすると、最新のものから5つのメッセージが表示されます。ここから編集したいものを選択すると、そのメッセージとイメージURLがフォームに表示されます。このフォームの内容を編集しボタンをクリックすると、表示されているデータが更新されます。ページをリロードして投稿されたデータが変更されていることを確認しましょう。

図5-16：フォームを書き換えボタンをクリックするとデータが更新される。

最近の投稿を<select>に表示する

作成したコードを見ていきましょう。まず、<select>の選択項目の作成からです。ここでは最新の投稿を5つ取り出し、そのメッセージを<select>にメニューとして表示させています。これはデータを<option>の配列として用意し、それを<select>に組み込んで表示しています。<select>の部分を見てみると、このようになっているのがわかるでしょう。

```
<select className="form-select" onChange={onSelChange}>
  {seldata}
</select>
```

seldataステートに<option>の配列を保管しておき、それをこのように表示しているのですね。
seldataの作成は、まず未選択状態の<option>のみを持つ変数dataを初期値として用意しておきます。

```
const data = [
  <option key="nodata" vaue="-">-</option>
];
```

そして、DataStore.queryを使って最新の5データを取り出します。これはcreatedAtで逆順にソートするように設定して取り出せばいいでしょう。

```
DataStore.query(Board, Predicates.ALL, {
  sort:ob=> ob.createdAt(SortDirection.DESCENDING),
  limit: 5,
})
```

thenで取得したデータをforで繰り返し取り出し、dataに<option>を追加していきます。すべて追加したところでseldataステートにdataを設定すれば、表示用の<option>配列が用意できます。

```
.then(values=>{
  for(let item of values) {
    data.push(
      <option key={item.id} value={item.id}>{item.message}</option>
    );
  }
  setSeldata(data);
});
```

ここでは、<option>の属性にkey={item.id} value={item.id}と値を用意しています。keyはJSXで配列を扱うとき、各項目の識別用に用意するものです。また各項目の値には、value={item.id}というようにしてBoardのID値を指定しておきます。これで項目を選択したら、このIDが値として得られるようになります。

<select>の選択処理

これで<select>に項目が用意できましたが、では項目を選択した際の処理はどうなっているでしょうか？

これは、<select>にonChange={onSelChange}というようにして設定されています。onSelChange関数では選択した項目の値を取り出し、それを使ってBoardのデータを取得しています。

```
const v = event.target.value;
DataStore.query(Board, ob=>ob.id('eq',v)).then(value=>{……
```

<option>では、Boardのidがvalueに設定されていました。このため、event.target.valueでは選択した項目のidが得られます。これを使って指定したidのBoardを検索します。

```
if (value.length != 1) {
  alert("見つかりませんでした。");
  return;
}
```

thenのvalueは配列として得られます。指定したidのデータがあれば、1つだけデータが得られます。それ以外の場合はデータがないか、データに問題があるということになるので、メッセージを表示して終了します。

```
setSelbrd(value[0]);
setUmsg(value[0].message);
setUimg(value[0].image);
```

後は、取得したBoardの値をそれぞれのステートに設定していくだけです。selbrdにBoard本体を設定し、umsgとuimgにそれぞれmessageとimageの値を保管してあります。

umsgとuimgは、それぞれ<input>のvalueにも設定しています。これらのステートを変更することで、<input>に入力されている値も変更することができます。

データの更新処理

これで選択リストのメニューからデータを選択する処理はわかりました。後はボタンをクリックしてデータを更新する処理だけです。これは、onUClickという関数として用意してあります。これは、DataStore.saveを呼び出しているだけのシンプルなものです。引数には、以下のような形でBoardのコピーを用意します。

```
Board.copyOf(selbrd, updated => {
    updated.message = umsg;
    updated.image = uimg == "" ? null : uimg;
  })
)
```

Board.copyOfでselbrdのコピーを作成しています。引数の関数内では、updated.messageとupdated.imageにそれぞれステートの値を代入しています。

これで、入力された値が設定されたBoardが用意されます。これをsaveで保存すれば更新完了です。

データの削除

残るは、データの削除ですね。削除は非常に簡単です。DataStoreにある「delete」メソッドを呼び出すだけです。

```
DataStore.delete( データ );
```

非常に単純ですね。DataStore.queryなどを使って削除するデータを取得し、それを引数にしてdeleteを呼び出せば削除されます。

では、これも実装してみましょう。「Delete」タブに削除のためのコンテンツを用意します。まず、App関数から「Delete」タブ用のコンテンツであるcontent4変数の宣言を削除しましょう。以下の文ですね。

▼リスト5-18
```
const content4 = <p>タブ4のコンテンツ</p>;
```

そしてApp関数の適当なところに、「Delete」タブ用のフックを以下のように追記していきます。

▼リスト5-19

```
const [content4, setContent4] = useState("");
const [deldata, setDeldata] = useState([]);
const [delbrd, setDelbrd] = useState(null);

useEffect(()=> {
  func4(setContent4,deldata,setDeldata,delbrd,setDelbrd);
},[content1,delbrd,deldata]);
```

コンテンツを保管するcontent4ステートの他、選択リストで選択した項目とそのBoardデータを保管するdeldataとdelbrdステートを用意しておきました。具体的な処理はfunc4関数として定義します。

「Delete」タブを実装する

では、func4関数を作成しましょう。App.jsの適当なところに以下の関数を追記してください。

▼リスト5-20

```
function func4(setContent4,deldata,setDeldata,delbrd,setDelbrd) {
  const onDelChange = (event)=> {
    const v = event.target.value;
    DataStore.query(Board, ob=>ob.id('eq',v)).then(value=>{
      if (value.length != 1) {
        alert("見つかりませんでした。");
        return;
      }
      setDelbrd(value[0]);
    });
  }

  const onDClick = ()=> {
    DataStore.delete(delbrd).then(()=>{
      alert("メッセージを削除しました。");
    });
  }

  const data = [
    <option key="nodata" vaue="-">-</option>
  ];

  DataStore.query(Board, Predicates.ALL, {
    sort:ob=> ob.createdAt(SortDirection.ASCENDING),
    limit: 10,
  }).then(values=>{
    for(let item of values) {
      data.push(
        <option key={item.id} value={item.id}>{item.message}</option>
      );
    }
    setDeldata(data);
  });
```

```
setContent4(
  <div>
    <h3>Delete Board:</h3>
    <select className="form-select" onChange={onDelChange}>
      {deldata}
    </select>
    <div className="my-2 text-center">
      <button className="btn btn-primary" onClick={onDClick}>
        Click</button>
    </div>
  </div>
);
}
```

　今回作成したコンテンツは、先ほど
「Update」タブ用に作成したものを流用した
ものです。選択リストを用意し、そこに古い
データ10項目を表示するようにしています。
その中から項目を選んでボタンをクリックす
ると、そのデータが削除されます。

図5-17：選択リストをクリックすると、もっとも古いデータから10項目が
選択できる。

↓

図5-18：ボタンをクリックすると、選択したデータが削除される。

データの削除処理

コンテンツのほとんどは、すでに説明済みの処理でしょう。DataStore.queryでデータを取得し、それを＜select＞に表示する部分は、「Update」タブの処理とほぼ同じです（取り出すデータが少し違うだけです）。

ボタンクリックで削除を行っているのは、onDClick関数です。ここでは以下のようにデータを削除しています。

```
DataStore.delete(delbrd).then(()=>{
  alert("メッセージを削除しました。");
});
```

delbrdステートには選択リストからメッセージを選んだ際、そのBoardデータが設定されています。データの用意さえできれば、後はdeleteするだけです。

DataStoreとReactの連携

これで、データベースの基本的な操作（検索、新規作成、更新、削除）が一通り行えるようになりました。これらが使えるようになれば、データベースを使った基本的なアプリは作れるようになるでしょう。

データベース関係を扱ってみて、おそらくもっともわかりにくかったのはDataStoreの使い方ではなく、「Reactとの連携」部分でしょう。Reactは保持する値をステートとして用意し、更新時の処理を副作用フックにして利用します。特にフォームを使って作成や更新を行う場合、用意するステートの数も増え、処理も煩雑になってきます。

Amplifyの機能は、それ自体の使い方を覚えることはもちろんですが、「Reactの中でどのようにそれを利用するか」が重要になります。DataStoreだけでなく、なるべく早くReactの扱いに慣れましょう。

Chapter 6

GraphQLによるデータの利用

Amplifyでデータアクセスを行うもう1つの技術が「GraphQL」です。
ここではGraphQLを使ったデータアクセスの基本について一通り説明をします。
またAmplify Mockというモック環境を使い、
ローカル上でGraphQLを利用する方法についても説明します。

Chapter 6

6.1.

Amplify MockとGraphQL

GraphQLとは?

　ここまでデータベースのアクセスにはDataStoreを利用してきました。これは、Amplifyのデータベースアクセスの基本となるものです。これをしっかり押さえておけば、データベースの利用で困ることはありません。

　しかし、データベースというのはさまざまな使われ方をするものです。Amplifyのようにバックエンド開発を行う場合、作成するのはフロント＝バックが合体したWebアプリケーションばかりとは限りません。バックエンドのみの「Web API」のようなものの開発に利用することもあるでしょう。

　このようなAPIとしてのアプリケーションを開発するようなとき、Amplifyに用意されているもう1つのデータアクセスのための機能が活躍することになるでしょう。その機能とは、「GraphQL」です。

GraphQLはAPIのためのクエリ言語

　GraphQLというのは、APIでデータアクセスを行うことを念頭に設計されたクエリ言語です。Web APIというのは、外部から決まった形式でアクセスすることでデータを取得したり更新したりできるようになっています。そのためには、どのような形式でアクセスすればいいかきちんと決まっていて、誰もがそれを使えるようになっていなければいけません。

　これまでは、こうしたWeb APIの多くは「REST（Representational State Transfer）」と呼ばれるアーキテクチャを採用していました。RESTは特定のURLに指定のHTTPメソッドでアクセスすることでAPIを利用できるようになっていました。非常にシンプルなやり方でわかりやすいのですが、あまり複雑なことは行えません。また、場合によっては何度もAPIにアクセスして操作を行う必要もありました。

　Web APIが普及し、さらに高度なアクセスが必要となると、RESTでは限界が見えてきます。こうした中、登場したのがGraphQLです。

　GraphQLでは、スキーマとクエリというものを使ってデータをやり取りします。スキーマはデータ構造を定義するもので、クエリはAPIに問い合わせるためのものです。クエリを作成し送信すると、それを元にスキーマと照合をし、必要なデータ処理を行います。

　これらの仕様に沿ってアクセスをすればデータを操作できるため、どのような言語からでも利用することができます。また、取得データはJSONフォーマットになっているため、JavaScriptならば利用も非常に簡単です。

AmplifyでのGraphQL利用

Amplifyのバックエンドにあるデータベースも、このGraphQLを利用することができます。Amplifyではリソースを利用するためのモジュールも用意されており、これを利用してコード内からクエリを送信し、必要な情報を得たりデータを操作することができます。

ただし、利用のためにはモジュールのインストールの他、あらかじめ使用するデータのスキーマ定義を作成しておくなどの準備が必要になります（これは次に述べるAmplify Mockを利用することでほぼ自動的に用意できます）。

AmplifyのアプリからGraphQLを利用するためには、「Api」というカテゴリがインストールされている必要があります。おそらく、すでに皆さんが利用しているアプリケーションにはApiカテゴリはインストールされているはずです。Visual Studio Codeのターミナルから、以下のコマンドを実行してみてください。

```
amplify status
```

図6-1：Amplifyのステータスを見る。「Api」というカテゴリが追加されていればOKだ。

これを実行すると、アプリケーションのAmplify関連のステータスが表示されます。ここで出力される表に「Api」という項目があれば、すでにGraphQLは使える状態になっています。もし表示されていない場合は「amplify add api」を実行して追加しておきましょう。

また、その場合はさらにその下に「GraphQL endpoint」と「GraphQL API KEY」という値が出力されているでしょう。これはGraphQLからデータベースにアクセスする際に必要となる情報です。これらはプログラマが直接記述したりすることはあまりありませんが、「GraphQLから利用するために必要な情報」としてどこかにコピーしておきましょう。

C　　　　　O　　　　　L　　　　　U　　　　　M　　　　　N

GraphQL と AppSync

AWSには「AWS AppSync」というサービスが用意されています。これはAWSで使われているデータベースであるDynamoDBなどの接続に必要な処理を自動化してくれるものです。Amplifyのデータベースも内部ではDynamoDBを使っており、AppSyncによって接続されています。

AppSyncはGraphQLクエリのリクエストを受け取るとそれを解釈し、接続されているデータソースにアクセスし処理します。このAppSyncのおかげで、AmplifyのバックエンドはGraphQLを使ってデータ処理を行えるようになっているのです。

Amplify Mockについて

このGraphQLを利用するとき、ぜひ利用したいのが「Amplify Mock」というモジュールです。これは「モック」と呼ばれるテスト用データベースをローカルに用意し、GraphQLから利用できるようにするものです。

データベースを利用するとき、「開発中に利用するデータ」をどうするかは重要です。本番環境と同じデータを利用する場合、いざ正式リリースというときにデータが改変されている可能性があります。開発中はテスト用のデータベースを用意し、それを使ってデータの操作などが行えたほうがよいでしょう。

Amplify Mockは、ローカル環境にデータベースのモックを用意し、GraphQLからアクセスした際にはAmplifyのバックエンドではなく、ローカル環境のモックを利用するようになります。モックはローカルにあるため、Amplify Mockを実行すればいつでも利用することができます。また、本来のバックエンドにあるデータベースにアクセスするように戻すことも簡単です。

Amplify Mockの実行

Amplify Mockは、アプリケーションにApiカテゴリが組み込まれていればすでに利用することができます。別途インストールなどは不要です。

では、実際にAmplify Mockを実行しましょう。Visual Studio Codeで、新しいターミナルを開いてください。Amplify Mockは、アプリケーションの起動とは別に常時実行しておく必要があります。「ターミナル」メニューから「新しいターミナル」を選び、開かれたターミナルから以下のコマンドを実行します。

```
amplify mock
```

これでAmplify Mockが起動します。ただし、初回だけは必要な設定情報を入力していく必要があるでしょう。以下の手順に従って入力してください。

1. Choose the code generation language target

生成するコードの言語を指定するものです。上下の矢印キーを使って「javascript」を選択し、[Enter] してください。

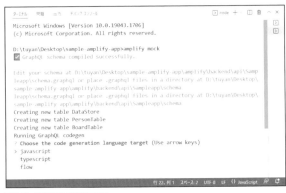

図6-2：使用言語を選択する。

2. Enter the file name pattern of graphql queries, mutations and subscriptions

GraphQL関連のファイル名のパターンを指定します。デフォルトでは「src\graphql***.js」という値が設定されています。これは「src」内の「graphql」フォルダーの中に.js拡張子のファイルとして保存することを示します。特に問題がない限り、このまま Enter しておきます。

図6-3：ファイルのパターンを入力する。

3. Do you want to generate/update all possible GraphQL operations

利用可能なすべてのGraphQLの操作を生成／更新するかどうかを指定します。「y」がデフォルトで選択されているので、そのまま Enter しましょう。

図6-4：GraphQL操作の生成更新。そのまま enter する。

4. Enter maximum statement depth

ステートメントの深度（何回層まで処理するか）を指定します。例えばデータ内から別のデータが埋め込まれていたりするとき、どこまでデータを取り出すかを示します。デフォルトでは「2」になっているので、そのまま Enter しましょう。

図6-5：ステートメントの深度設定。デフォルトのまま enter する。

これで、「Generated GraphQL operations succsessfully and save at src\graphql」とメッセージが出力されれば、入力された情報を元にQraphQL関連のファイルが生成できたことを示します。そのまま「AppSync Mock endpoint is running at http://○○:20002」とメッセージが表示されているでしょう。これがモックのエンドポイント（アクセスするURL）になります。デフォルトでは、http://localhost:20002になっています。

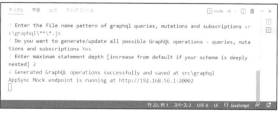

図6-6：必要なファイルが生成され、Amplify Mock が起動する。

Amplify GraphiQL Explorerについて

では、モックを使ってGraphQLを利用してみましょう。Webブラウザから「http://localhost:20002/」にアクセスしてみてください。「Amplify GraphiQL Explorer」というものが表示されます。

これは、GraphQLを使ってモックのデータにアクセスするためのツールです。左側には「Explorer」という表示が現れ、その右側には「GraphiQL」と表示されたエリアが用意されます。これらの働きを簡単にまとめておきましょう。

左側のExplorer

ここにはGraphQLのクエリがリストとして表示されています。これらは表示内容が階層的になっており、展開して必要項目を設定していくことでクエリを作成できます。

右側のGraphiQLエリア

この部分は、さらに左右2つの領域に分かれています。Explorerでクエリの設定を行うと、GraphiQLの左側エリアにそのクエリが出力されます。右側には、左側のクエリを実行した結果が表示されます。

図6-7：Amplify GraphiQL Explorerの画面。

C　　　　O　　　　L　　　　U　　　　M　　　　N

GraphQL？　GraphiQL？

Amplify Mockに用意されているAmplify GraphiQL Explorerは、Graph「i」QLと、「i」が入っています。「GraphQLなの？　GraphiQLなの？」と頭を悩ませた人もいるでしょう。このAPIのためのクエリ言語の仕様は「GraphQL」です（iは入りません）。そしてAmplify GraphiQL Explorerは、Metaが開発する「GraphiQL」というGraphQL開発ツールを利用していることからこういう名前になっているのです。

Explorerを使ってみる

Amplify GraphiQL Explorerでは、まず左側のExplorerでクエリの設定を行うと、実行するクエリが右隣のエリアに生成される、という仕組みになっています。

実際に使ってみましょう。Explorerから「listBoards」という項目をクリックしてください。表示が展開され、中に用意されている項目が現れます。同時に、右側のエリアには以下のようなコードが出力されます。

▼リスト6-1

```
query MyQuery {
  listBoards
}
```

{}内に、「listBoards」という項目が追加された状態になっているのがわかるでしょう。

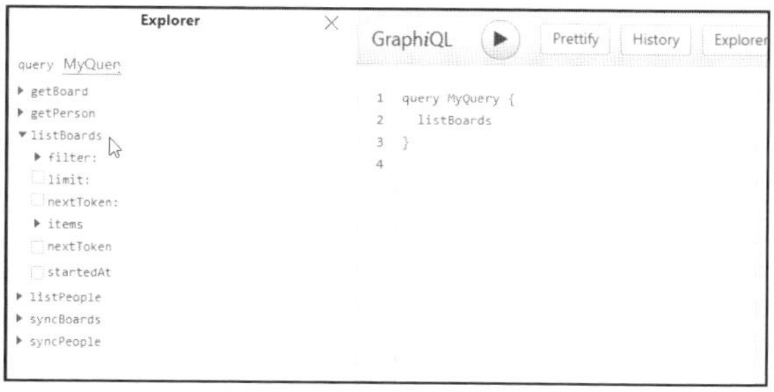

図6-8：「listBoards」を展開する。

展開表示された項目の中から、「items」という項目をクリックしてください。さらにその中に用意されている項目が展開表示されます。そして右側のクエリは以下のように変化します。

▼リスト6-2

```
query MyQuery {
  listBoards {
    items
  }
}
```

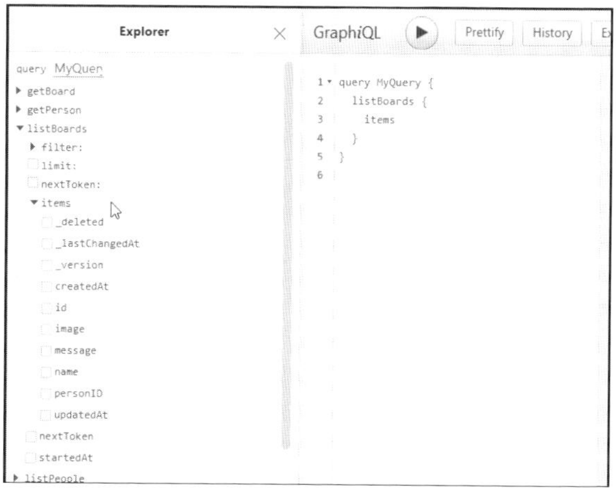

図6-9：「items」をクリックして展開表示する。

この「items」内には、Boardのプロパティが項目として表示されます。ここにある項目をいくつかクリックし、チェックをONにしてみましょう。例えば「createdAt」「id」「image」「name」といった項目をONにすると、右側に表示されるクエリは以下のように変化します。

▼リスト6-3

```
query MyQuery {
  listBoards {
    items {
      id
      name
      image
      createdAt
    }
  }
}
```

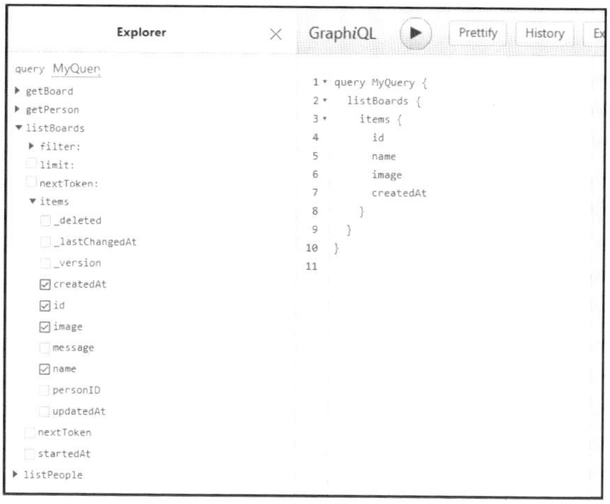

図6-10：「items」内にある項目をいくつかONにする。

クエリを実行する

　ここまでできたら、生成されたクエリを実行してみましょう。上部にはいくつかのボタンが並んでいます。その左端にある「Execute Query」ボタン（動画などの再生アイコンが表示されたもの）をクリックしてください。クエリが実行され、その結果が右側のエリアに表示されます。

　実行結果はおそらく以下のようになっているでしょう。

▼リスト6-4
```
{
  "data": {
    "listBoards": {
      "items": []
    }
  }
}
```

図6-11：クエリを実行すると結果が右側に表示される。

　"data"内に"listBoards"という項目があり、その中に"items"があって、ここに配列が用意されます。現時点ではまだモックには何もデータを作っていませんから配列は空になっていますが、実際にBoardにデータがあれば、ここにその情報が表示されます。

　見て気がつくと思いますが、問い合わせのクエリと結果のJSONデータは、ほぼ同じようなデータ構造になっています。data内のlistBoardsは実行したクエリの名前で、その中のitemsに取得したデータがまとめられる、という構造になっているのです。

クエリの種類

　ここで実行したクエリは、「query」という種類のものです。実行クエリを見ると、このような形になっているのがわかるでしょう。

```
query 名前 {……}
```

　GraphQLでは、実行するクエリにはいくつかの種類があります。以下に簡単に整理しておきましょう。

query	データベースに問い合わせ、必要なデータを取り出すためのもの。
mutation	データを書き換える操作（作成や更新、削除など）を行うためのもの。
subscription	イベントによって操作を実行するためのもの。

　基本は「query」と「mutation」の2つです。データの取得はquery、操作はmutationで、と覚えておくとよいでしょう。

mutationクエリを利用する

では、Amplify GraphiQL Explorerを使って実際にデータを操作してみましょう。まずはデータの作成を行ってみます。

データを書き換えるような作業（新規作成、更新、削除など）は、「mutation」というクエリとして実行をします。Explorerには、デフォルトで「query」というクエリの項目しか用意されていません。Explorerを利用するなら、mutationの項目を追加する必要があります。

Explorerへの項目追加は、Explorerの下部にある「add new」を使います。ここにあるメニューをクリックすると、クエリの種類がポップアップメニューとして現れます。ここから「Mutation」を選択してください。そして右側の「＋」をクリックすると、mutationの項目がExplorerに追加されます。

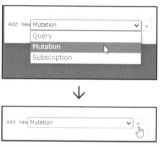

図6-12：下部のメニューから「Mutation」を選び、「＋」ボタンをクリックする。

mutationの項目

追加されたmutationには、全部で6個の項目が用意されています。内容を見ればわかりますが、PersonとBoardのそれぞれについて「create」「delete」「update」という操作の項目が用意されているのです。これらの項目を利用してクエリを生成し、実行すればいいのです。

このExplorerの項目は、下部にあるメニューと「＋」ボタンを使っていつでも追加できます。「query」項目は、今回は使わないので削除してもかまいません。マウスポインタを「query MyQuery」のところに移動させると「×」ボタンが表示されます。これをクリックすればquery項目を削除できます。

図6-13：Explorerにmutationの項目が追加される。

Personデータを作成する

　では、mutationの項目を使ってデータを
作成してみましょう。まずは「Person」デー
タからです。以下の手順に沿って作業をして
ください。

1. Explorerから「createPerson」という項
目をクリックして中身を展開表示します。

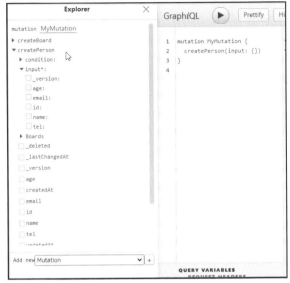

図6-14：「createPerson」をクリックし表示を展開する。

2. 内部にある「input*」の中に、Personのプロパティが項目として
用意されています。このinput内に用意するのが、入力する値の
項目です。ここでは「age:」「email:」「age:」「「tel:」という4つの
項目のチェックをONにしておきます。

図6-15：4つの項目のチェックをONに
する。

3. input内の項目のチェックをONにすると、それらに値が入力でき
るようになります。ONにした4つの項目にそれぞれ値を入力して
ください。

図6-16：ONにした項目に値を入力する。

4.「Execute Query」ボタンをクリックし、クエリを実行します。右側にJSONデータが出力されたら実行完了です。

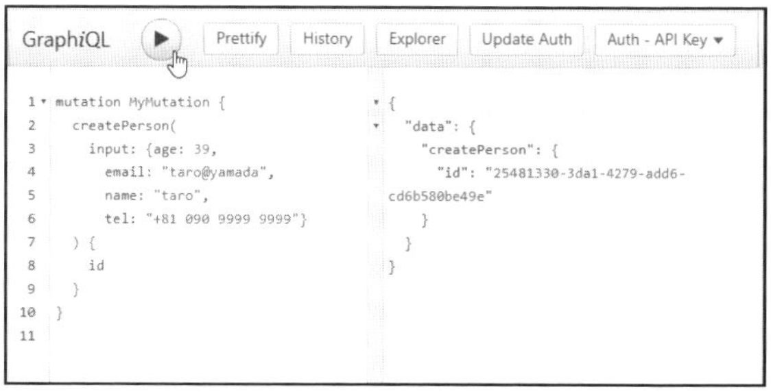

図6-17：「Execute Query」ボタンでクエリを実行する。

実行されたクエリ

実行されたクエリがどのようになっているのか見てみましょう。おそらく、以下のようなコードが画面右端のエリアに表示されたのではないでしょうか。

▼リスト6-5

```
mutation MyMutation {
  createPerson(
    input: {age: 整数 ,
       email: メールアドレス ,
       name: 名前 ,
       tel: 電話番号 }
  ) {
    id
  }
}
```

ここでの内容を整理すると、以下のようにクエリを用意してデータを新規作成していることがわかります。

```
mutation 名前 {
  実行する項目名 (
    input: {……入力値の情報……}
  ) {
    id
  }
}
```

inputというところに、入力する値をオブジェクトにまとめたものを用意します。ここでのinputの値を見ると、このようになっていますね。

```
input: {age: 整数 ,
  email: メールアドレス ,
  name: 名前 ,
  tel: 電話番号 }
```

　このようにinputに値を用意して実行すれば、新しいPersonデータが作成されモックに保存されます。

　基本的なcreatePersonの使い方はわかったでしょうか。では、Explorerの値を修正して、いくつかダミーのデータを用意しておきましょう。

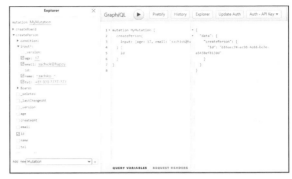

図6-18：inputにデータを入力し、Execute Queryボタンをクリックすればデータが作成される。

実行結果について

　createPersonのデータを実行すると、右側には実行結果がJSONフォーマットで表示されます。おそらく以下のような形になっているでしょう。

▼リスト6-6

```
{
  "data": {
    "createPerson": {
      "id": 作成されたデータのID値
    }
  }
}
```

　これがMutationにおけるクエリの実行結果の基本的な形です。data内のcreatePersonには、"id"という項目が用意されています。これが、作成されたデータのID値になります。

作成されたPersonを表示

　作成したPersonデータがちゃんと保存されているか確認しましょう。まず、Explorerにquery項目を用意します。

　先ほど削除した人は、下部のメニューから「Query」を選択して「＋」ボタンをクリックし、query項目を追加しましょう。

図6-19：query項目をExplorerに追加する。

listPeopleを使う

Personのデータを取得します。これは、query項目内に用意されている「listPeople」で行えます。

この項目をクリックして展開し、さらに「items」をクリックして展開表示しましょう。そこにあるプロパティ名の項目の中から「createAt」「email」「name」「tel」のチェックをONにします。

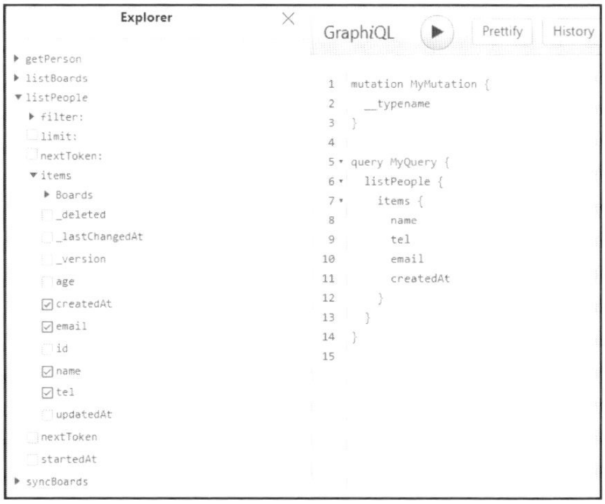

図6-20：listPeople内のitemsから、取得したいプロパティの項目をONにする。

設定できたら、右側エリア上部の「Execute Query」ボタンをクリックしてクエリを実行しましょう。作成したPersonデータが右側に出力されます。

図6-21：クエリを実行すると右側にPersonデータが表示される。

クエリの結果

クエリの実行結果がどうなっているか見てください。ここでは以下のような形でデータが表示されています。

```
{
  "data": {
    "listPeople": {
      "items": [
        ……データの配列……
      ]
    }
  }
}
```

itemsに、取得したデータの配列がまとめられています。取得されるPersonデータは以下のような形になっています。

```
{
  "name": 名前,
  "tel": 電話番号,
  "email": メールアドレス,
  "createdAt": 日時の値
}
```

queryでONにした項目の値だけがオブジェクトとしてまとめられていることがわかります。GraphQLは、このようにデータベースから特定の値だけを抜き出して扱うことができます。

Boardデータを作成する

Mutationによるデータ作成の基本がわかったら、Boardのデータも作成しましょう。Mutation項目内にある「createBoard」を展開し、「input*」内にある「image」「message」「name」「personID」といった項目のチェックをONにして値を入力していきます。

注意が必要なのは、personIDです。これは作成したPersonのid値を入力する必要があります。事前にquery項目の「listPeople」を実行してidを取得し、それをコピー&ペーストして利用するとよいでしょう。

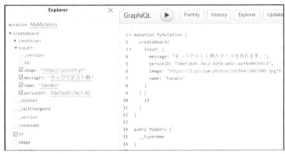

図6-22：createBoardでBoardデータの項目を入力し作成する。

listBoardsでデータを得る

いくつかダミーデータを作成したら、query項目内の「listBoards」を使ってBoardデータを取り出してみましょう。「listBoards」を展開し、その中の「items」を展開して、その中にある項目をいくつかONにします。それを実行すれば、Boardデータの情報が取り出せます。

図6-23：listBoardsを使い、Boardデータを取得する。

取得されたデータの構造を見てみましょう。例えば、message, name image, personIDの4項目を
ONにして実行すると、得られるデータは以下のような形になっています。

```
{
  "data": {
    "listBoards": {
      "items": [
        {
          "message": メッセージ,
          "name": 名前,
          "personID": 連携するPersonデータのID,
          "image": イメージURL
        },

        ……データが続く……


      ]
    }
  }
}
```

data内のlistBoardsにあるitemsにデータの配列がまとめられます。配列には、取得したプロパティの
値がオブジェクトにまとめられたものが保管されます。

皆さんにもGraphQLによるデータアクセスがどんなものかわかってきたことでしょう。取得したデータ
は、itemsに配列としてまとめられます。これらの使い方がわかってしまえば、GraphQLのデータ利用は
それほど難しいものではないのです。

データモデルのGraphQLスキーマについて

GraphQLでは、データの中から特定の項目の値だけを取り出し利用できます。そのためには利用する際、
データの構造をしっかりと理解しておかなければなりません。

GraphQLでは、データの構造は「スキーマ」と呼ばれるものを使って定義されています。では、アプリで
利用しているデータモデルがGraphQLではどのように定義されているのか見てみましょう。

データモデルの構造を定義したGraphQLスキーマは、アプリケーション内の./amplify/backend/api/
Sampleapp/というパスに用意されています。ここにある「schema.graphql」というファイルを開いてく
ださい。ここにスキーマが記述されています。

あるいは、Amplify Studioで確認することもできます。左側のリストから「Data」を選択し、右上にあ
る「GraphQL schema」をクリックして表示を切り替えてください。画面にGraphQLによるスキーマが表
示されます。

用意されているスキーマは、おそらく以下のような内容になっているでしょう。

▼リスト6-7
```
type Person @model @auth(rules: [{allow: public}]) {
  id: ID!
  name: String
  email: AWSEmail
```

```
    age: Int
    tel: AWSPhone
    Boards: [Board] @hasMany(indexName: "byPerson", fields: ["id"])
}

type Board @model @auth(rules: [{allow: public}]) {
    id: ID!
    message: String!
    name: String
    image: String
    personID: ID! @index(name: "byPerson")
}
```

　これがPersonとBoardのスキーマです。クエリでGraphQLに問い合わせをすると、この内容を元にデータを操作します。

データモデルの定義

　では、スキーマがどのような形になっているのか説明していきましょう。GraphQLでは、以下のような形でデータモデルを定義しています。

```
type 名前 {
    プロパティ : 型
    プロパティ : 型
    ……略……
}
```

　この基本的な形に、いくつか追加情報を付け加えているだけです。ここで追加されているのは以下のようなものです。

@model

　@が付けられたキーワードは「ディレクティブ」と呼ばれるもので、モデルやフィールドに特定の性格を割り当てるのに使われます。@modelは、このtype値がデータモデルであることを示します。

@auth(rules: [{allow: public}])

　これは、このtype値の認証設定のためのものです。rulesという値に認証方式を指定します。ここでは{allow: public}としてモデルが公開されていることを示します。

id: ID! ／ name: String! ／ email: AWSEmail! ／ message: String!

　これらのプロパティの型名には!という記号が付けられていますね。これは「必須項目」であることを示します。!が付けられた値は、必ず何らかの値を設定する必要があります。

Boards: [Board] @hasMany(indexName: "byPerson", fields: ["id"])

　これは、Board型の値(つまり、type Personのデータモデルの値)を示すものです。そして@hasManyは、これが「1対多」で関連付けられていることを示します。

リレーションシップは、このように別のデータモデルを型にしたプロパティとして用意されています。こうしたものでは、必ずリレーションシップの方式を示すディレクティブが付けられます。用意されているリレーションシップのディレクティブには以下のようなものが用意されています。

@hasOne	「1対1」対応。
@hasMany	「1対多」対応。
@manyToMany	「多対多」対応。
@belongsTo	「多対1」対応。

データ型について

各プロパティでは、保管する値の方を指定します。これまでAPIで使われていたRESTなどではデータの型を指定することはできませんでしたが、GraphQLではそれぞれの値の型を厳密に指定することができます。

使用できる型は、基本となる型が5つ用意されています。これらはそれぞれ以下のようになります。

スキーマの基本型

ID	ID専用。
String	テキスト。
Int	整数。
Float	浮動小数。
Boolean	真偽値。

この他、オブジェクト型（typeで定義された型）やenum（列挙）型、リスト（配列）型などといったものが使えます。とりあえず上記の基本形だけでもしっかり覚えれば、スキーマの基本は理解できるようになるでしょう。

エンドポイント設定とaws-exports.js

GraphQLにGraphQLからデータベースにアクセスする際に必要となる「エンドポイント」の情報について触れておきましょう。

Amplify Mockを利用すると、GraphQLからローカル環境のモックに用意されたデータにアクセスできることがわかりました。実行しているAmplify Mockを終了すると、Amplifyのバックエンドに用意された本来のデータベースにアクセスできるようになります。

では、「どちらのデータベースにアクセスするか」はどのように決まるのでしょうか。これは、アプリケーションの「src」フォルダーに作成されている「aws-exports.js」というファイルに情報が記述されています。このファイルを開くと、AWS関連の設定情報が記述されているのがわかるでしょう。その中に、以下のような項目が見つかります。

```
"aws_appsync_graphqlEndpoint": "http://《IPアドレス》:20002/graphql",
```

《IPアドレス》のところには、使っているマシンに割り当てられているIPアドレスが設定されています。

エンドポイントについて

　このaws_appsync_graphqlEndpointという設定項目は、GraphQLの「エンドポイント」の設定です。エンドポイントというのは、GraphQLを利用する際にアクセスする場所（URL）のことです。このエンドポイントにGraphQLのクエリを送信することで必要な情報を取得します。

　Amplify Mockが実行されると、このエンドポイントの値がローカルホストの/graphqlに書き換えられます。これにより、クラウド上にあるデータではなくローカル環境のモックデータにアクセスしていたのです。

　先にamplify statusコマンドでアプリの設定を出力したとき、GraphQL endpointという値が出力されたのを思い出してください。この値は、どこかにコピーして保存しておくようにいいましたね？　このaws-exports.jsの"aws_appsync_graphqlEndpoint"の値を、保存したGraphQL endpointの値に書き換えると、クラウド上にあるデータベースのエンドポイントにアクセスするようになります。

　Amplify Mockはプログラムを終了すると元のエンドポイントに戻るはずですが、終了してもGraphQLからクラウドのデータにアクセスできないような場合は、aws-exports.jsの"aws_appsync_graphqlEndpoint"の値を手作業で書き換えてください。

※aws-exports.jsは、amplify pullなどを実行すると自動的に内容が更新されます。手作業で修正したものも初期状態に戻ってしまうので注意しましょう。なお、"aws_appsync_graphqlEndpoint"には、初期状態ではローカル環境ではなくクラウドのエンドポイントが設定されています。

Chapter
6

6.2.

コードからGraphQLを利用する

APIを利用する

Amplify GraphiQL Explorerを使ってGraphQLを利用するのには、だいぶ慣れてきたでしょう。Amplify GraphiQL Explorerはクエリのコードを確認しながら実行し、結果を得ることができるため、GraphQLの学習には最適です。しかしある程度慣れてきたなら、実際にアプリの中でGraphQLを利用することも考えていきましょう。

Amplifyアプリのコードから GraphQLを利用してデータベースにアクセスするためには、用意されている「API」というモジュールを使います。これは、aws-amplifyモジュールに用意されています。

すでにApp.jsには、aws-amplifyのimport文が用意されているはずです（Authをインポートする文です）。これを以下のように書き換えてください。

▼リスト6-8

```
import { Auth, API, graphqlOperation } from 'aws-amplify';
```

これでAPIオブジェクトが利用できるようになります。GraphQLは、このAPIにあるメソッドを利用します。なお、graphqlOperationというものもインポートしていますが、これは実際にGraphQLを利用する際に必要となる関数です。APIと併せてインポートしておきましょう。

API.graphqlメソッドについて

GraphQLの利用は、APIにある「graphql」というメソッドを使って行います。これは以下のような形で呼び出します。

▼GraphQLを使ってアクセスする

```
API.graphql(graphqlOperation( クエリ ))
```

graphqlの引数には、graphqlOperation関数の戻り値を指定します。この関数は、引数に指定したクエリを元にGraphQL実行のための情報をまとめたオブジェクトを生成します。graphqlの引数には必ずこのgraphqlOperation関数を指定する、と理解してください。この1つはセットで覚えておきましょう。

これで実行すると、クエリの実行結果が得られます。ただし、graphqlは非同期関数ですので、結果はthenを使ってコールバック関数を用意し、その中で処理する必要があります。これは次のような形になります。

```
～ .then ( 引数 => { ……取得後の処理…… } );
```

引数には、クエリで取得された結果のオブジェクトが渡されます。GraphQLはアクセス結果をJSON
フォーマットのテキストとして返しますが、graphqlではそのままJavaScriptのオブジェクトに変換され
たものが引数で渡されます。後は、そこから必要な情報を取り出すだけです。

クエリの用意

graphqlOperationでは、実行するクエリを引数に指定します。クエリは、先にAmplify GraphiQL
Explorerでデータにアクセスをした際に表示されていたコードのことです。これを作成して引数に指定し
なければいけないのです。

とはいえ、心配は無用です。実をいえばアプリケーションにはすでに基本的なクエリが用意されています。
「src」フォルダーの中を見ると、「graphql」というフォルダーが新たに作成されているのに気がつくでしょ
う。この中にGraphQLのクエリをまとめたファイルが用意されています。

データを取得するためのクエリは「queries.js」ファイルに用意されています。この中から、Personや
Boardのデータを取り出すクエリをインポートし利用すればいいのです。

例えば、Person/Boardのデータをまとめて取得するためのクエリは以下のようにimport文を用意
します。

▼リスト6-9
```
import { listPeople, listBoards } from './graphql/queries';
```

listPeopleとlistBoardsが、queriesに用意されているクエリです。これらをgraphqlOperationの引
数に指定して実行すれば、データを取り出すことができます。

GraphQLでBoardデータを取得する

実際にGraphQLでデータを取り出してみましょう。先に、Appコンポーネントでは4つのタブを用
意し、それぞれのコンテンツを実装してありましたね。では、「List」タブにBoardデータを表示してみ
ましょう。

「List」タブに表示するコンテンツは、content1ステートに用意していましたね。これは、func1という
関数で実装していました。では、App.jsに記述してあるfunc1関数を書き換えましょう。以下のように修
正をしてください。

▼リスト6-10
```
function func1(input, setContent1, doChange) {
  API.graphql(graphqlOperation(listBoards)).then(values=> {
    const data = values.data.listBoards.items;
    setContent1(
      <pre>{JSON.stringify(data,null,2)}</pre>
    );
  });
}
```

このように書き換えると、「List」タブにデータベースから取得したBoardデータの情報が表示されます。今回は、取得したデータをそのままJSON.stringifyでテキストにして表示させてあります。Boardデータが配列の形にまとめられ送られていることがよくわかるでしょう。

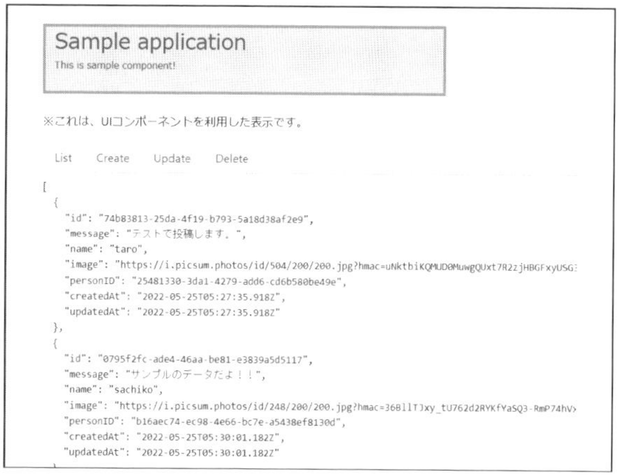

図6-24：Boardデータを取得した結果をそのまま出力したところ。

C O L U M N

cannot return null for non-nullable field エラー

先ほどのサンプルを実行すると、「cannot return null for non-nullable field Board._version.」といったエラーが発生した人もいたかもしれません。これは、必須項目の値がnullであるためにデータの取得に失敗したことを示すものです。Amplify Mockではモデルを作成する際、以下のような必須項目が自動追加されます。

```
_version
_deleted
_lastChangedAt
```

Amplify GraphiQL Explorerでデータを作成する際、これらの値を入力していないと上記のエラーが発生します。これらの値をすべて記入してデータを作り直してもいいのですが、特に使わないのでアクセス時に無視するようにしてもかまいません。「src」内の「graphql」フォルダーにある「queries.js」というファイルを開き、その中に記述されている上記の3つの項目を削除してみましょう。これで、アクセス時にエラーは発生しなくなります（ただし、Amplify GraphiQL Explorerを試し終わったら元に戻してください）。

GraphQLからBoardデータを取得する

では、ここで実行している処理を見てみましょう。以下のようにAPI.graphqlを実行しています。

```
API.graphql(graphqlOperation(listBoards)).then(values=> {……});
```

これで、取得した情報がthenのコールバック関数の引数に渡されます。ここではその中からBoardデータの配列を変数に取り出しています。

```
const data = values.data.listBoards.items;
```

先にAmplify GraphiQL Explorerでデータにアクセスした際、どのような形でデータが返されてきたか思い出してください。だいたい次のようになっていましたね。

```
{
  "data": {
    "listBoards": {
      "items": [
        ……Boardデータ……
      ]
    }
  }
}
```

　引数のvaluesにこのデータが入っています。ということは、この中の"data"内にある"listBoards"の中の"items"の配列を取り出すためには、values.data.listBoards.itemsの値を取り出せばいいことがわかるでしょう。このように、GraphQLは「得られるデータの構造がどうなっているか」をよく考え、そこから必要な情報を取り出し利用してください。

BoardComponentでデータを表示する

　では、取得したデータを利用して表示を作成してみましょう。Boardの表示は、先にFigmaで作成したBoardComponentというコンポーネントを使って行うことができました。GraphQLで取得したBoardデータをBoardComponentで表示してみましょう。func1関数を以下のように書き換えてください。

▼リスト6-11
```
function func1(input, setContent1, doChange) {
  API.graphql(graphqlOperation(listBoards)).then(values=> {
    const data = values.data.listBoards.items;
    const arr = []
    for(let item of data) {
      arr.push(
        <BoardComponent board={item} key={item.id} />
      )
    }
    setContent1(<div>{arr}</div>);
  });
}
```

　「List」タブにはBoardComponentを使ったおなじみの表示がされます。表示されるデータはすべてモックに用意したものですから、これがGraphQLで取得されていることがわかるでしょう。

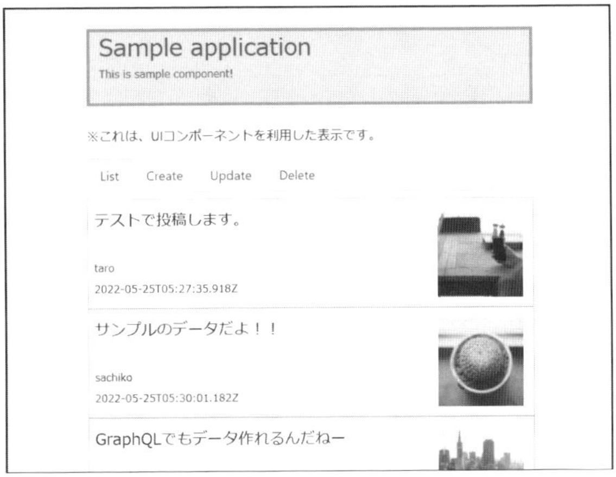

図6-25：BoardComponentを使ってデータを表示する。

　ここでは取得したデータからvalues.data.listBoards.itemsの値をdata変数に取り出して後、以下のようにして各データを元に＜BoardComponent /＞の配列を作成しています。

```
for(let item of data) {
  arr.push(
    <BoardComponent board={item} key={item.id} />
  )
}
```

　これは、先にDataStoreで同じことを行いましたからわかるでしょう。GraphQLで取得したBoardデータのオブジェクトも、そのままBoardComponentのboard属性に値として設定することができます。
　こうしてarrにコンポーネントの配列を作成したら、これをsetContent1のコンテンツに組み込んで表示するだけです。

実行しているクエリについて

　これで、GraphQLを利用してデータを取得する基本はわかりました。意外と簡単だな、と思った人。なぜ簡単かといえば、実行するクエリがあらかじめ用意されているからです。
　「自動的に用意してくれるんなら、面倒なことは知らなくていい」と思う人もいるでしょうが、これは逆にいえば「自動で用意されている以外のアクセスができない」ことになります。
　デフォルトで生成されているクエリは、基本的な操作には対応できるように作られています。ですから、自分で一からクエリを書かなければいけない事態に陥ることはほとんどないでしょう。
　ただ、クエリがどのように書かれており、どう機能しているかといった基本的な知識はないとGraphQLを使いこなすことはできません。その意味で、GraphQLでデータアクセスできたら、そのクエリがどうなっているか理解しておきたいところです。

queries.jsのクエリを調べる

　では、ここまで利用したlistBoardsというクエリはどのようなものなのでしょうか？　それを調べてみましょう。
　listBoardsは、「src」内に作られた「graphql」フォルダーにある「queries.js」というファイルからインポートしていました。このqueriies.jsファイルに書かれているlistBoardsがどういうものか、見てみましょう。

▼リスト6-12
```
export const listBoards = /* GraphQL */ `
  query ListBoards(
    $filter: ModelBoardFilterInput
    $limit: Int
    $nextToken: String
  ) {
    listBoards(filter: $filter, limit: $limit, nextToken: $nextToken) {
      items {
        id
        message
```

```
            name
            image
            personID
            createdAt
            updatedAt
          }
        nextToken
        startedAt
      }
    }
`;
```

　おそらく、皆さんが目にしているコードでは、この他に_versionなどアンダーバーで始まる名前の項目がいくつかあると思いますが、ここではそれらの項目はカットしてあります。

　queries.jsはJavaScriptのファイルです。したがって、その中身もJavaScriptのコードで書かれていますが、書かれているクエリはJavaScriptにしては微妙に違っているように感じたかもしれません。

　このコードは、実をいえばこういうものなのです。

```
export const listBoards = `…クエリのテキスト…`;
```

　そう、クエリの部分はただのテキストなのです。クエリのテキストをlistBoardsに入れ、それをexportしているだけだったのですね。

テキストの内容を整理する

　では、テキストとして用意されているクエリがどのような形になっているか、ここで整理しておきましょう。

```
・graphqlOperationに渡されるクエリの基本形
query クエリ名 (
    $変数 : 型
    …必要なだけ用意…
  ) {
    クエリ名 ( 引数 : $変数 ) {
      items {
        id
        …プロパティ…
        …必要なだけ用意…
      }
      nextToken
      startedAt
    }
  }
```

　クエリはqueryの後に「クエリ名(○○)」というようにして、変数などが引数として記述されています。そしてその後にある{}部分で、そのクエリを呼び出したときに取得される結果の値の情報がまとめられています。

GraphQL のクエリは？

ただし、このqueries.jsにあるテキストは「GraphQLのクエリとして使われるものではない」という点に注意してください。これはあくまで、「graphqlOperation関数に渡される値」です。GraphQLで実際に実行されるクエリそのものではありません。graphqlOperationにこのような値を渡すと、これを元にGraphQLのクエリを生成し実行する、というものなのです。

では、Amplify GraphiQL Explorerなどで実際にアクセスする際に送信されるクエリはどのようになるのでしょうか？　これはおそらく、以下のような形で記述されることになるでしょう。

▼GraphQLクエリの基本形

```
query 名前 {
    クエリ名 (
        引数 : 値
        …略…
    ) {
        プロパティ
        …略…
    }
}
```

クエリ名の後に()で値を引数として用意します。それらの値を元に、{}部分に記述されているプロパティの値が取り出されるようになっているのです。

例:Helloクエリの場合

もう少し具体的な例を見てみないと、感覚的に働きがわからないかもしれませんね。ごく簡単なサンプルとして、こんなモデルにアクセスするクエリを考えてみましょう。

▼リスト6-13

```
type Hello @model @auth(rules: [{allow: public}]) {
  id: ID!
  value: String
}
```

Helloというモデルで、idとvalueしかプロパティを持たない単純なものです。これにアクセスをするために、param1とparam2という引数を渡して必要な操作を行えるクエリの形を考えてみます。すると、「queries.js」には以下のようなクエリが用意されるでしょう。

▼リスト6-14

```
export hello = `
  query Hello(
    $pram1: Int
    $param2: String
  ) {
    hello(param1:$param1, param2:$param2) {
      items {
        id
```

```
        value
      }
    nextToken
    startedAt
    }
  }
`;
```

これはあくまで参考例ですので、実際にはこのようなコードが書かれることはありません（データベース側にparam1, param2という情報を渡しても何も働かないので）。ただ、「param1, param2という引数を持つhelloクエリはこんな形になっているだろう」というイメージをつかんでください。Helloの後の()に引数の定義があり、その後の{}内にhelloクエリを呼び出す場合の基本的な形が用意されています。

実際にGraphQLのクエリとして実行されるのは、おそらく以下のような形になることでしょう。

▼リスト6-15

```
query HelloQuery {
  hello(
    param1: 123,
    param2:"Hello"
  ) {
    id
    value
  }
}
```

これで、2つの引数に123, "Hello"という値を設定したクエリが実行されます。実際にアプリケーション内のコードからこのhelloクエリを使ってアクセスする場合は、このような形でAPI.graphqlメソッドを呼び出すことになります。

▼リスト6-16

```
// import { hello } from './graphql/queries';

const opt = {
  param1: 123,
  param2: "Hello"
}
API.graphql(graphqlOperation(hello, opt)).then(values=> {
  ……略……
});
```

graphqlOperation関数で、第1引数にクエリであるhelloを指定し、第2引数にはクエリに渡す値をオブジェクトにまとめたものを用意します。

いかがですか。queries.jsに用意されるクエリのテキスト、実際に実行されるGraphQLクエリ、そしてコードを使って実行する際のgraphqlOperationの書き方。これらの関係が何となくわかってきたでしょうか。このあたりは今すぐわからなくとも、実際に何度もコードを書いて動かしていけば少しずつ理解できるようになります。だいたいのイメージがつかめたら、後はひたすらコードを書いて動かしましょう。

データ数とフィルターの指定

では、実際にqueries.jsに書かれているクエリを使ってデータベースアクセスを行いましょう。先ほどlistBoardsを使ってBoardデータを取得しましたが、このlistBoardsには、実は3つの引数が用意されています。

これらはGraphQLクエリでデータを取得する際に用意することのできる基本の値ともいうべきもので、これらを使ったデータ取得の方法は知っておきたいところです。

この3つの引数を使ったlistBoardsのGraphQLクエリは、以下のような形になるでしょう。

▼listBoardsクエリ

```
query MyQuery {
  listBoards(
    limit: 個数 ,
    filter: フィルター ,
    nextToken: トークン
  ) {
    items {
      createdAt
      id
      message
      name
    }
    nextToken
    startedAt
  }
}
```

()内に「limit」「filter」「nextToken」といった値が用意されていますね。これらはそれぞれ以下のような働きをします。

limit	アクセスするデータの最大数を整数で指定する。
filter	データのフィルター設定を指定する。これは、フィルターの情報をまとめたオブジェクトとして値を指定する。
nextToken	ページネーション用のトークン。表示したページのnextTokenの値をテキストで指定すると、次のページを得られる。

limitとfilterは、比較的よく利用されるものでしょう。これらにより一定数だけを取り出したり、特定の条件に合うものだけを検索したりできます。

注意したいのは、両者を併用した場合です。両者を同時に使うと、limitで指定して得られたものの中からフィルターに合致するものが得られます（検索したものをlimitの数だけ表示するわけではない）。

limitとfilterを使用する

では、これらの引数を使ってみましょう。App.jsに用意したfunc1関数を次のように書き換えてください。

▼リスト6-17

```
function func1(input, setContent1, doChange) {
  const opt = {
    limit:10,
    filter: {name: {eq: "はなこ"}},
  };
  API.graphql(graphqlOperation(listBoards,opt)).then(values=> {
    console.log(values);
    const data = values.data.listBoards.items;
    const arr = []
    for(let item of data) {
      arr.push(
        <BoardComponent board={item} key={item.id}/>
      )
    }
    setContent1(<div>{arr}</div>);
  });
}
```

　実行するとBoardから10項目を取得し、その中からnameが"はなこ"のものだけを取り出し表示します。

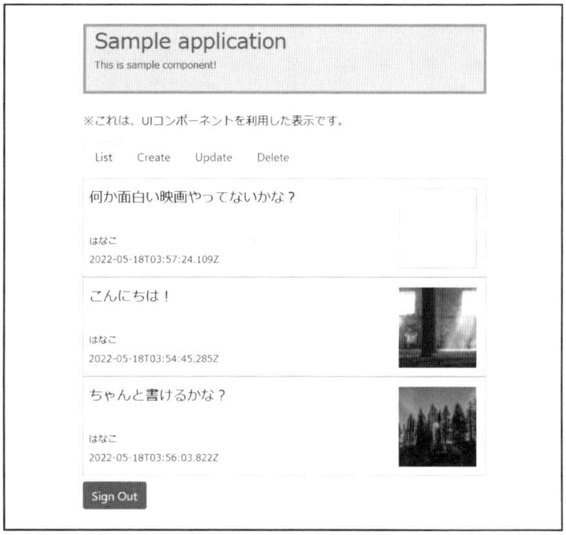

図6-26：取得した10個の中からnameが"はなこ"のものだけを表示する。

　ここでは、あらかじめアクセス時に使用する設定情報をオブジェクトにまとめたものをoptに用意してあります。

```
const opt = {
  limit:10,
  filter: {name: {eq: "はなこ"}},
};
```

　こうして用意したoptを引数に指定してアクセスを行えば、limitとfilterを利用してデータベースにアクセスできます。

```
API.graphql(graphqlOperation(listBoards,opt)).then……
```

これで、limitとfilterを指定してデータが取得されます。あらかじめオブジェクトとして引数を用意しておくことさえ知っていれば、意外と簡単に使えるのです。

createdAtでソートするには？

クエリに用意されている引数には、実は重要なものが抜けていました。それは「ソート」です。データのソートができないと困ることは多いでしょう。Boardも、createdAtでソートして新しいものから順に表示したいところです。

実をいえば、ソートのための引数は標準では用意されていないのです。このため、そのままではGraphQLによるデータのソートはできません。

では、どうすればいいのか。いくつか方法はあるのですが、もっとも簡単なのは「@searchable」というディレクティブを使ったものでしょう。Amplifyでは、データモデルを定義する際に@searchableディレクティブを指定すると、Amazon OpenSearch Service（AOSS）というサービスを使ってAWSのクラウド上に保存されているDynamoDBのデータをソートできるようにします。

この@searchableを指定するためには、モデルのスキーマを直接修正し、AWSのバックエンドにプッシュしてバックエンド側を更新する必要があります。

C　　O　　L　　U　　M　　N

Amazon OpenSearch Serviceは有料！

@searchableを利用する場合、Amazon OpenSearch Service（AOSS）を使います。このAOSSは有料サービスである、という点に注意してください。AWSを開始したばかりの場合、開始から12ヶ月間、月当たり750時間までは無料で使えるようになっており、開発中にこれを超えることはほとんどないでしょう。しかしこの無料期間が終了すると、利用時間に応じて料金が請求されるようになります。これは結構高額（アクセス量によっては1日数十ドルかそれ以上になることも！）なので、よく考えて利用しましょう。

Boardモデルのスキーマを修正する

順に作業していきましょう。まずはモデルのスキーマ修正からです。モデルのスキーマは、./amplify/backend/api/Sampleapp/schema.graphqlに記述されていましたね。このファイルを開き、そこに書かれているBoardタイプの定義を以下のように修正しましょう。

▼リスト6-18

```
type Board @model @searchable @auth(rules: [{allow: public}]) {
  id: ID!
  message: String!
  name: String
  image: String
  personID: ID! @index(name: "byPerson")
  createdAt: AWSDateTime!
}
```

修正は2ヶ所あります。まず、type Boardのところに「@searchable」が追加されていますね。これでモデルがAOSSで検索されるようになります。

もう1つは、「createdAt: AWSDateTime!」という項目を追記した点です。Amplifyでは、モデルを作成すると自動的に作成日を保存しておくcreatedAtプロパティが用意されました。しかし、デフォルトのままではこのcreatedAtを指定してソートできないのです。ソート可能なのは、数値やテキストなどの基本型のプロパティのみです。createdAtはオブジェクトとして値を保管しているため、そのままではソートに使えません。

そこで「createdAt: AWSDateTime!」と追記し、createdAtの型を変更しておきます。AWSDateTimeは実質的にはString型であるため、これでcreatedAtでソートできるようになります。

バックエンドにプッシュする

修正したら、アプリケーションの修正内容をAWSのバックエンドに反映させましょう。Amplifyアプリケーションをバックエンドにプッシュして行います。先に「amplify pull」コマンドでバックエンドの情報をローカルアプリケーションにインポートする、ということを行いましたね。今度は逆です。ローカルアプリケーションの情報をバックエンドに送ってバックエンド側を更新するのです。

では、Visual Studio Codeのターミナルから以下のコマンドを実行しましょう。

```
amplify push
```

これでプッシュが実行されます。しばらく待っていると、現在の環境（staging）のカテゴリが表示され、「Are you sure you want to continue?」と訊ねてきます。これで「y」を入力し Enter するとバックエンドの更新が実行されます。

図6-27：Are you sure you want to continue?に「y」を入力する。

さらに更新の確認が以下のようにメッセージとして出力されてきます。

```
Are you sure you want to continue?
Do you want to generate GraphQL statements (queries, mutations and subscription)
based on your schema types?
This will overwrite your current graphql queries, mutations and subscriptions
```

これらは、いずれも「y」を入力し Enter します。これでバックエンドの情報が上書きされ、ローカルアプリと同じように設定されます。

バックエンドの更新にはかなり時間がかかります。これは@searchableの指定によりAOSS側のセットアップが実行されるためで、完了するまでひたすら待ちましょう。

図6-28：メッセージはすべて「y」を入力して進める。

C　　　O　　　L　　　U　　　M　　　N

「Data」のVisual Editor が使えない！?

@searchable を利用する場合、Amazon OpenSearch Service（AOSS）を使います。このAOSS は、@searchable を設定して amplify push すると、意外なところでちょっとした問題が起こるので注意が必要です。もっとも影響が大きいのは以下の2点でしょう。

・モデルの Visual Editor
Amplify Studio の「Data」では、モデルをビジュアルに設計する Visual Editor が用意されていました。@searchable を利用すると、この機能が利用できなくなります。これは Visual Editor が @searchable に対応していないためで、現在、AWS では対応に取り組んでいるとのことです。

・Amplify GraphiQL Explorer
Amplify Mock も @searchable には対応していないため、Amplify GraphiQL Explorer では search Boards などによる検索はうまく動きません（items は常に空の配列になる）。@search を利用する場合は Amplify Mock は使わず、クラウド上のデータベースを利用してください。

searchBoards/searchPeopleの利用

モデルに@searchableが設定されると、検索クエリが保存されているqueries.jsの内容が更新されます。そこに以下の2つの値が追加されます。

searchBoards	BoardをAOSSの機能を使って取得する。
searchPeople	PersonをAOSSの機能を使って取得する。

@searchableを利用するクエリは、このように「search○○」という名前で用意されます。このクエリはAOSSの機能を利用してデータの取得を行います。データのソートもこのクエリを利用すれば可能になります。

作成されるクエリ

では、queries.jsにどのようなクエリが作成されたのか見てみましょう。searchBoardsは、だいたい以下のような形をしていることがわかります。

▼リスト6-19
```
export const searchBoards = /* GraphQL */ `
  query SearchBoards(
    $filter: SearchableBoardFilterInput
    $sort: [SearchableBoardSortInput]
    $limit: Int
    $nextToken: String
    $from: Int
    $aggregates: [SearchableBoardAggregationInput]
  ) {
    searchBoards(
      filter: $filter
```

```
      sort: $sort
      limit: $limit
      nextToken: $nextToken
      from: $from
      aggregates: $aggregates
    ) {
      items {
        id
        …プロパティ…
      }
      nextToken
      total
      aggregateItems {…略…}
    }
  }
`;
```

sortだけでなく、他にもいくつかの引数が追加されていることがわかります。aggregatesはデータの集計に関するもので、type, field, nameといった値を用意し、それを元に指定したフィールドの集計結果などを作成します。データのソート関係は、sortという引数として追加されていますね。これにソートの情報を設定することで、データを並べ替えることができるようになります。

searchBoardsをGraphQLクエリとして記述し実行する場合、どのようになるのか考えてみましょう。

▼リスト6-20

```
query MyQuery {
  searchBoards(
    filter: フィルター
    sort: ソート
    limit: 個数
    nextToken: トークン
    from: 取得位置
    aggregates: 集計クエリ設定
  ) {
    items {
      id
      …プロパティ…
    }
    nextToken
    total
    aggregateItems {…略…}
  }
}
```

いくつか省略している部分もありますが、基本的な形はわかるでしょう。引数にsortなどの項目が追加されており、これらの値を指定することでデータのソートが可能になります。

BoardをcreatedAt順にソートし表示する

修正されたモデルを元に、Boardを投稿順に並べて表示してみましょう。App.jsのfunc1関数を次のように修正してください。

▼リスト6-21

```
function func1(input, setContent1, doChange) {
  const opt = {
    sort : {
        field: 'createdAt',
        direction: 'desc'
    },
    limit : 5
  };
  API.graphql(graphqlOperation(searchBoards,opt)).then(values=> {
    console.log(values);
    const data = values.data.searchBoards.items;
    const arr = []
    for(let item of data) {
      arr.push(
        <BoardComponent board={item} key={item.id}/>
      )
    }
    setContent1(<div>{arr}</div>);
  });
}
```

投稿の新しいものから順に5個目だけを取得し、表示しています。

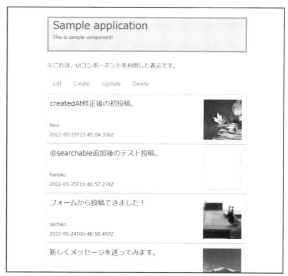

図6-29：新しい投稿から順に5項目を表示する。

ここでは、以下のようにして設定情報を用意しています。

```
const opt = {
  sort : {
      field: 'createdAt',
      direction: 'desc'
  },
  limit : 5
};
```

ソートは、sortというプロパティとして用意します。これにはfieldとdirectionという値を用意します。fieldでソートの基準となるプロパティ名を指定し、directionでは昇順か降順かを「asc」「desc」というテキストで指定します。

この他、取得するデータ数をlimitで指定していますね。searchBoardsでも、listBoardsに用意されていたlimitやfilterといった引数はそのまま使うことができます。

new Boardの修正について

これでソートしてBoardデータを取得できるようになりましたが、モデルを修正したため、コードの修正が必要となるところもあるので注意してください。

端的な例としては、新しくBoardデータを作成する処理です。createdAtを本来とは異なる型を指定してモデルに追加したため、new Board時に自動的に値が設定されなくなります。したがって、Boardを作成する際はcreatedAtの値も用意しておく必要があります。

Chapter 5で、「Create」タブにBoard作成のフォームを用意しましたね。これは、App.js内にfunc2という関数として用意していました。このfunc2関数内に、ボタンクリックでBoardを作成する処理（onClick関数）が用意されています。このonClickを以下のように修正する必要があるでしょう。

▼リスト6-22

```
const onClick = ()=> {
  DataStore.query(Person, ob=>ob.email('eq',femail)).then(value=>{
    if (value.length != 1) {
      alert("アカウントが見つかりませんでした。");
      return;
    }
    const bd = new Board({
      message:fmsg,
      email:value[0].email,
      name:value[0].name,
      image:fimg == "" ? null : fimg,
      personID:value[0].id,
      createdAt: new Date().toISOString() //☆
    });
    DataStore.save(bd).then(()=>{
      alert("メッセージを投稿しました。");
    });
  });
}
```

修正したのは、☆マークの行の追加です。ここでcreatedAtプロパティにnew Date().toISOString()を設定しています。new Dateで現在の日時を作成し、そのtoISOStringを呼び出してISOフォーマット形式で日時のテキストを取得しています。createdAtはAWSDateTimeを型に指定していましたが、これにはtoISOStringの値を設定する必要があります。

これで、作成時にcreatedAtの値が自動設定されるようになります。

6.3.

GraphQLによるデータの書き換え

データ更新とmutations.js

データベースのデータ取得を行うクエリはだいぶ使い方がわかってきました。それ以外のデータを書き換える操作についても見ていきましょう。

データの書き換えを行うためのクエリは、「src」内の「graphql」フォルダーにある「mutations.js」というファイルに用意されています。ここには全部で以下の6個の値が用意されています。

createPeople	Personの新規作成。
updatePeople	Personの更新。
deletePeople	Personの削除。
createBoard	Boardの新規作成。
updateBoard	Boardの更新。
deleteBoard	Boardの削除。

これらのクエリをインポートし使用することでデータの操作が行えるようになります。例として、Boardデータの作成・更新・削除について考えていくことにしましょう。

まずは、必要なクエリをインポートしておきます。App.jsを開き、冒頭のimport文があるところに以下の文を追記してください。

▼リスト6-23

```
import { createBoard, updateBoard, deleteBoard } from './graphql/mutations';
```

これでBoard関連のクエリが一通り使えるようになりました。これらを利用してBoardを操作する処理を作っていきましょう。

新規作成とcreateBoardクエリ

Boardの新規作成から見ていきましょう。新規作成は、createBoardというクエリとして用意されていました。これはどのような内容になっているのか、mutations.jsを調べてみましょう。

▼リスト6-24

```
export const createBoard = /* GraphQL */ `
  mutation CreateBoard(
    $input: CreateBoardInput!
```

```
      $condition: ModelBoardConditionInput
  ) {
    createBoard(input: $input, condition: $condition) {
      id
      …略…
    }
  }
`;
```

mutation CreateBoardの後に()で引数が用意されています。$inputと$conditionですね。$inputは
入力する値に関する情報を渡すためのものです。作成するBoardの値は、このinputにまとめて用意する
と考えていいでしょう。conditionは、データを書き換える処理を実行する際に条件を設定するためのもの
です（用意した条件がtrueにならないとデータが書き換わらないようにする）。

　基本的にはinputにデータをまとめて用意すれば、createBoardは使えると考えていいでしょう。

「Create」タブの作成処理を修正する

　実際にGraphQLを使ってBoardデータを作成してみましょう。先に「Create」タブのフォームを使って
Boardを作成する処理を作りましたね。フォームに用意したボタンのonClickで実行されるonClick関数で、
Boardの作成処理を行っていました。これを修正し、GraphQLでデータを作成してみましょう。

　では、App.jsのfunc1関数内にあるonClick関数を以下のように書き換えてください。

▼リスト6-25

```
const onClick = ()=> {
  const opt = {
    filter: {email: {eq: femail}}
  }
  // email が femail の Person を取得する
  API.graphql(graphqlOperation(listPeople,opt)).then(value=> {
    const values = value.data.listPeople.items;
    if (values.length != 1) {
      alert("アカウントが見つかりませんでした。");
      return;
    }
    // 保存するデータの準備
    const data = {
      input:{
        message:fmsg,
        name:values[0].name,
        image:fimg == "" ? null : fimg,
        personID:values[0].id,
        createdAt: new Date().toISOString()
      }
    }
    // Board データを作成保存する
    API.graphql(graphqlOperation(createBoard,data)).then(()=> {
      alert("メッセージを投稿しました。");
    });
  });
}
```

修正したら、実際に「Create」タブを使ってみましょう。フォームに値を入力してボタンをクリックすると、フォームのデータが新しいBoardとして保存されます。

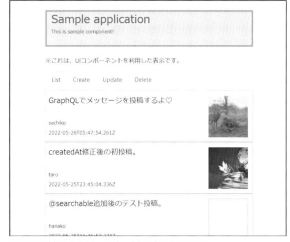

図6-30：フォームに入力し送信するとBoardを新規作成する。

Emailの値をアカウントとして利用していますので、Personにそのメールアドレスのデータがないとデータは作成されません。実際にフォームを使ってBoardが作成されるか確認してみましょう。

図6-31：追加されたデータが一番上に表示されている。

Board作成の処理の流れ

onClickで実行している処理を見てみましょう。ここではまずAPI.graphqlを使って、入力されたメールアドレスのPersonを取得しています。

```
const opt = {
  filter: {email: {eq: femail}}
}
API.graphql(graphqlOperation(listPeople,opt)).then(value=> {……
```

filterに{email: {eq: femail}}と値を用意し、emailの値がfemailと等しいものを検索しています。ここからPersonデータの配列を定数に取り出し、その要素数が1でない場合はアカウントが得られなかったとして終了させます。

```
const values = value.data.listPeople.items;
if (values.length != 1) {
  alert("アカウントが見つかりませんでした。");
  return;
}
```

Personが得られたらそれを元に、作成するBoardのデータを用意します。createBoardの設定情報として用意するオブジェクトは、その中のinputというプロパティにBoardのデータをまとめます。

```
const data = {
  input:{
    message:fmsg,
    name:values[0].name,
    image:fimg == "" ? null : fimg,
    personID:values[0].id,
    createdAt: new Date().toISOString()
  }
}
```

nameとpersonIDは、得られたPersonから値を設定しています。後はfmsgとfimg、そしてcreatedAtにはDateのtoISOStringの値を指定します。createBoardに渡す値が用意できたら、後はAPI.graphqlメソッドでcreateBoardクエリを実行するだけです。

```
API.graphql(graphqlOperation(createBoard,data)).then(()=> {
  alert("メッセージを投稿しました。");
});
```

これでBoardが作成できます。GraphQLの面白いところは、データの検索も作成もすべてAPI.graphqlメソッドだけで行えることです。引数に用意するgraphqlOperationもまったく同じ。その引数に用意するクエリとオブジェクトが違うだけで、基本的な操作はすべて同じなんですね！

データの更新

続いてデータの更新です。データの更新はupdateBoardというクエリとして用意されています。mutation.jsに書かれているupdateBoardがどうなっているか見てみましょう。

▼リスト6-26
```
export const updateBoard = /* GraphQL */ `
  mutation UpdateBoard(
    $input: UpdateBoardInput!
    $condition: ModelBoardConditionInput
  ) {
    updateBoard(input: $input, condition: $condition) {
      id
      …略…
    }
  }
`;
```

UpdateBoardの後の()には引数として$inputと$conditionが用意されています。createBoardの場合と同じですね。つまり、まったく同じように値を用意すればいいわけです。ただし、inputに用意する値の働きは微妙に異なります。

createBoardでは、inputに用意する値はそのまま新しいBoardに保存されました。しかしupdateBoardでは、inputの値は「idと、その他の更新する値」になります。updateBoardでは、inputに指定されたidの

Boardに対し、その他の値を書き換えます。したがって、更新する対象となるBoardのidを必ず用意する必要があります。その他の項目については、更新する値だけを用意すればOKです。更新しないものについては値を用意する必要はありません。

「Update」タブの更新処理を修正する

　実際に使ってみましょう。「Update」タブの更新用コンテンツは、func3関数としてまとめられていました。選択リストから更新する項目を選び、フォームの値を編集してボタンをクリックすると、func3関数内にあるonUClick関数が呼び出され更新を行いましたね。このonUClick関数を書き換えて、GraphQLを利用するようにしてみましょう。以下のように関数を書き換えてください。

▼リスト6-27

```
const onUClick = ()=> {
  const data = {
    input:{
      id: selbrd.id,
      message:umsg,
      image:uimg == "" ? null : uimg,
      _version: selbrd._version + 1
    }
  }
  API.graphql(graphqlOperation(updateBoard,data)).then(()=> {
    alert("メッセージを更新しました。");
  });
}
```

　「Update」タブに切り替え、選択リストから編集する項目を選んでください。そしてフォームの値を書き換えてボタンをクリックすると、そのデータが更新されます。

図6-32：更新する項目を選んで内容を書き換えボタンをクリックすると、そのデータが更新される。

updateBoard実行の流れ

実行している処理を見てみましょう。まずは、更新するBoardのデータを用意しておきます。

```
const data = {
  input:{
    id: selbrd.id,
    message:umsg,
    image:uimg == "" ? null : uimg,
    _version: selbrd._version + 1
  }
}
```

データはオブジェクト内にinputというプロパティを用意し、その中にまとめます。idはselbrd（選択した項目のBoardが設定されているステート）のidを指定し、selbrdのデータが更新されるようにしてあります。

messageとimageはumsgとimgステートを使い、バージョンを示す_versionにはselbrd._versionの値を1加算した値を設定してあります。これで更新用のオブジェクトができました。後は、それを使ってupdateBoardを実行するだけです。

```
API.graphql(graphqlOperation(updateBoard,data)).then(()=> {
  alert("メッセージを更新しました。");
});
```

graphqlOperationの引数にupdateBoardとdataを指定して呼び出すだけです。データさえ用意できれば更新はとても簡単です。

C　　　　O　　　　L　　　　U　　　　M　　　　N

_version は何のため？

ここでは更新するデータを用意するとき、input内に「_version」というプロパティを用意してありました。これは、実は重要です。この値がないとデータが更新されないのです。Amplifyでは、データが操作されると_versionのバージョンが更新されるようになっています。updateBoardのようにデータを書き換えるような操作を行う場合は、常にデータの新しいバージョンを_versionで指定しておく必要があります。

データの削除

残るはデータの削除ですね。Boardのデータ削除は、「deleteBoard」というクエリとして用意されています。mutations.jsに記述されているクエリがどうなっているか確認しておきましょう。

▼リスト6-28
```
export const deleteBoard = /* GraphQL */ `
  mutation DeleteBoard(
    $input: DeleteBoardInput!
    $condition: ModelBoardConditionInput
  ) {
```

```
    deleteBoard(input: $input, condition: $condition) {
      id
      …略…
    }
  }
`;
```

やはり、createBoardやupdateBoardと同じく、$inputと$conditionが引数として用意されています。このinputに削除するデータの情報をまとめておけばいいわけです。これは、単純に「id」の値だけ用意すればOKです。これで、指定したidのデータを削除できます。

「Delete」タブの処理を更新する

「Delete」タブの削除処理をGraphQLに書き換えましょう。「Delete」タブのコンテンツは、func4という関数に用意されています。この中にある「onDClick」という関数に、ボタンクリック時の削除処理を用意していました。では、App.jsのfunc4関数内にあるonDClick関数を以下のように書き換えましょう。

▼リスト6-29

```
const onDClick = () => {
  const data = {
    input:{
      id: delbrd.id,
      _version: delbrd._version
    }
  }
  API.graphql(graphqlOperation(deleteBoard,data)).then(()=> {
    alert("メッセージを削除しました。");
  });
}
```

修正したら、「Delete」タブに切り替え動作を確認しましょう。選択リストから削除したい項目を選んでボタンをクリックすると、そのデータが削除されます。

deleteBoardの処理の流れ

どのように処理を行っているのか、見てみましょう。まず、削除するデータの情報をまとめたオブジェクトを作成します。

```
const data = {
  input:{
    id: delbrd.id,
    _version: delbrd._version
  }
}
```

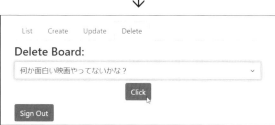

図6-33:選択リストから項目を選びボタンをクリックするとその項目が削除される。

idには、選択したデータのBoardが保管されているdelbrdステートのid値を設定します。そして_versionには、delbrdの_version値をそのまま指定します。deleteBoardの場合も、_versionの指定は重要です。これで削除するデータのバージョンを正しく指定しないとデータを削除することができず、「Conflict resolver rejects mutation.」というエラーが発生してしまいます。

設定情報のオブジェクトが用意できたら、それを使ってdeleteBoardクエリを実行するだけです。

```
API.graphql(graphqlOperation(deleteBoard,data)).then(()=> {
  alert(" メッセージを削除しました。");
});
```

これで指定したBoardデータが削除されます。こうして見てみると、作成・削除・更新はほとんど扱い方が同じであることに気がつくでしょう。idと_versionを指定してデータを取得し、それを作成や更新、削除するというものです。基本的な設定情報の構造（inputに削除するデータに関する値をまとめておく）は同じですから、3つまとめてすぐに使い方を覚えられます。

DataStoreか、GraphQLか？

GraphQLを使ったデータアクセスの基本について一通り説明しました。これでDataStoreとGraphQLという2つのデータアクセス技術を使えるようになったわけです。では、この2つはどちらを使ったほうがいいのでしょうか？　あるいは、どう使い分けるべきでしょう。両者を簡単に比較してみましょう。

DataStoreのほうが圧倒的に簡単!

ここまでコーディングしてきた感触としては、「DataStoreもGraphQLもどっちも難しさは同じくらいでは？」と感じていることでしょう。しかしGraphQLは、クエリやデータの構造などのGraphQLの知識が必要になります。これらがわかっていないと、使っていて困ることも多いでしょう。ただlistBoardsが使えればいいというわけではないのですから。

DataStoreはqueryを実行すれば検索されたデータが配列で返ってくるだけなので、実行の仕方もデータの扱いも非常にシンプルです。「より簡単にデータベースを使いたい」というならDataStoreでしょう。

DataStoreは、@searchableに未対応

機能的にはGraphQLを利用したほうがよりきめ細かな処理が行えます。特に問題となるのが@searchableの使用です。DataStoreでは、2022年5月時点でまだ@searchableによるAOSSに対応していません。このため、@searchableを付けてモデルを作成したなら、無条件にGraphQLを選ぶことになります。

GraphQLはAmplify以外でも使える

DataStoreはAWSの機能ですので、基本的にAWS内のデータアクセスにしか使えません。しかしGraphQLは、AWS以外のところでも幅広く利用されています。Amplifyに用意されているAPIではAWSのデータにしかアクセスできませんが、GraphQLという技術そのものはもっと広い世界で活用されているのです。ですから、AWSだけでなく、もっと幅広くWeb APIの開発を行うことを考えたならGraphQLが使えることは非常に大きな力となるはずです。

「よりシンプルで扱いが簡単なDataStoreと、より柔軟な対応が可能なGraphQL」と考えておくと、どちらを使うべきか選ぶ際の参考になるでしょう。

Chapter 7

S3ストレージとLambda関数

ここではAWSの重要な機能として「S3」と「Lambda関数」の使い方について説明します。
S3はAWSのストレージサービスで、
さまざまなファイルをアップロードしAmplifyから利用できます。
Lambda関数はAWS内で処理を実行するもので、
これとAmplifyを連携することでバックエンド側で処理を実行できるようになります。

7.1.

Amazon S3の利用

ファイルの利用とS3

　データの扱いは、基本的にはデータベースを利用できればたいてい解決できます。しかし、例えば非常に大きなデータを扱う場合などは、データベースよりも直接ファイルをアップロードし利用できたほうが便利でしょう。

　AWSでは、ファイルを保管するためのクラウドストレージとして「S3」というサービスを提供しています。このS3を利用することによってファイルをアップロードし、AWSのプログラム内から利用できるようになります。

　Amplifyのアプリケーションでも、このS3を利用するためのパッケージが用意されています。必要なモジュールをインポートし利用することで、S3のファイルを操作できるようになります。

C　　　　　　　O　　　　　　　L　　　　　　　U　　　　　　　M　　　　　　　N

S3 = "Simple Storage Service"

Amazon S3 の「S3」というのは「Simple Storage Service」のイニシャルです。AWS で利用できるシンプルなクラウドストレージサービスという意味だったんですね。

S3とバケット

　では、S3というサービスがどのようなものなのか、実際にアクセスをしてみましょう。AmplifyのWebページ（Amplify Studioではなく、Sample-appの設定などが表示されるページ）の画面で、左上にある「サービス」をクリックしてください。AWSに用意されているサービスの一覧リストがプルダウンして現れます。

　この左側のリストから「ストレージ」という項目を選び、右側に現れる一覧から「S3」をクリックして選択します。これでS3のページに移動します。

　あるいは、以下のURLに直接アクセスしてもかまいません。

https://s3.console.aws.amazon.com/

アクセスすると、S3の「バケット」という表示になります。バケットとは、ファイル類を保管しておくためにS3に用意されるコンテナのことです。S3を利用するにはまず専用のコンテナを作成し、それを開いてその中にファイルを保管していきます。

図7-1：「サービス」メニューから「S3」を選択する。

　おそらく、皆さんのS3にはすでに見覚えのないバケットが用意されているのではないでしょうか。これはAmplifyがアプリ開発を行う上で作成するファイルなどを保存するものです。AWSでは自分でバケットを作るだけでなく、AWSを使った開発を行っていく中で、利用するサービスによってS3のバケットが作られ、ファイルが保存されることがあるのです。つまり、気がつかないだけで皆さんはすでにS3を利用していたのですね。

図7-2：S3のサイト。アクセスすると「バケット」という表示になる。

Amplify StudioでStorageを開始する

　では、AmplifyでS3のストレージを利用しましょう。AmplifyからS3を利用する場合は、S3でバケット作成などの作業を行う必要はありません。Amplify Studioでストレージの設定を行うことで、自動的にS3側にバケットを作成してくれます。

　AmplifyアプリケーションでS3ストレージの利用を開始するには2つの方法があります。1つは、ローカルアプリケーション側で「amplify add storage」を実行してStorageカテゴリを追加する、というものです。これはコマンドで簡単に行えますが、利用するバケットに関する細かな設定を入力していく必要があります。

　それよりもっと簡単なのはAmplify Studioでバケットを作成し、それをローカルアプリケーションにプルするという方法です。これはAmplify Studioでマウスを使って簡単に設定を行えるため、より扱いやすいでしょう。今回はこちらの方法でStorageを開始することにします。

Storageでバケットを作成する

Amplify Studioを開き、左側のリストから「Storage」を選択してください。これでストレージ利用のための画面になります。

ここには以下の2つの選択が用意されています。

Create a new S3 bucket	新しいS3バケットを作成する。
Import an existing S3 backet	すでにあるS3バケットを利用する。

デフォルトでは「Create a new S3 bucket」が選択されています。これが選ばれていると、下にファイルのアクセス権に関する設定が表示されます。ここでサインインユーザーと、その他の一般ユーザーが利用できる機能を設定します。

図7-3:「Storage」のCreate a new S3 backetの画面。ここで作成するバケットの設定を行える。

「Import an existing S3 backet」が選択されると、下には現在S3に作成されているバケットの一覧リストが表示されます。その中から使用したいバケットを選択して「Link bucket」ボタンをクリックすれば、そのバケットが設定され使えるようになります。

新しいバケットを作成する

今回は「Create a new S3 bucket」を選択して新しいバケットを作りましょう。画面には「File storage bucket」という表示が現れ、次のような項目が表示されます。これらを設定してください。

図7-4:「Import an existing S3 backet」では使用するバケットを選択する。

Name your bucket

バケット名の指定です。デフォルトで「sample-app-storage-xxxxx」（xxxxxは任意の英数字）といった値が設定されています。そのままでもいいですし、自分でわかりやすい名前を入力してもかまいません。この名前は直接プログラムなどで使用することはないので、デフォルトのままでまったく問題ありません。

Authorization settings

ファイル操作に関する利用許可を設定するものです。サインインユーザーとそれ以外のユーザーに、どのような操作を許可するかを設定します。ここでは以下のようにしておきましょう。

Signed-in users	サインインユーザー。これは、「Upload」「View」「Delete」のすべてをONにしておく。
Guest -users optional	ゲストユーザー（サインインしていない一般ユーザー）。設定する必要はない。今回は「View」だけONにしておいた。

これらを設定したら、下部にある「Create bucket」ボタンをクリックします。これでS3バケットを作成し、Amplify Studioと連携して使えるように設定します。

図7-5：ファイルのアクセス権を設定し、「Create bucket」ボタンをクリックする。

バケット情報が表示される

無事にS3バケットが作成され、Amplify Studioに接続されると、Storageの表示が変わります。バケット作成のためのボタンは消え、「S3 bucket information」という表示が現れます。ここに連携したバケット名と、そのバケットへのリンクが表示されるようになります。

また右側に、バケットとの関連付けを解消する「Unlink S3 storage bucket」というボタンも用意されます。これは、現在設定してるバケットとの接続を切り、もう一度新たにバケットを作成したいときなどに使います。

図7-6：作成されたバケットの情報が表示される。

ローカルアプリケーションにプルする

バケットが用意できたら、これをローカルアプリケーションに反映させましょう。アプリケーションを開いているVisual Studio Codeのターミナルから「amplify pull」コマンドを実行してください。これでAmplifyのバックエンドの情報がローカル環境に出力されます。

問題なく出力されると、最後にアプリケーションのカテゴリが出力されます。そこに「Storage」という項目が新たに追加されているのがわかるでしょう。Amplify StudioでS3バケットに接続したため、Storageカテゴリが自動的に組み込まれたのですね。

これで、アプリケーション内からS3スト
レージを利用できるようになりました。

図7-7:「amplify pull」でStorageをローカルにプルする。

S3バケットを開く

では、接続したバケットを開いてみましょう。「Storage」画面の「S3 backet information」というところ
にある「s3://……」で始まるリンクをクリックしてください。画面にS3バケットを編集するツールが現れます。

上部には、「オブジェクト」「プロパティ」
……といった切替式のボタンリストが表示さ
れています。これらから編集したい項目を選
択すると、その設定画面が下に現れる、とい
うようになっています。

デフォルトでは「オブジェクト」が選択さ
れています。これは、バケットに保存されて
いるファイルの管理を行うものです。

S3のバケットでは、その中に保管される
のは「オブジェクト」と呼ばれています。こ
こにファイルをアップロードしたり、フォル
ダーを作成したりしていくのです。

図7-8:作成したS3バケットの中身。

「public」フォルダーを作る

では、公開されるファイルを配置するフォ
ルダーを用意しましょう。「フォルダの作成」
ボタンをクリックすると、フォルダー名を入
力する画面が現れます。ここで「public」と
名前を記入し、下部の「フォルダの作成」ボ
タンをクリックしてください。なお、「サー
バー側の暗号化」は無効にしておきます。

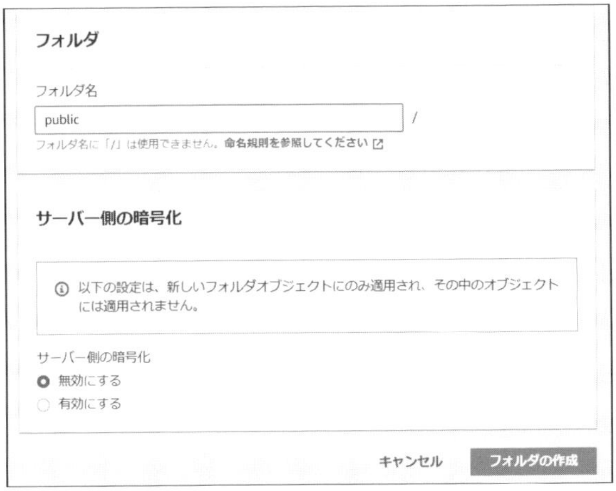

図7-9:フォルダー名に「public」と入力する。

元の「オブジェクト」の表示に戻ると、バケット内に「public」というフォルダーが追加されています。こんな具合に、バケットには必要に応じてフォルダーを用意していけます。

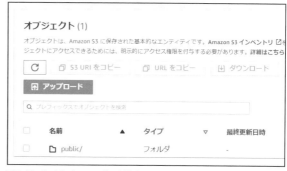

図7-10：「public」フォルダーが作成された。

ファイルを作成する

では、ファイルをアップロードしてみましょう。まず、テキストエディタ（メモ帳など何でもかまいません）を使って簡単なテキストを記述したテキストファイルを用意しましょう。ファイル名は「sample.txt」としておきます。

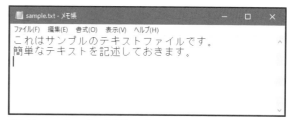

図7-11：sample.txtという名前でテキストファイルを作成する。

ファイルをアップロードする

バケットのページの「オブジェクト」で、先ほど作成した「public」フォルダーをクリックしてください。フォルダーの内部に表示が移動します。

ここで、先ほど作成したsample.txtファイルをこの表示の上にドラッグ＆ドロップすると、ファイルがフォルダーの中にアップロードされます。

図7-12：「アップロード」の画面。

「File browser」を利用する

ここではS3のバケットを開いて直接ファイルを操作しましたが、実をいえば、Amplify StudioでもS3バケットのファイル操作は行えます。

左側のリストから「File browser」という項目を選択してください。「Storage」で連携したS3バケットの内容が表示されます。バケットにはデフォルトで「public」「protected」「private」といったフォルダーが用意され、これらの中にファイルを用意できます。

　基本的な使い方はS3のWebページとほぼ同じですので、どちらでも使いやすいほうを選んで利用すればいいでしょう。

図7-13：File browserでもS3バケットのファイルを管理できる。

Otherコンポーネントを作成する

　では、ストレージを利用しましょう。Chapter 6までに、Appコンポーネントにはかなりの量のコードを書き加えていました。これをさらに拡張するとわけがわからなくなってきそうなので、新しいコンポーネントを用意することにしましょう。「src」フォルダー内に新たに「Other.js」というファイルを作成し、以下のようにコードを記述します。

▼リスト7-1

```
import '@aws-amplify/ui-react/styles.css';
import { Auth, Storage } from 'aws-amplify';
import { withAuthenticator } from '@aws-amplify/ui-react';
import { Header } from './ui-components';
import { useState, useEffect } from 'react';

const func1 = (setContent)=> {
  setContent(<p>OK.</p>);
}

function Other() {
  const [content, setContent] = useState("");
  useEffect(()=> {
    func1(setContent);
  },[]);

  return (
    <div>
      <Header className="my-4"/>
      <p> ※これは、新たに利用した表示です。</p>
      <div className="border border-primary px-3 py-2">
        {content}
      </div>
    </div>
  );
}

export default withAuthenticator(Other);
```

　見ればわかるように、非常に単純なコンポーネントです。contentというステートを用意しておき、func1関数でこれに表示するコンテンツを設定するようにしてあります。これから先、サンプルコードを作るときは、このfunc1関数を修正すればいいわけですね。

index.jsにOtherを組み込む

　作成したOtherコンポーネントをindex.jsに組み込みましょう。index.jsを開き、root.renderでレンダリングしている文を以下のように書き換えます。なお、Otherコンポーネントをインポートするimport文の記述も忘れないでください。

▼リスト7-2

```
// import Other from './Other';

root.render(
  <React.StrictMode>
    <AmplifyProvider>
      <Other />
    </AmplifyProvider>
  </React.StrictMode>
);
```

　これで、http://localhost:3000/にアクセスすると、Otherコンポーネントが表示されるようになりました。

図7-14：アクセスすると、Otherコンポーネントが表示されるようになった。

　では、これを書き換えてストレージの使い方を説明していくことにしましょう。

バケットのファイルを取得する

　S3ストレージにアクセスしてみましょう。S3ストレージへのアクセスには「Storage」というオブジェクトを使います。これはOther.js内に以下のようにしてインポートされていましたね。

```
import { Auth, Storage } from 'aws-amplify';
```

　このStorageにあるメソッドを呼び出してS3ストレージにアクセスをします。
　まずは、ファイルへのアクセスについてです。ファイルの取得は、「get」メソッドを使います。これは以下のように実行します。

▼ファイルの取得

```
Storage.get( ファイルパス , 《設定》)
```

　第1引数にはファイルのパスを指定します。第2引数にはアクセスの際に用意する各種の設定情報をまとめたオブジェクトを用意します。必要なければ省略できます。

これで指定のファイルにアクセスを行いますが、このメソッドは非同期であるため、実行結果はthenを使って処理する必要があります。つまり、このようになるわけです。

```
Storage.get( ファイルパス , 《設定》).then( 引数 => {…後処理…});
```

thenの引数に用意したコールバック関数では、取得したファイルの情報が引数として渡されます。渡される情報は、getでアクセスした際に用意される設定情報により変化します。このあたりは実際に試しながら覚えていくとよいでしょう。

sample.txtを取得する

先ほど「public」フォルダーにアップロードした「sample.txt」を取得してみましょう。Other.jsに作成した「func1」関数を以下のように書き換えてください。

▼リスト7-3
```
const func1 = (setContent)=> {
  const opt = {
    level:'public',
  }
  Storage.get("sample.txt", opt).then(value=>{
    setContent(value);
  });
}
```

これを実行すると、ページの青い枠内にずらっと長いテキストが出力されます。なんだか暗号のようにも見えますが、実はこれは「sample.txt」ファイルにアクセスするためのURLです。アクセスに必要なさまざまな情報をクエリパラメータとして付加しているため、このような長いURLになっているのです。

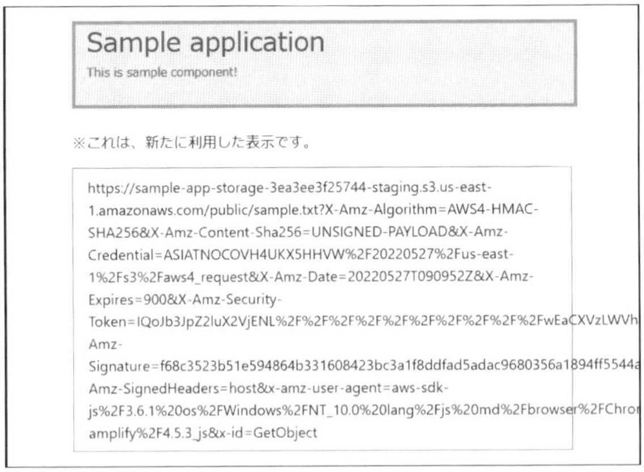

図7-15：sample.txtファイルにアクセスするためのURLが表示される。

試しに、表示されている長いテキストをすべて選択してコピーし、Webブラウザのアドレスバーにペーストしてアクセスしてみましょう。sample.txtのテキストが表示されます（ただし、最初にアクセスしてから一定時間が経過するとアクセスできなくなります）。

図7-16：URLをコピーし、Webブラウザのアドレス欄にペーストしてアクセスすると、sample.txtのテキストが表示される。

アクセスレベルについて

どのようにデータを取得しているのか見てみましょう。ここではまず、設定情報を以下のように用意しています。

```
const opt = {
  level:'public',
}
```

「level」というのはアクセスレベルのことで、どの範囲でアクセスできるようにするかを示すものです。以下の3つの値があります。

S3のアクセスレベル

public	すべてのユーザーが利用可能。
protected	サインインした場合のみ変更可能。
private	サインインした場合のみ読み書き可能。

これらはそれぞれ指定の名前のフォルダーに割り当てられます。先ほど「public」というフォルダーを作成しましたが、このフォルダーの中にあるファイルはpublicレベルで利用できる、というわけです。

Storage.getについて

設定情報が用意できたら以下のようにしてgetを実行し、sample.txtにアクセスをしています。

```
Storage.get("sample.txt", opt).then(value=>{
  setContent(value);
});
```

getの第1引数に"sample.txt"と名前を指定し、第2引数にoptを指定します。これでコールバック関数のvalueには、取得したファイルのURLがテキストで得られます。

イメージを表示する

指定のURLにアクセスしてファイルを利用するのであれば、これで十分ですね。「URLを使うことなんてそんなにないだろう」と思うかもしれませんが、例えばイメージの表示などはこうやってURLを取得し、それをsrcに指定すれば表示することができます。

実際に試してみましょう。まずストレージに接続したS3バケットの「public」フォルダーを開き、その中にイメージファイルをアップロードしてください。今回は「sample.jpg」という名前でファイルを用意しておきます。

図7-17：「public」フォルダー内に「sample.jpg」ファイルをアップロードする。

\<img\>でイメージを表示する

では、アップロードしたsample.jpgを表示する処理を作りましょう。func1関数を以下に書き換えてください。

▼リスト7-4

```
const func1 = (setContent)=> {
  const opt = {
    level:'public',
  }
  Storage.get("sample.jpg", opt).then(value=>{
    setContent(<img width="300px" height="300px" src={value} />);
  });
}
```

アクセスすると、アップロードしたsample.jpgのイメージが300×300の大きさで表示されます。ここでは先ほどと同じようにしてgetでsample.jpgにアクセスし、コールバック関数で取得したURLを\<img\>にsrc＝{value}として設定していますね。これで、取り出したURLを使ってイメージが表示できるようになります。

図7-18：sample.jpgが表示される。

Chapter
7

7.2.

ファイルの基本操作

ファイルのコンテンツを取得する

とりあえず、バケットにあるファイルへアクセスできるようになりました。後は、もっと実用で使う操作について説明していきましょう。まずはファイルの「中身」を取り出す方法です。

イメージのようなものはURLだけでも利用できますが、テキストファイルなどはファイルの中に書かれているコンテンツが重要です。これは、どのようにすればいいのでしょうか？

ファイルの中身をgetで取得するためには、設定情報に「download」という値を用意すればいいのです。つまり、このように値を作成しておきます。

```
{
  level: レベル ,
  download: 真偽値
}
```

downloadをtrueに設定すると、ファイルがダウンロードされるようになります。getのコールバック関数ではURLではなくオブジェクトが渡されるようになり、その中からファイルに関する情報やファイルのコンテンツが取り出せるようになります。

sample.txtのテキストを表示する

ではfunc1関数を修正し、sample.txtのテキストを表示するようにしてみましょう。以下のように書き換えてください。

▼リスト7-5
```
const func1 = (setContent)=> {
  const opt = {
    level:'public',
    download: true
  }
  Storage.get("sample.txt", opt).then(value=>{
    value.Body.text().then(data => {
      const arr = data.split('\n');
      const res = [];
      for(let item of arr) {
        res.push(<li>{item}</li>);
```

```
      }
      setContent(<ul>{res}</ul>);
    });
  });
}
```

　今回はsample.txtのテキストを行単位で分割し、リストにまとめて表示しました。ファイルの内容をいろいろと加工して利用できることがわかるでしょう。

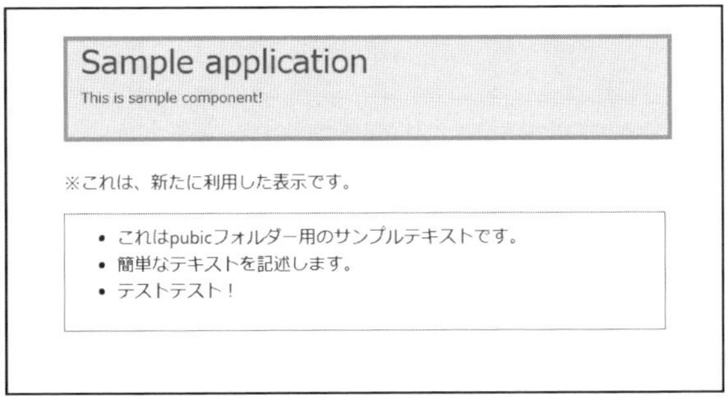

図7-19：sample.txtのテキストを1行ずつリストにして表示する。

テキスト取得の流れ

　処理の流れを見てみましょう。まず、getで利用するための設定情報を用意しておきます。

```
const opt = {
  level:'public',
  download: true
}
```

　levelとdownloadの値を用意しておきます。これを引数に指定してgetメソッドを呼び出します。ここまでは先ほどのサンプルと同じですね。

```
Storage.get("sample.txt", opt).then(value=>{……
```

　問題は、コールバック関数からです。ここで得られるオブジェクトは、ファイルに関する多数の情報がまとめられています。例えばファイルタイプやファイルサイズ、最終更新日などといった情報がすべて保管されています。
　ファイルのコンテンツは、オブジェクトのBodyというプロパティに保管されています。この値もオブジェクトになっており、そこから値を取り出します。テキストの取得は以下のように行っています。

```
value.Body.text().then(data => {……
```

　テキストの取得は、Body内の「text」メソッドを呼び出します。これも非同期メソッドになっており、thenにコールバック関数を用意して取り出したテキストを受け取ります。後は、得られたテキストを使って必要な処理をすればいい、というわけです。

ファイルのアップロード

ファイルの取得ができたら、次はファイルのアップロードです。アップロードは、Storageの「put」というメソッドを使って行います。

▼ファイルのアップロード

```
Storage.put ( ファイルパス , データ ,《設定》)
```

第1引数には、アップロードして保存するファイルのパスをテキストで指定します。第2引数には、ファイルに保存するデータを用意します。テキストファイルなら、ここにテキストを用意すればいいでしょう。そして第3引数に、アクセス時の設定情報をオブジェクトにまとめたものを渡します。

テキストファイルをアップロードする

実際にアップロードを行ってみましょう。今回はメッセージとファイル名を入力すると、その内容でテキストファイルをアップロードしてみます。

まず、入力した値を保管するステートを用意する必要があるので、Other関数を修正しておきましょう。以下のような形に書き換えてください。

▼リスト7-6

```
function Other() {
  const [content, setContent] = useState("");
  const [fname, setFname] = useState("");
  const [msg, setMsg] = useState("");
  useEffect(()=> {
    func1(setContent,fname,setFname,msg,setMsg);
  },[fname, msg]);

  return (…略…);
}
```

returnするJSXは変わりないので省略しました。ここでは、fnameとmsgという2つのステートを追加してあります。そしてfunc1の引数に、これらを読み書きするステートフックの値を渡すようにしてあります。

では、表示コンテンツを作るfunc1関数を作成しましょう。

▼リスト7-7

```
const func1 = (setContent,fname,setFname,msg,setMsg)=> {
  const onFnameChange = (event)=> {
    setFname(event.target.value);
  }
  const onMsgChange = (event)=> {
    setMsg(event.target.value);
  }
  const onClick = (event)=> {
    const opt = {
      level:'protected'
```

```
    }
    const name = fname.indexOf('.') === -1 ? fname + ".txt" : fname;
    Storage.put(name, msg, opt).then(value=> {
      alert(name + " を保存しました。");
    });
  }

  setContent(
    <div>
      <input type="text" className="form-control my-2"
        onChange={onFnameChange} />
      <textarea className="form-control my-2" rows="3"
        onChange={onMsgChange}></textarea>
      <button className="btn btn-primary my-2 text-center"
        onClick={onClick}>Click</button>
    </div>
  );
}
```

今回はファイル名を入力するフィールドと、メッセージを記入するテキストエリアを用意しました。これらに値を入力しボタンをクリックすると、S3ストレージに指定したファイル名でファイルが作成されます。

図7-20：ファイル名とテキストを記入しボタンをクリックすると、S3ストレージにファイルが作成される。

protectedアクセスレベルについて

今回はアクセスレベルを「protected」に設定してあります。S3のバケットを作成する際、Guest usersのアクセス権は「View（表示）」のみにしてありました。publicは、このGuest usersに相当します。このため、ファイルのアップロードはできないのです。

「protected」は、サインインされたユーザーによるアクセスの場合に割り当てられるアクセスレベルです。protectedのアクセスレベルならば、アップロードが可能になります。

protectedでアップロードされたファイルがどこに保存されているか、確認してみましょう。S3バケットの中には「protected」というフォルダーがありますね。これをクリックすると、その中にランダムな英数字の名前のフォルダーが作成されています。これは、アクセスしたユーザーに割り当てられているIDです。protectedではユーザーごとにそのIDのフォルダーが用意され、その中にファイルが保管されます。

　このIDのフォルダーを開くと、その中に
アップロードしたファイルが保存されていま
す。これは「○○.txt」というように、入力し
たファイル名の後に.txt拡張子が付けられる
ようにしています。

　ファイルがアップロードされているのが確
認できたら、ファイルをダウンロードして中
身を見てみましょう。テキストエリアに入力
したテキストが書き込まれているのがわかる
でしょう。

図7-21：バケット内に「protected」フォルダーが作成され、その中にユーザーIDのフォルダーが用意され、そこにアップロードしたファイルが保存されている。

ファイルのアップロード

　今回は、ボタンをクリックした際に呼び出されるonClick関数でファイルのアップロード処理を用意し
ています。まず、アクセス時の設定情報を以下のように用意します。

```
const opt = {
  level:'protected'
}
```

levelにはprotectedを指定します。そして、Storage.putを呼び出して入力された値をアップロードし
ています。

```
const name = fname.indexOf('.') === -1 ? fname + ".txt" : fname;
```

fnameにはファイル名のフィールドの値が入っています。この中にドット（.）が含まれていなければ拡張
子がついていないと判断し、".txt"を付けた値をnameに代入します。そうでなければ、fnameをそのまま
nameに使います。

```
Storage.put(name, msg, opt).then(value=> {
  alert(name + " を保存しました。");
});
```

msgにはテキストエリアのテキストが保管されています。nameとmsgを引数に指定してputすれば、そのファイルがアップロードされます。アップロードが完了すればthenにあるコールバック関数が呼び出され、アラートが表示されるようにしてあります。

動作がわかったら、実際にいくつかファイルをアップロードしてみましょう。

C　　　　O　　　　L　　　　U　　　　M　　　　N

すでにファイルがあった場合は？

ここではファイル名を指定してアップロードをしていますが、もし、すでに同じ名前のファイルが存在していた場合はどうなるのでしょうか？
これはアクセス権にもよりますが、読み書き可能に設定されていた場合、ファイルは上書きされます。前にあったファイルのデータは消えてしまうので注意してください。

ファイルリストの取得

ファイルのダウンロード、アップロードとくれば、残るは「削除」ですね。ただ、ファイルの削除を行う場合、その前に「どんなファイルがあるのか」を調べる必要があるでしょう。そこで削除の前に、フォルダーにあるファイルの一覧を取得する方法について説明しておきましょう。

Storageには、指定したパスにあるファイルのリストを取得する「list」というメソッドがあります。これは以下のように呼び出します。

▼フォルダーにあるファイルのリストを得る

```
Storage.list( フォルダーパス ,《設定》)
```

第1引数に調べるフォルダーのパスをテキストで指定し、第2引数にはアクセスのための設定情報をまとめたオブジェクトを用意します。処理は非同期で実行されるため、結果はthenの引数に用意したコールバック関数で受け取ります。

基本的な使い方は、これまでのgetやputとほとんど同じですね。注意したいのは、コールバック関数の引数に渡される値です。これは、ファイル情報のオブジェクトが配列の形になって渡されます。

1つ1つのファイル情報オブジェクトにはファイルに関する各種の情報がまとめられており、この中から必要な値を取り出して利用します。とりあえず、以下のようなプロパティを知っておけば十分でしょう。

eTag	リソースの識別用に割り当てられる値。内容が変更されるとeTagも更新される。
key	バケットにアップロードされているオブジェクトの名前。ファイル名に相当する。
size	オブジェクトのバイト換算したサイズ。
lastModified	最終更新日。Dateオブジェクトで渡される。

ファイル名を調べたいなら、オブジェクトからkeyの値を取り出し利用すればいいでしょう。また、このlistで得られるのはファイル情報だけであり、ファイルの内容は取り出せません。download: trueを指定しても得ることはできません。内容の取得にはgetを使う必要があります。

「protected」のファイルリストを表示する

では、実際にファイルのリストを取得し利用してみましょう。ここでは「protected」フォルダーのファイルリストを調べてみます。func1関数の内容を以下に書き換えてください。

▼リスト7-8

```
const func1 = (setContent)=> {
  const opt = {
    level:'protected'
  }
  Storage.list("", opt).then(values=> {
    const data = [];
    for(let item of values) {
      data.push(
        <li key={item.eTag} className="list-group-item">
          {item.key} (size: {item.size})</li>
      );
    }
    setContent(
      <div>
        <h5 className="text-center">
          「protected」のファイル </h5>
        <ul className="list-group my-2">
          {data}
        </ul>
      </div>
    );
  });
}
```

アクセスすると、「protected」フォルダー内にあるファイルのリストが表示されます。この場合、「protected」フォルダー内にあるID名のフォルダーのリストではなく、このIDフォルダーの中のファイルのリストが表示されます。

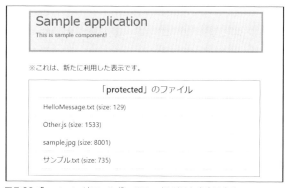

図7-22：「protected」フォルダーのファイルリストを表示する。

リストの取得

S3ストレージからリストを取得している処理を見てみましょう。まず、アクセスのための設定情報を用意します。

```
const opt = {
  level:'protected'
}
```

ここではlevelを'protected'にしてあります。これでS3バケットの「protected」内にあるユーザーID
のフォルダー内にアクセスするようになります。'public'を指定した場合は、「public」フォルダーにアクセ
スします。levelの指定によってアクセスする場所が変わるので注意してください。

```
Storage.list("", opt).then(values=> {……
```

そして、Storageのlistでリストの取得を行います。第1引数には""というように空のテキストを指定して
います。これで指定場所のルート（ここでは「protected」内の指定IDフォルダー）のリストが取得されます。

リストが得られるとコールバック関数が呼び出され、その引数に取得したリスト情報が渡されます。配列
になっていますからforで順にオブジェクトを取り出し、<li>にまとめて配列dataに追加していきます。

```
const data = [];
for(let item of values) {
  data.push(
    <li key={item.eTag} className="list-group-item">
      {item.key} (size: {item.size})</li>
  );
}
```

for(let item of values)でvaluesから順にオブジェクトをitemに取り出していますね。そして{item.
eTag}、{item.key}、{item.size}というようにしてオブジェクトのeTag、key、sizeを取り出し表示して
います。keyがファイル名に相当しますので、これを表示すればファイル名の一覧が作成できます。

ファイルの削除

さぁ、残るはファイルの削除です。削除は、Storageオブジェクトの「remove」というメソッドで行います。
これは以下のように呼び出します。

```
Storage.remove( フォルダーパス ,《設定》)
```

removeも非同期メソッドですので、実行後の処理はthenの引数に用意したコールバック関数で行います。

protectedのファイルを削除する

ファイルの削除を使ってみましょう。func1関数を修正して行います。以下のように書き換えてください。

▼リスト7-9
```
const func1 = (setContent,fname,setFname)=> {
  const onSelChange = (event)=> {
    setFname(event.target.value);
  }
  const onBtnClick = ()=> {
    const opt = {
      level:'protected'
    }
    Storage.remove(fname, opt).then(values=> {
      alert(fname + " を削除しました。");
    });
  }
  const opt = {
```

```
      level:'protected',
      download: true
  }
  Storage.list("", opt).then(values=> {
    const data = [];
    for(let item of values) {
      data.push(
        <option key={item.eTag} value={item.key}>
          {item.key}</option>
      );
    }
    setContent(
      <div>
        <h5 className="text-center">
          「protected」のファイル</h5>
        <select className="form-control my-2"
          onChange={onSelChange}>
          {data}
        </select>
        <button className="btn btn-primary text-center"
          onClick={onBtnClick}>
          Click
        </button>
      </div>
    );
  });
}
```

　アクセスすると、「protected」内の指定ID
のフォルダー内にあるファイルが選択リスト
にまとめられます。ここからファイル名を選
んでボタンをクリックすると、そのファイル
が削除されます。

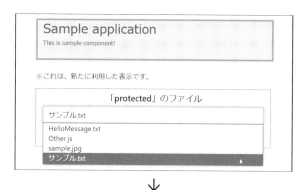

図7-23：選択リストからファイルを選びボタンをクリックすると、そのファ
イルが削除される。

削除処理を整理する

ファイル名を選択リストにまとめる処理は、先に使ったlistによるファイルリストの取得を利用しています。<li>の代わりに<option>を配列にまとめるようにしているだけで、基本的な処理の違いはほとんどありません。

用意した<select>では、onChange属性にonSelChangeという関数を割り当て、ここで選択したファイル名をfnameステートに保存するようにしています。そしてボタンクリックで実行されるonBtnClickでは、アクセスの設定情報を定数にまとめ、それを使ってremoveを実行しています。

```
const opt = {
  level:'protected'
}
Storage.remove(fname, opt).then(values=> {
  alert(fname + " を削除しました。");
});
```

削除が完了したら、alertでメッセージを表示しています。削除するファイル名には、選択リストで選んだfnameステートを指定しておきます。このように、removeを使えば指定した名前（key）のファイルを簡単に削除できます。

S3バケットの設定情報

これでS3バケットのファイルの基本的な操作は一通りできるようになりました。Storageにあるget, put, removeといった基本メソッドを覚えるだけなので、操作は簡単ですね。

最後に、アクセスするS3バケットの情報はどこで設定されているのか触れておきましょう。これは「src」フォルダー内にある「aws-exports.js」ファイルに追記されています。アプリケーションに「Storage」カテゴリが追加されると、aws-exports.jsに以下のような情報が追加されます。

```
"aws_user_files_s3_bucket": "バケット名",
"aws_user_files_s3_bucket_region": "リージョン名"
```

Amplifyアプリケーションはこれらの情報を元にS3バケットにアクセスをします。これらが書き換えられていたりすると正しくバケットにアクセスできないので注意してください。

amplify/backend/storageの設定情報

では、aws-exports.jsにあるaws_user_files_s3_bucketの値を書き換えたら別のバケットにアクセスできるのか？

これはYESでもあるし、NOでもあります。このバケット名を書き換えれば、別のバケットにアクセスするようにできます。ただし、実際にそのバケットにアクセスするためには、そのバケットへのアクセスに関する設定情報が用意されていなければいけません。

アプリケーションの「amplify」フォルダーの中にある「backend」というフォルダーには、バックエンドに関する情報が保管されています。この中の「storage」というところにStorageカテゴリの利用に関する設定が用意されています。

　この「storage」フォルダーの中には、さらにバケット名のフォルダーが用意されています。その中に、指定のバケットを利用する際の設定がまとめられています。つまり、aws-exports.jsのaws_user_files_s3_bucketで使用するバケット名を書き換えても、この「storage」フォルダーに指定したバケット名の設定情報が用意されていなければ、正常にアクセスすることはできないのです。

バケット変更はAmplify Studio側で

　このaws-exports.jsや、/amplify/backend/storageのファイル類は、Ampliryによって自動生成されます。したがって、別のバケットを使いたければ、これらのファイルを手作業で書き換えるのではなく、Amplify Studioでバケットを変更し、その結果をローカルアプリケーションにプルして必要ファイルを更新させるのがよいでしょう。

　Amplify Studioの「Storage」では、S3 bucket informationという表示に「Unlink S3 storage bucket」というボタンが用意されています。これをクリックすると現在のストレージとの接続が切られ、再びバケットの作成や既存バケットのリンクが行えるようになります。これらで新しいバケットに接続し直してからamplify pullでローカルアプリケーションにプルすれば、変更した新しいバケットにアクセスするための設定情報が自動的に作成されます。

　バケットの変更は「Amplify Studioで行い、その変更をローカルアプリにプルする」という形で行うようにしましょう。

Chapter
7

7.3.
Lambda関数の利用

FunctionとLambda

　Amplifyアプリケーションはフロントエンドとバックエンドを一体開発できますが、このアプリケーションではこれまで多くの開発者が当たり前のように行ってきたコーディングができません。それは「バックエンドでコードを実行する」ということです。

　これまでのWebアプリケーションでは、クライアントからサーバーに問い合わせが送られると、サーバー側でデータベースにアクセスするなどの必要な処理を行い、その結果を返送していました。「データベースアクセスなどの複雑な処理はサーバー側で行う」というのが当たり前でした。

　ところがAmplifyアプリケーションでは、バックエンドはあらかじめ設定された機能を提供するだけの非常にシンプルなものになっています。データベースアクセスも認証もファイルアクセスも、すべてフロントエンドで行います。これは慣れてしまえば非常に快適なものですが、「バックエンドで何の処理も実行できない」ということに不安を覚える人も多いでしょう。

　例えば、アクセスした際にバックエンドで何らかの処理を行わせたいこともあるでしょうし、一定時間ごとに何らかの処理を実行したい（例えば、毎日決まった時間になにかの処理を実行したい）というようなこともあるはずです。こうしたバックエンド側で行いたい処理が一切作れない、というのは困ることもあるでしょう。このようなときAmplifyはどうするのか？　それは、AWSの「Lambda」を使って行うのです。

Lambdaはバックエンドで動く「関数」

　Lambdaはバックエンドに設置できる「関数」です。Lambdaはバックエンド側に処理を配置し、何らかのイベントによってそれを呼び出し実行することができます。

　例えば、Amplifyのアプリケーションから呼び出すようなこともできるため、バックエンド側にLambdaを使った処理を用意し、それをアプリケーションから呼び出して利用することもできます。Lambdaを使うことで、AWSのクラウド側でさまざまな処理が実行できるようになるのです。Amplifyが苦手だった「バックエンド側の処理」をこれで補完できます。

Functionを利用する

　では、Lambdaの機能を使ってみましょう。Amplify Studioには「Function」という項目が用意されており、これがLambda関連の機能をまとめておくところなのですが、2022年7月現在、まだここには機能といえるものは用意されていません。ただ、AmplifyでFunctionカテゴリを追加する手順の説明が掲載されているだけです。

おそらく今後Amplify Studioの機能強化が進めば、StorageのようにここからLambdaの関数を作成しローカルアプリケーションにプルできるような仕組みが提供されるのでしょうが、現時点ではそうした機能はまだ用意されていないようです。

実際にLambdaで関数を作成すると、作った関数のリンクがこのページに表示され、そこからLambdaのページを開くことができます。「Amplify Studioでは関数のリンクのみ表示し、実際の作業はLambdaで行う」というわけです。

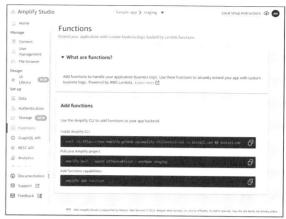

図7-24：Amplify Studioの「Function」。現状ではFunctionカテゴリを利用する説明が表示されるだけだ。

Functionカテゴリの追加

したがってLambdaの利用には、ローカルアプリケーション側で「Function」カテゴリを追加し、それをバックエンドにプッシュして使えるようにします。

では、Visual Studio Codeのターミナルから以下のコマンドを実行してください。そして、以下の手順に従って作業を進めていきましょう。

```
amplify add function
```

1. Select which capability you want to add:

Functionに追加する機能を選択します。ここでは「Lambda Function」と「Lambda Layer」の2つが用意されています。Lambda Functionが関数で、Lambda Layerは複数のLambda関数で機能を共有するためのレイヤーです。上下矢印キーで「Lambda Function」を選択し、Enterで確定します。

図7-25：追加する機能を選ぶ。ここでは「Lambda Function」を選択する。

2. Provide an AWS Lambda function name:

作成する関数名を入力します。デフォルトで「Sampleappxxxx」というように、アプリ名の後にランダムなテキストが付けられた名前が設定されています。これはそのままEnterすればいいでしょう。もちろん、自分でわかりやすい名前を入力してもかまいません。

入力した名前は、どこかに保管しておきましょう。後でLambdaのページで関数を探す際に必要となります。

図7-26：作成する関数名を入力する。

3. Choose the runtime that you want to use:

使用するランタイムを選択します。どの言語で関数を書くかを決めるもの、と考えてください。ここでは「NodeJS」を選択して Enter します。

図7-27：使用するランタイムを選ぶ。

4. Choose the function template that you want to use:

使用するテンプレートを選択します。デフォルトでは「Hello World」が選択されているでしょう。そのまま Enter キーで確定してください。

図7-28：テンプレートを選択する。

5. Do you want to configure advanced settings?

作成する関数の詳細設定を行うかを選びます。今回は「y」を入力し、Enter して詳細設定を行います。

図7-29：詳細設定を行うか指定する。

6. Do you want to access other resources in this project from your Lambda function?

Lambda関数内からプロジェクトのリソースにアクセスできるようにするかを指定します。これは「y」を入力します。

図7-30：関数からプロジェクトのリソースにアクセスできるかを指定する。

7. Select the categories you want this function to have access to.

　関数内からアクセスできるようにするカテゴリを選択します。上下キーを移動して「api」を選びスペースバーを押すと、（＊）というようにカッコ内に＊が表示されます。そのまま [Enter] キーを押してください。これでAPIのリソース（つまりデータベース）に関数内からアクセスできるようになります。

図7-31：apiにアクセスできるようにする。

8. Select the operations you want to permit on Sampleapp

　Sampleappに許可する操作を指定します。ここでは「Query」と「Mutation」に＊を表示して [Enter] します。

図7-32：QueryとMutationをONにする。

9. Storage has 3 resources in this project.Select the one you would like your Lambda to access.

　利用可能な3つのリソースが表示されます。これらについてLambdaから利用可能にするものを選びます。1つ目の「s3sampleappstoragexxxx」（xxxxは任意のテキスト）といった名前のものは、S3ストレージです。その下にあるPersonとBoardは、DynamoDBから見つかったデータベーステーブルです。今回はすべて＊マークを付けて [Enter] しましょう。

図7-33：利用するリソースをチェックする。

10. select the operation you want to permit on ～ .

　選択した3つのリソースについて、それぞれアクセス権の設定を行います。「create」「read」「udpate」「delete」の4つについて、どれを許可するのかを指定していきます。今回はデータの取得だけ行うので、「read」だけ＊を付けておけばいいでしょう。ただし、学習した後でもっといろいろ試してみたい、という人はすべて＊を付けておくといいでしょう。

　選択したリソースすべてについて、同じように してアクセス権を設定してください。

図7-34：リソースのアクセス権を設定する。

11. その他の設定項目

　リソースのアクセス権を設定したら、その後にいくつか質問が表示されます。すべてYes/Noのいずれかを選ぶものなので、それぞれ以下のように入力していきます。これらはすべてデフォルトで選択されているものなので何も入力せず、すべて Enter すれば問題なく設定できます。

```
Do you want to invoke this function on a recurring schedule? No
Do you want to enable Lambda layers for this function? No
Do you want to configure environment variables for this function? No
Do you want to configure secret values this function can access? No
Do you want to edit the local lambda function now? Yes
```

図7-35：その他の設定項目について順に入力していく。

バックエンドにプッシュする

　amplify add functionの作業が完了したら、ローカルアプリケーションをAWSのバックエンドにプッシュします。Visual Studio Codeのターミナルから以下のコマンドを実行してください。

```
amplify push
```

　しばらく待っているとカテゴリの一覧が表示され、それから「Are you sure you want to continue?」と表示されます。「y」を入力し Enter すると、ローカルアプリケーションの更新内容をバックエンドにプッシュします。

　この作業が完了すると、AWSのLambda に関数が作成されます。

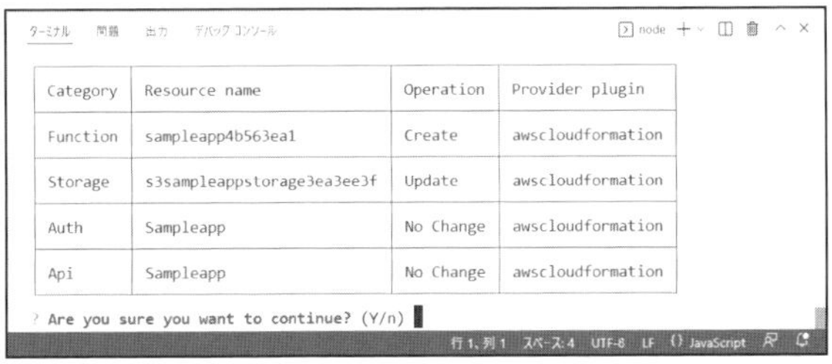

Category	Resource name	Operation	Provider plugin
Function	sampleapp4b563ea1	Create	awscloudformation
Storage	s3sampleappstorage3ea3ee3f	Update	awscloudformation
Auth	Sampleapp	No Change	awscloudformation
Api	Sampleapp	No Change	awscloudformation

? Are you sure you want to continue? (Y/n)

図7-36：amplify pushでカテゴリの一覧が表示されたら「y」を入力し enter する。

Lambda関数のファイル類について

すべて入力したら、[Enter]キーを押すとLambda関数用のファイル類が作成されます。アプリケーションフォルダー内の「Amplify」フォルダーの中にある「backend」フォルダー内に「function」というフォルダーが作成され、その中に「sampleappxxxx」（xxxxは任意のテキスト）といった名前のフォルダーが作成されます。これが、Lambdaのファイル類がまとめられているフォルダーです。

このフォルダーの中には以下のようなファイル／フォルダーが用意されています。

▼Lambda用フォルダーの内容

```
「dist」フォルダー
「src」フォルダー
  event.json
  index.js
  package-lock.json
  package.json
custom-policies.json
parameters.json
sampleappxxxx-cloudformation-template.json
```

「dist」はビルドされたプログラムがZip圧縮されて保管されます。これがAWSのバックエンドにアップロードされ、Lambda関数として使われます。

その他のものは、「src」内にあるJavaScriptのコードとパッケージ設定のファイル、そして設定情報を記述したJSONファイル類になります。「src」内にpackage.jsonがあることから想像がつくように、Lambdaのプログラムは実はNode.jsのコードです。AWSのクラウド内でNode.jsのランタイムを使ってプログラムを実行しているのです。

Lambda関数の開発は、ここに用意されたソースコードファイルを編集し、Amplifyにプッシュすることで行えます。また次に説明しますが、AWSのLambdaサービスで直接コードを編集して開発することもできます。

図7-37：Lambdaのフォルダー内に作成されているファイル類。

AWS Lambdaにアクセスする

AWSに作成されたLambda関数がどのようなものでどう使うのか、Lambdaにアクセスして確かめましょう。AWSのサイト画面で上部にある「サービス」をクリックし、「コンピューティング」という項目を選ぶと右側に「Lambda」が表示されます。これをクリックしてください。Lambdaのページに移動します。

図7-38：「サービス」メニューの「コンピューティング」から「Lambda」を選択する。

Lambdaの関数ページ

Lambdaサービスのページにアクセスすると、その中の「関数」という項目が選択され表示されます。これは、Lambdaに作成されている関数を一覧表示するページです。

ページが表示されると、意外なことにすでにいくつもの関数が作成され表示されているのではないでしょうか。これらは、Amplifyを利用している際にAmplify自身によって作成されている関数です。Amplifyでは、バックエンドで実行されるさまざまな処理について、そのためのLambda関数を作成し利用しているのです。

この関数リストの中の一番新しい項目に、先ほど作成された関数があります。リストにある「最終更新日」の列名をクリックしてソートし直すと見つかるでしょう。あるいは、作成した関数名を保存してあるなら、それを検索フィールドに入力すればすぐに見つかります。

図7-39：関数名の一覧が表示される。

関数の概要

では、リストから見つかった関数名のリンクをクリックし開いてください。作成した関数のページが表示されます。

上部に、「関数の概要」という表示があります。ここで関数と「トリガー」や「送信先」といったものがまとめられます。トリガーは関数を呼び出すためのもので、送信先は実行した結果をSNSなどに送るのに使うものです。これらは初期状態では、まだ何も用意されていません。

図7-40：「関数の概要」に関数やトリガー、送信先などの情報がまとめられている。

「コード」タブ

その下には、「コード」「テスト」「モニタリング」……といったタブが並んでいます。デフォルトでは、その中の「コード」が選択されており、その下に「コードソース」という表示が用意され、Lambdaのプログラムが表示されています。この部分はエディタになっており、その場でコードを編集しプログラミングすることができます。

図7-41：「コード」タブではLambda関数のコードが表示され編集できる。

コードのプロパティ／ランタイム／レイヤー

その下には、「コードのプロパティ」「ランタイム」「レイヤー」といった表示が並びます。これらはLambdaのプログラムに関する各種の設定情報と考えてください。「ランタイム」では、使用するランタイム（Node.js）のバージョンなどを設定できます。また、「レイヤー」ではLambdaレイヤーと呼ばれるものを使ってライブラリやビジネスロジックなどを共有することができます。

これらは、今すぐ必要となるものではないので、「そんなものがある」ぐらいに考えておいていいでしょう。

図7-42：その他の設定項目が並ぶ。

Lambdaのソースコードについて

作成されたLambda関数のプログラムがどうなっているのか見てみましょう。「コード」タブの下にある「コードソース」というところには、このLambda関数に用意されているファイル類の一覧が表示されており、その中の「index.js」ファイルが開かれてその内容が表示されています。このソースコードが表示されているエリアには「File」「Edit」といったメニューも用意されており、これらを使えば基本的な編集機能を持ったテキストエディタとして使えるようになっていることがわかるでしょう。

「コードソース」欄の左側に見えるファイルの一覧には、「event.json」「index.js」「package-lock.json」「package.json」といったファイルが表示されています。これらは、ローカルアプリケーションのLambdaフォルダーにある「src」フォルダー内のファイルと同じであることに気づいたことでしょう。この「src」フォルダーのファイルがLambdaにアップロードされ、この「コードソース」欄で編集できるようになっていたのです。

index.jsのソースコード

「コードソース」でソースコードを見てみましょう。ここにあるファイルのうち、JavaScriptのソースコードは「index.js」だけです。これがLambdaのメインプログラムと言っていいでしょう。

これを開くと、以下のようなコードが記述されています。

▼リスト7-10
```
/* Amplify Params - DO NOT EDIT
  API_SAMPLEAPP_BOARDTABLE_ARN
  API_SAMPLEAPP_BOARDTABLE_NAME
  API_SAMPLEAPP_GRAPHQLAPIENDPOINTOUTPUT
  API_SAMPLEAPP_GRAPHQLAPIIDOUTPUT
  API_SAMPLEAPP_GRAPHQLAPIKEYOUTPUT
  API_SAMPLEAPP_PERSONTABLE_ARN
  API_SAMPLEAPP_PERSONTABLE_NAME
  ENV
  REGION
  STORAGE_S3SAMPLEAPPSTORAGE3EA3EE3F_BUCKETNAME
Amplify Params - DO NOT EDIT */

/**
 * @type {import('@types/aws-lambda').APIGatewayProxyHandler}
 */
exports.handler = async (event) => {
    console.log(`EVENT: ${JSON.stringify(event)}`);
    return {
        statusCode: 200,
    //  Uncomment below to enable CORS requests
    //  headers: {
    //      "Access-Control-Allow-Origin": "*",
    //      "Access-Control-Allow-Headers": "*"
    //  },
        body: JSON.stringify('Hello from Lambda!'),
    };
};
```

冒頭には「Amplify Params - DO NOT EDIT」と表示されたコメント文がありますが、この部分は絶対に削除しないでください。

その後にある@type {import('@types/aws-lambda').APIGatewayProxyHandler}と書かれたコメントも、削除してはいけません。これはLambdaでNode.jsのランタイムを使う際に必要となるAWSの各種情報を定義するもので、Node.jsからAWSの機能を利用する際に必要となります。

これらのコメント文以降が実際のコードになります。

index.jsのデフォルトコード

では、ここではどのような処理が書かれているのでしょうか？ これは以下のような関数のかたちになっています。

```
exports.handler = async (event) => {……内容……}
```

exports.handlerというものに非同期のアロー関数を設定しています。これがLambda関数の中身です。この関数に必要な処理を実装していけば、Lambda関数は作成できるのです。

ここではまず、引数に渡されるeventの内容をコンソールに出力しています。

```
console.log(`EVENT: ${JSON.stringify(event)}`);
```

これで、どういうイベントによりこの関数が呼び出されたのかがわかります。

実際に実行しているのは、単純なreturn文です。以下のように記述されていますね。

```
return {
    statusCode: 200,
    body: JSON.stringify('Hello from Lambda!'),
};
```

オブジェクトが値として用意されており、そこにstatusCodeとbodyという値が用意されています。statusCodeはHTTPアクセスでの実行状況を示すコードで、200は正常にアクセスできたことを示す値です。bodyにあるのがこの関数の呼び出し元に送られる値で、ここでは"Hello from Lambda!"というテキストを設定しています。つまり、テキストを出力するサンプルだったんですね。

returnでは、オブジェクトをそのまま返すことができます。このようにLambda関数は、何らかの処理を実行して結果をオブジェクトとして返すものだ、と考えるとよいでしょう。

テストで実行する

AWSのクラウド内に作成されているLambda関数は、その場で実際に動かして動作を確認することができます。

「コードソース」でソースコードが表示されている領域の上にあるタブから、「テスト」をクリックして選択してください。その下（これまで「コードソース」のエディタが表示されていたところ）に「テストイベント」という表示が現れます。

Lambda関数はAWS内に設置された関数で、それを実際に利用する際は何らかのイベントによって関数を呼び出します。この「テストイベント」は、実際にイベントを発信することでLambda関数を実行するものです。ここではイベント発信のため次のような設定項目が用意されています。

イベントアクションをテスト

「新しいイベントを作成」「保存されたイベントを編集」の2つの切り替えラジオボタンが用意されています。これは実行するイベントを選択するためのものです。テスト用のイベントは、あらかじめ作成しておくことができます。ここでは新たにイベントを作って発信するのか、すでにあるものを利用するかを指定します。ただし、現時点では保存されたイベントはありませんから、「新しいイベントを作成」しか選べません。

イベント名

イベントの名前を入力します。イベントを保存する場合、イベント名は必須項目ですので適当に名前を入力しておく必要があります。ただ、その場でテストとして実行するだけなら空のままで問題ありません。

イベント共有の設定

イベントを単独で実行する場合は、「プライベート」を選んでおきます（デフォルトでは、これが選択されています）。「共有可能」は、同じアカウント内の別のサービスやプログラムなどから利用できるようにするためのものです。ここでは「プライベート」のままでいいでしょう。

テンプレートオプション

イベントのさまざまなテンプレートが用意されています。この後に出てきますが、イベントというのはJSONフォーマットのテキストとして送信されます。ここから主なイベントを選択すると、そのJSONフォーマットのコードが下に書き出され、使えるようになります。デフォルトでは「Hello World」というテンプレートが選ばれています。これもそのままでいいでしょう。

イベントJSON

送信されるイベント情報です。これはJSONフォーマットのテキストになっています。この部分は簡易テキストエディタになっており、その場で内容を編集することができます。デフォルトの状態（「Hello World」テンプレートが設定されている状態）では、以下のような内容が表示されています。

▼リスト7-11

```
{
    "key1": "value1",
    "key2": "value2",
    "key3": "value3"
}
```

図7-43：「テスト」タブではテストイベントを発行する。

非常に単純ですね。ダミーとして3つの値が用意されています。これらの値は特に意味があるわけではなく、「イベントからいくつかの値をLambda関数に送るサンプル」と考えればいいでしょう。とりあえずこのままにしておいて問題ありません。

テストイベントを送信する

　では、テストを実行してみましょう。「テストイベント」の右上にある「テスト」ボタンをクリックしてください。設定された内容でイベントが発信され、Lambda関数が実行されます。

　実行し終えると、「テストイベント」の上に実行結果が表示されます。「実行結果：成功」と表示されれば、正常に関数が実行できています。

図7-44：「テスト」ボタンをクリックし、テストを実行すると結果が表示される。

実行された関数の結果

　正常に実行されたなら、「実行結果」のところにある「詳細」をクリックしてください。表示が展開され、実行結果に関する詳しい情報が表示されます。そこに以下のようなJSONフォーマットのテキストが表示されています。

▼リスト7-12

```
{
    "statusCode": 200,
    "body": "\"Hello from Lambda!\""
}
```

　これが実行結果です。statusCodeには、実行状況を示すコード番号が送られます。これはWebのアクセス時に使われるHTTPのステータスコード番号で、200は正常に動作が完了したことを示します。そしてbodyが、実際に送られてくる情報です。

　ここでは、"Hello from Lambda!"というテキストが渡されています。Lambda関数でreturnしたテキストが、このbodyに収められ出力されているのですね。こんな具合にしてLambda関数は実行結果を、JSONフォーマットのテキストにまとめて返送するようになっているのです。

図7-45：「詳細」をクリックすると、実行結果の情報が詳しく表示される。

API Gatewayを利用する

　では、作成したLambda関数をAmplifyアプリケーション内からアクセスし利用するにはどうすればいいのでしょうか？

　Lambda関数は、先に述べたようにAWS内で発信されるイベントを受けて実行されます。したがって、Amplifyのアプリケーションなどのように外部から利用するためには、「外部からアクセスするとLambda関数にイベントを発信する」という仕組みが用意されている必要があります。

　この機能を提供するのが、「API Gateway」と呼ばれるものです。これはLambda関数と特定URLの間の橋渡しをするものです。特定のURLにアクセスすると、Lambda関数を呼び出すイベントが発生し実行されるようになっています。そして、実行結果をURLにアクセスしたクライアントに返送するのです。外部からアクセスするクライアントとLambda関数の間の橋渡しをする、それがAPI Gatewayの役目です。

API Gatewayを追加する

　API Gatewayを追加しましょう。Lambda関数のページを開き、「関数の概要」というところにある「トリガーを追加」というボタンをクリックしてください。

図7-46：「トリガーを追加」ボタンをクリックする。

　「トリガーを追加」という画面が現れます。ここで「トリガーの設定」というところにある選択リストをクリックし、現れたトリガーの一覧メニューから「API Gateway」という項目を選択します。

図7-47：「トリガーを追加」で「API Gateway」を選ぶ。

　下にAPI Gatewayの設定が表示されます。これらを順に設定していきます。以下のように項目を用意してください。

API	プルダウンメニューから「APIを作成する」を選ぶ。
APIタイプ	「REST API」を選択する。
セキュリティ	プルダウンメニューから「オープン」を選択する。

ここではオープン（公開されている）な
REST APIを作成し、公開されたURLにア
クセスするとLambda関数が実行されるよ
うにします。これらを設定したら「追加」ボ
タンをクリックすると、API Gatewayが追
加されます。

図7-48：REST APIを新たに作成する。

追加されたAPI Gateway

API Gatewayが追加されると、Lambda
関数のページに戻ります。「関数の概要」のと
ころに、追加した「API Gateway」という項
目が追加されているのがわかります。

図7-49：「API Gateway」が追加されている。

　追加された「API Gateway」という項目をクリックしてください。すると、API Gatewayの詳細設定が
表示されます。

　ここでは作成されたAPIに関する詳しい情
報が表示されますが、この中で覚えておきた
いのが、「APIエンドポイント」という項目で
す。ここには長いURLのリンクが表示されて
いるでしょう。これがAPI Gatewayのエン
ドポイントになります。すなわち、このURL
にアクセスするとAPI Gatewayが実行され、
Lambda関数が呼び出されて実行結果が表示
されるようになるのです。

図7-50：API Gatewayの詳細情報。「APIエンドポイント」のリンクが公開
URLになる。

APIエンドポイントのリンクをクリックして開いてみましょう。すると、"Hello from Lambda!" というテキストが表示されます。URLからLambda関数が呼び出され、その結果が表示されるのが確認できました。

図7-51：APIエンドポイントにアクセスすると、Lambda関数の戻り値が表示される。

Amplifyアプリケーションから Lambda関数を呼び出す

これでようやくLambda関数を外部から呼び出す準備が整いました。Amplifyのアプリケーションからアクセスしてみましょう。

ローカルアプリケーションのApp.jsを開いてください。先にS3を利用した際に、func1関数を書き換えることでページの表示と処理を変更できるようにしてありましたね。では、func1を修正しましょう。

▼リスト7-13

```
const api_url = "…API Gateway の URL…";

const func1 = (setContent,fname,setFname,msg,setMsg)=> {
  fetch(api_url)
    .then(resp=>resp.json())
    .then(result=>{
      setMsg(result)
    setContent(
      <div>
        <h5 className="text-center">
          [Lambda result]</h5>
        <ul className="list-group my-2">
          {msg}
        </ul>
      </div>
    );
  });
}
```

ここでは、JavaScriptの「fetch」関数を使ってアクセスを行っています。以下のような形で指定したURLにアクセスします。

```
fetch(《UR》)
  .then(resp=>resp.json())
  .then(result=>{…処理…});
```

引数にURLを指定して呼び出します。fetchは非同期関数なので、thenのコールバック関数でデータ取得後の処理を実行します。このコールバック関数の引数で受け取る値は、サーバーからのレスポンスを管理するオブジェクトです。ここから、取得したデータをさらに取り出します。

ここではJSONフォーマットの形でデータが返信されるので、引数オブジェクトの「json」メソッドを呼び出してJSONデータをオブジェクトに変換する形で取り出します。これも非同期関数なのでさらにthenを付け、引数にコールバック関数を用意します。このコールバック関数の引数として得られるのが、サーバーから送られてきたコンテンツになります。

fetchの後にthenが2つ続いて呼び出されるのでちょっとわかりにくいのですが、fetchによるAJAXアクセスのもっとも基本的な形ですので、ぜひ覚えておいてください。

C　O　L　U　M　N

開発はWebでもローカルでもできる

ここではWebブラウザからLambdaのページを開き、直接コードを編集していますが、Lambda関数はもちろんローカル環境で開発することもできます。ローカルアプリケーション内に作成されたLambda関数のフォルダーから「src」フォルダー内にあるソースコードを編集し、「amplify push」コマンドでプッシュしてください。これでAWS側のLambda関数のコードが更新されます。

外部からのアクセスはエラーになる

コードを記述して実際にアプリケーションにアクセスし、表示を確認してみましょう。すると……なぜか、何も表示されません。

ChromeやEdgeを利用している人は、デベロッパーツールを開いてコンソールの出力を確認してみましょう。すると、「CORSポリシー」というものによりアクセスに失敗していることがわかるでしょう。

CORSとは「オリジン間リソース共有（Cross-Origin Resource Sharing）」というもので、Webアプリケーションに異なるオリジンからのアクセス権を付与するものです。というと、何だかよくわからないでしょうが、要するに「外部からのアクセスを許可するための仕組み」と考えてください。

JavaScriptには指定したURLにアクセスするための機能がありますが、さまざまな理由から「同じドメイン内のリソース」にのみ限定してアクセスできるようになっています。別のドメインのサイトにAJAXを使ってアクセスしてもデータを取得できないのです。

しかし、それでは不便だということで、データを取得するサイトで「このドメインからのアクセスは許可します」という設定情報を用意してやれば、指定したところからアクセスできるようにする仕組みを用意しました。これがCORSです。

Lambdaへのアクセスを行う場合、Lambda側にこのCORSの設定情報を用意してやる必要があるのです。これを行っていないと、外部からLambda関数を呼び出せないのです。

図7-52：実行すると、API Gatewayへのアクセスに失敗しエラーになる。

LambdaにCORSの設定を追記する

では、Lambda関数を修正しましょう。WebブラウザでLambda関数のページを開いて「コード」タブをクリックしてソースコードエディタを開き、index.jsにあったexports.handlerの代入文（exports.handler = async (event) => {……};の部分）を以下のように書き換えてください。

▼リスト7-14

```
exports.handler = async (event) => {
    console.log(`EVENT: ${JSON.stringify(event)}`);
    return {
        statusCode: 200,
         headers: {
            "Access-Control-Allow-Origin": "*",
            "Access-Control-Allow-Headers": "*"
        },
         body: JSON.stringify('Hello from Lambda! これは、Lambdaで作ったFunctionです。'),
    };
};
```

修正したら、エディタ上部にある「Deploy」ボタンをクリックしてください。これで修正内容が反映されます。

ここでは、returnするオブジェクトに「headers」という値を追加しています。これはヘッダー情報をまとめるためのもので、以下の項目を用意してあります。

Access-Control-Allow-Origin	リクエストの許可されたオリジン（発信元）を設定する。
Access-Control-Allow-Headers	利用が許可されるヘッダーの項目を設定する。

ここでは、いずれも"*"という値を指定しています。*記号はワイルドカードで、「すべて許可」を示します。これで、どこからでもアクセスが行えるようになります。

修正しデプロイしたら、ローカルアプリケーションを開いて再度アクセスを行ってみましょう。今度はLambda関数から返されたテキストが表示されるようになります。アプリケーション内から無事にLambda関数にアクセスできました！

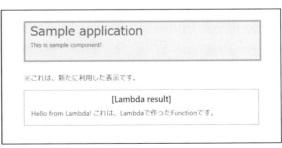

図7-53：Lambda関数にCORSの設定を追記するとアクセスできるようになった。

Chapter
7

7.4.
LambdaからAWSの機能を使う

DynamoDBを利用する

　Lambda関数利用の基本がわかったところで、Lamda関数の処理についてもう少し掘り下げていきましょう。Lambda関数はAWSの機能ですから、その他のAWSの機能を利用することもできます。先ほど、amplify add functionでFunctionカテゴリを追加した際、apiとstorageにアクセスできるようにしてありました。これにより、Lambda関数内からデータベースとストレージを利用できるようになっています。これらの使い方について簡単に説明しましょう。

　まずはデータベースからです。Amplifyアプリケーション内からデータベースを利用する際にはDataStoreやAPIといったオブジェクトを利用していました。これらは大変便利なものでしたが、実はLambdaでは使えません。なぜなら、これらはAmplifyに用意されている機能だからです。

　LambdaはAmplifyの機能ではなく、独立して提供されているサービスです。このため、Lambda関数のコードではAmplifyのモジュールは利用できないのです。DataStoreなどは使わず、AWSに用意されているデータベースの機能を直接使ってアクセスすることになります。Amplifyで作成されたデータベースのデータは、AWSの内部では「DynamoDB」というデータベースに保存されています。AWSが提供するDynamoDBのためのモジュールを利用することで、直接DynamoDBからデータを取得できるのです。

DynamoDBにアクセスする

　では、DynamoDBサービスにアクセスをしましょう。Amplifyのページ（Amplify Studioではありません）から上部にある「サービス」をクリックし、サービスの種類から「データベース」を選択、右側にある「DynamoDB」をクリックします。

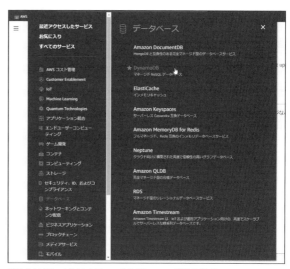

図7-54：「サービス」メニューから「DynamoDB」を選ぶ。

　DynamoDBのページが開かれ、「ダッシュボード」という画面が現れます。これはデータベースの情報を1ページにまとめたものです。アクセス状況などの情報が得られます。

　今回は、特にこのページは使わないので、左側に並んでいるリストから「テーブル」をクリックして選択してください。これでテーブルの一覧リストが表示されます。

　今回作成しているアプリケーションではBoardとPersonというモデルを作成し、利用していました。このテーブルの一覧から「Board-xxxx」「Person-xxxx」（xxxxは任意のテキスト）といった名前のテーブルを探してください。それらが、作成したBoardとPersonのテーブルになります。このテーブル名は、後でコードを書く際に必要となります。どこかに保存しておきましょう。

図7-55：「テーブル」ではテーブルの一覧リストが表示される。

テーブルの詳細情報

　では、「Board-xxxx」という名前のテーブルをクリックして開いてみましょう。テーブルの詳細情報のページが現れます。ここで作成されたテーブルの情報が得られます。例えば「項目の概要」というところを見れば、現在の項目数（保存されているデータの数）がわかります。

図7-56：テーブルの詳細情報ページ。

　ここから、「テーブルアイテムの探索」というボタンをクリックしてください。このテーブルのアイテムが一覧表示されます。ここで、どのようなデータが保存されているのかを調べることができます。

図7-57：「テーブルアイテムの探索」でテーブルのアイテムがリスト表示される。

　表示されたアイテムのリストにある項目をクリックすると、そのアイテムの内容が表示されます。ここで、データの内容を編集することができます。

これでDynamoDBのテーブルとアイテムの表示や編集の方法がわかりました。Amplifyでデータを操作するだけでなく、保存されているDynamoDBから直接データを編集することもできるのですね！

図7-58：アイテムの編集ページ。ここで内容を書き換えられる。

Lambda関数からDynamoDBにアクセスする

では、Lambda関数からDynamoDBのテーブルにアクセスしてみましょう。Lambda関数のページを開き、「コード」タブからindex.jsのソースコードを以下のように書き換えましょう。なお、☆マークの定数table
には、それぞれのBoardテーブル名を記入してください。

▼リスト7-15

```javascript
const AWS = require("aws-sdk");
const table = "…Boardテーブル名…"; //☆

/**
 * @type {import('@types/aws-lambda').APIGatewayProxyHandler}
 */
exports.handler = async(event) => {
    const dynamo = new AWS.DynamoDB.DocumentClient();
    const data = await dynamo.scan({ TableName:table }).promise();
    return {
        statusCode: 200,
        headers: {
            "Access-Control-Allow-Origin": "*",
            "Access-Control-Allow-Headers": "*"
        },
        body: JSON.stringify(data),
    };
};
```

修正したら、「Deploy」ボタンで更新内容をデプロイします。そして「テスト」タブに切り替え、テストを実行しましょう。正常に実行できたら、実行結果の詳細を表示してください。DynamoDBから取得したBoardテーブルのデータが表示されます。JSONフォーマットになっているのでそのままでは見づらいでしょうが、DynamoDBにアクセスしデータを取り出せたことは確認できるでしょう。

図7-59：テスト実行すると、DynamoDBからBoardテーブルのデータを取り出す。

DynamoDBアクセスの流れを整理する

では、どのようにしてDynamoDBのBoardテーブルにアクセスしているのか、処理の流れを追いながら説明しましょう。

DynamoDBのアクセスは、aws-sdkというモジュールとして用意されています。まず最初に、requireでaws-sdkモジュールを定数AWSに取り込みます。

```
const AWS = require("aws-sdk");
```

DocumentClientオブジェクトの作成

AWSオブジェクトから、DynamoDB利用のための機能を取り出して使います。AWS.DynamoDBにある、「DocumentClient」というオブジェクトを用意します。

```
const dynamo = new AWS.DynamoDB.DocumentClient();
```

これは、DynamoDBのデータにアクセスするためのクライアントオブジェクトです。ここから必要なメソッドを呼び出してアクセスを行います。

データをスキャンする

テーブルに用意されているデータの取得は、「scan」メソッドを使います。これはテーブルのすべてのデータを取得するもので、以下のように実行します。

```
《DocumentClient》.scan(《設定》)
```

引数には、スキャンに必要な設定情報をまとめたオブジェクトを用意します。オブジェクトに必ず用意する必要があるのはテーブル名を示す「tableName」です。これで指定したテーブルからデータを取得します。

ただしこのscanは非同期であるため、アクセスが完了するまで値は得られません。ここではLambda関数はAPI Gatewayからアクセスして利用するので、すべての結果が得られた後で値をreturnする必要があります。そこでawaitを付けて呼び出し、処理完了後に値を受け取るようにします。そして実行後に得られるオブジェクトから「promise」メソッドを呼び出し、データベースからの戻り値を取得します。

```
変数 = await 《DocumentClient》.scan(《設定》).promise();
```

これがDynamoDBにあるテーブルのデータを取得する基本と考えていいでしょう。今回作成したコードでは、以下のように実行していますね。

```
const data = await dynamo.scan({ TableName:table }).promise();
```

これで、定数tableに指定した名前のテーブルから全データをdataに取り出します。後は、returnするオブジェクトにdataの値を渡して返送するだけです。

```
return {
    statusCode: 200,
    headers: {
        "Access-Control-Allow-Origin": "*",
        "Access-Control-Allow-Headers": "*"
```

```
  },
  body: JSON.stringify(data),
};
```

statucCodeとheadersのCORS関連の設定項目は必ず用意しておきます。そしてbodyにデータベースから得られた値をテキストに変換して渡せば、それがアクセスしたクライアント側に出力されます。後は、受け取ったクライアント側で好きなようにデータを処理すればいいでしょう。

ローカルアプリケーションでDynamoDBデータを表示する

これでLambda関数からDynamoDBのデータを取得できることが確認できました。では、ローカルアプリケーションからLambdaにアクセスしてデータを取得し、それを表示させてみましょう。

ローカルアプリケーション側のApp.jsを開き、func1関数の内容を以下に書きかえてください。

▼リスト7-16

```
const func1 = (setContent)=> {
  fetch(api_url)
    .then(resp=>resp.json())
    .then(result=>{
      const data = [];
      for(let item of result.Items) {
        data.push(
          <li key={item.id} className="list-group-item">
            {item.message} ({item.name})
          </li>
        );
      }
      setContent(
        <div>
          <h5 className="text-center">
            [Lambda result]</h5>
          <ul className="list-group my-2">
            {data}
          </ul>
        </div>
      );
    });
}
```

ページをリロードすると、Lambda関数からBoardのデータを取得し、そのmessageとnameをリストにまとめて表示します。

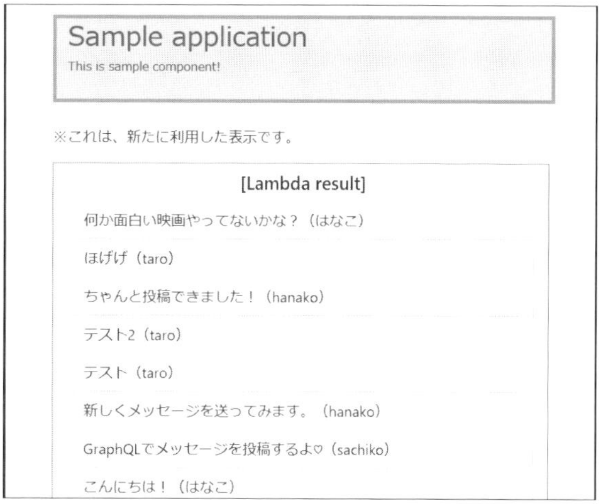

図7-60：アプリケーションからLambda関数にアクセスし、Boardのデータを表示する。

ここではfetch.then.thenでLambda関数からデータを受け取ると、繰り返しを使って各データを順に取り出し、その値を使って<li>を作成し配列に追加していきます。

```
const data = [];
for(let item of result.Items) {
  data.push(
    <li key={item.id} className="list-group-item">
      {item.message} ({item.name})
    </li>
  );
}
```

Lambda関数から受け取った値には、データ以外の情報も入っています。データそのものは、Itemsプロパティに配列として保管されています。for(let item of result.Items)でそこから順にデータを変数itemに取り出し、それを使って<li>を作成しdataにpushします。受け取ったデータの構造さえわかれば、処理そのものは簡単でしょう。

S3バケットのリストを得る

続いてS3ストレージを利用してみましょう。S3ストレージも、Lambda関数から利用するときはaws-sdkのオブジェクトを利用します。S3利用のオブジェクトは、AWS.S3というものです。このオブジェクトを以下のように作成します。

```
変数 = new AWS.S3();
```

このS3オブジェクトからメソッドを呼び出してファイルの操作を行います。例として、ファイルのリストを取り出すことを考えてみましょう。

```
変数 = await 《S3》.listObject(《設定》).promise();
```

listObjectメソッドでファイル情報の配列を取得します。これは非同期なので、awaitしてさらにpromiseを呼び出して結果を取り出します。

listObjectの引数には、設定情報のオブジェクトを用意します。これは、Bucketというプロパティにバケット名を用意しておきます。

Lambda関数からS3バケットのファイルリストを得る

S3のバケットからファイルリストを取り出してみましょう。Lambda関数のindex.jsのソースコードを以下のように修正してください。なお、☆マークの定数backetには、それぞれの利用しているバケット名を入力してください。

▼リスト7-17
```
const AWS = require("aws-sdk");
const backet = "…バケット名…"; // ☆

/**
 * @type {import('@types/aws-lambda').APIGatewayProxyHandler}
 */
```

```
exports.handler = async(event) => {
  var s3 = new AWS.S3();

  let param = {
    Bucket : backet
  };
  const res = await s3.listObjects(param).promise();
  return {
    statusCode: 200,
    headers: {
        "Access-Control-Allow-Origin": "*",
        "Access-Control-Allow-Headers": "*"
    },
    body: JSON.stringify(res),
  };
};
```

記述したら「Deploy」ボタンでデプロイし、保存してください。そして「テスト」タブに切り替えてテスト実行してみましょう。実行結果の詳細に、取得したファイルリストの情報が表示されます。

図7-61：テスト実行すると、詳細に取得したファイルリストの情報が表示される。

アプリケーションでS3バケットのファイルリストを表示する

では、Lambda関数を利用してS3バケットのファイルリストを表示させましょう。これは、先ほどのBoardテーブルのデータ表示を少し手直しするだけで対応できます。App.jsにあるfunc1関数を以下のように修正してください。

▼リスト7-18

```
const func1 = (setContent)=> {
  fetch(api_url)
    .then(resp=>resp.json())
    .then(result=>{
      const data = [];
      for(let item of result.Contents) {
        const path = item.Key.split('/');
        const fname = path[path.length - 1] == ''
          ? path[path.length - 2] + '/'
          : path[path.length - 1];
        data.push(
          <li key={item.Key} className="list-group-item">
            {fname} (size:{item.Size})
```

```
        </li>
      );
    }
    setContent(
      <div>
        <h5 className="text-center">
          [Lambda result]</h5>
        <ul className="list-group my-2">
          {data}
        </ul>
      </div>
    );
  });
}
```

　アクセスすると、S3バケットにあるファイルやフォルダーのリストが表示されます。ファイル名とサイズを表示するようにしました。また、フォルダーは「○○/」というように最後にスラッシュを付けて区別できるようにしてあります。

図7-62：S3バケットにあるファイル類のリストが表示される。

S3バケットのデータ処理の流れ

　ここでは、先ほどのDynamoDB利用の場合と同様にfetch.then.thenでLambda関数からデータを取得します。今回はlistObjectsで取得したデータが渡されますが、取得したファイル情報はオブジェクトの「Contents」というプロパティに用意されています。これは配列になっており、繰り返しを使って順にオブジェクトを取り出して処理します。

```
for(let item of result.Contents) {……
```

　ファイル情報のオブジェクトでは、ファイル名はKeyプロパティとして用意されます。ただし注意したいのは、「Keyの値はフルパスである」という点です。例えば「protected」にファイルがある場合、Keyの値は、"protected/《ID》/ファイル"というような形になります。これをすべて表示するのは、かなりわかりにくいでしょう。
　そこでここではKeyの値をスラッシュで分割し、その最後の値を取り出して使うことにしています。

```
const path = item.Key.split('/');
const fname = path[path.length - 1] == ''
  ? path[path.length - 2] + '/' : path[path.length - 1];
```

item.Key.split('/')でパスをスラッシュで配列に分割し、path[path.length - 1]で最後の値を取り出します。ただし項目がフォルダーだった場合、これは空のテキストになるので、path[path.length - 2]でフォルダー名を取り出し、それにスラッシュを付けて使っています。

この他、ファイル情報のオブジェクトにはサイズの値である「Size」や、最終更新日時である「LastModified」、eTagの値「ETag」などのプロパティが用意されています。

S3ストレージからファイルを読み込む

ストレージは、そこにあるファイルの内容を利用するためにあります。では、S3のバケットにあるファイルのコンテンツを読み込んで利用するにはどうすればいいのでしょうか?

これは、S3の「getObject」というメソッドを使います。

```
《S3》.getObject(《設定》)
```

このように、引数に設定情報をまとめたオブジェクトを渡して呼び出します。getObjectの場合、設定として用意する必要があるのはBucketと「Key」です。

```
{
    Bucket: バケット名,
    Key: ファイルパス
}
```

このようにして、バケット名とファイルのキーを指定します。キーの値は先にlistObjectで説明しましたが、バケット内にあるファイルのパスになっています。したがってファイル名だけでなく、どのフォルダーに入っているかまで正確に指定する必要があります。

このgetObjectも非同期メソッドなのでawaitして実行し、取得したファイルの情報はpromiseメソッドで取り出します。得られた値はオブジェクトになっており、その中の「Body」プロパティに送信されたコンテンツが保管されています。これを取り出して利用すればいいでしょう。

publicなファイルの内容を表示する

では、これも実際にLambda関数で利用してみましょう。今回は、外部からAPI Gatewayを利用してアクセスすることを前提にコードを作成します。Lambda関数のindex.jsのコードを以下のように修正してください。

▼リスト7-19
```javascript
const AWS = require("aws-sdk");
const backet = "…バケット名…";

/**
 * @type {import('@types/aws-lambda').APIGatewayProxyHandler}
 */

exports.handler = async(event) => {
  var s3 = new AWS.S3();
  const fname = event.queryStringParameters['file'] == ""
    ? 'sample.txt' : event.queryStringParameters['file'];
```

```
let param = {
  Bucket : backet,
  Key: "public/" + fname
};
const res = await s3.getObject(param).promise();

return {
  statusCode: 200,
  headers: {
      "Access-Control-Allow-Origin": "*",
      "Access-Control-Allow-Headers": "*"
  },
  body: JSON.stringify(new String(res.Body))
};
};
```

　記述したら、「Deploy」ボタンで保存をしておきます。通常ならば「テスト」タブでテストして動作を確認しますが、今回のものはテスト実行ではエラーになります。それは、API GatewayのAPIエンドポイントにアクセスした際に渡されるクエリーパラメータを利用する前提で処理が書かれているためです。

　APIエンドポイントのURLにクエリーパラメータを付けてアクセスした場合、そのパラメータはLambda関数の引数に渡されるeventの「queryStringParameters」プロパティにまとめられています。ここに、送られてきたすべてのクエリーパラメータがオブジェクトにまとめて用意されています。ここから必要な値を取り出して利用するのです。

　ここでは以下のようにしてファイル名の値を取り出しています。

```
const fname = event.queryStringParameters['file'] == ""
    ? 'sample.txt' : event.queryStringParameters['file'];
```

　event.queryStringParameters['file']が空のテキストならば値が渡されていないと判断して、デフォルトの値（ここでは'sample.txt'）を設定しています。そうでない場合は、event.queryStringParameters['file']の値を使うようにしています。

　そして、得られたファイル名を使ってS3のバケットからファイルのコンテンツを取り出します。

```
let param = {
  Bucket : backet,
  Key: "public/" + fname
};
const res = await s3.getObject(param).promise();
```

　設定情報のオブジェクトにBucketとKeyを用意します。Keyは、ここでは"public/" + fnameというようにして「public」フォルダー内のファイルを取り出すようにしてあります。そして、この値を引数に指定してgetObjectを呼び出し、結果を変数に取り出しています。

　後はreturnで値を送信すればいいのですが、ここでもちょっと注意する点があります。それは、取り出したコンテンツを渡しているbodyプロパティです。以下のようになっていますね。

```
body: JSON.stringify(new String(res.Body))
```

res.Bodyでファイルのコンテンツは得られるのですが、バイナリデータとしてデータを保管したオブジェクトになっているのです。このままではテキストとしては使えないので、new String(res.Body)としてテキストを生成し、それを使うようにしています。

Amplifyアプリから S3 ファイルを読み込む

では、Lambda関数をAmplifyアプリから利用しましょう。func1関数の内容を以下のように修正します。

▼リスト7-20
```
const func1 = (setContent, fname, setFname, msg, setMsg)=> {
  const onFChange = (event)=> {
    setFname(event.target.value);
  }
  const onBClick = (event)=> {
    fetch(api_url + '?file=' + fname)
      .then(resp=>resp.json())
      .then(result=>{
        setMsg(result);
      });
  }
  setContent(
    <div>
      <input type="text" className="form-control mt-2"
        onChange={onFChange} />
      <button className="btn btn-primary my-2"
        onClick={onBClick}>
        Click
      </button>
      <h6>[Lambda result]</h6>
      <pre className="border borer-primary p-2 my-2">
        {msg}
      </pre>
    </div>
  );
}
```

修正したら、アクセスして使ってみましょう。今回は、入力フィールドとボタンがコンポーネントに用意されています。フィールドにファイル名を入力してボタンをクリックすると、S3バケットの「public」フォルダーから指定のファイルを読み込み、そのコンテンツを表示します。

図7-63：ファイル名を入力してボタンをクリックすると、S3バケットの「public」フォルダーから指定のファイルを読み込み、その内容を表示する。

　ここでは用意したテキストフィールドにonChange={onFChange}としてイベントを設定し、以下のような関数を割り当てています。

```
const onFChange = (event)=> {
  setFname(event.target.value);
}
```

　これで、入力されたテキストはfnameステートに保管されます。そしてボタンクリックで実行されるonBClick関数では、以下のようにしてfetch関数を実行しています。

```
fetch(api_url + '?file=' + fname)
```

　URLの後に、「?file=xxx」というようにしてファイル名をクエリーパラメータとして追加しています。こうしてLambda関数にアクセスすればfileパラメータが送られ、その名前のファイルがロードされるようになる、というわけです。

aws-amplifyとaws-sdkの違いを理解する

　以上、簡単ですがLambda関数を作成し、そこからDynamoDBやS3ストレージにアクセスする方法、そしてそのLambda関数をAmplifyのアプリから利用する方法について説明をしました。

　Lambda関数を作成する場合、何よりも頭に入れておいてほしいのが「Amplifyとはコードが違う」という点です。Amplifyでは、データベースやストレージはDataStoreやStorageといったオブジェクトを使いました。これらは、すべてaws-amplifyというモジュールに入っています。これは、Amplifyのアプリケーション用に提供されているものです。

　Lambda関数は、Amplifyのアプリではありません。aws-amplifyモジュールにある機能は使えないのです。利用できるのは、AWSが提供するSDKのモジュールであるaws-sdkモジュールの機能だけです。したがって、Lambda関数の開発を行うには、aws-sdkについて学ぶ必要があります。

　今回、aws-sdkに用意されているDynamoDBとS3の機能についてごく基本的なものだけ使ってみました。aws-amplifyと使い方は異なるものの、決して難解なものではないことがわかったでしょう。本格的にLambda関数を活用したい人は、このaws-sdkについてしっかり学習してください。

Chapter 8

JavaScriptベースによる
フロントエンド開発

最後に、Reactを使わない「素のJavaScriptによるアプリケーション」の作成について、
説明しておきましょう。
アプリケーションの作り方、そこからAmplifyの機能をどのように呼び出すかといった、
基本的な部分をここで抑えておきましょう。

Chapter 8

8.1.

JavaScriptベースの
アプリケーション作成

Reactを使わない開発

　ここまでAmplifyに関する説明は、すべてReactアプリケーションをベースにして行ってきました。React はWebにおけるリアクティブ・プログラミングのデファクトスタンダードともいえるフレームワークであり、特にSPA（Single Page Application）の開発に多用されています。したがって、「AmplifyでWebアプリを作るならReactベースが基本」というのは正しい考えです。

　しかし、中には「Reactは使いたくない」という人もいるでしょう。またSPAなどでなく、従来のフォーム送信によるスタンダードなWeb開発を行うような場合にはReactを導入する必要もありません。Amplify でも、こうした従来のやり方でWebアプリを作成することはもちろんあるでしょう。そのような場合のために、「Reactを使わない開発」についても触れておきましょう。

JavaScriptベースのアプリについて

　Reactベースでも、一般的なJavaScriptベースでも、アプリケーションの内容そのものに違いはありません。どちらもAmplify関連のパッケージをインストールし、必要に応じてカテゴリをaddし、バックエンドとプルやプッシュをして相互に連携しながら開発をしていきます。

　ただ、Reactベースの場合は、create-react-appなどを使って簡単にアプリケーションの基本部分を作成できますが、JavaScriptベースの場合、アプリケーションの土台となる部分は手作業で作らなければいけません。そこが多少面倒ではあります。

　Amplifyのアプリケーションは常にwebpackでビルドして利用するため、事前にnpmのpackage.jsonや、webpackのwebpack.config.jsonといった設定ファイルを作成しておく必要があります。また、Node.js アプリケーションの基本的な構成（「src」にソースコードファイルがあるなど）も考えた上でアプリのファイル類を配置しなければいけません。

　ただ、これらは「こうするべし」ということがわかっていれば、機械的に行える部分です。決して難解なものではないので、実際に作ってみればすぐに理解できるでしょう。

JavaScriptアプリケーションを作成する

実際にJavaScriptベースのAmplifyアプリケーションを作成していくことにしましょう。ここでの作業の手順を簡単にまとめると以下のようになります。

1. 手作業でアプリケーションのフォルダーや設定ファイルなど必要なものを作成する。
2. npmでパッケージのインストールを行う。
3. amplifyの初期化を行う。
4. アプリをバックエンドにプッシュし、Amplifyサービスにアプリケーションを生成する。
5. バックエンドにAmplify Studioで必要なものを作成していく。
6. アプリにプルし、Amplify Studioのバックエンドのものをローカルアプリに反映させる。

この基本的な流れを頭に入れて作業していきましょう。1のフォルダーやファイルを手作業で作る部分はちょっと面倒ですが、それ以降はこれまでやったことのある作業ばかりですから、そう難しくはありません。

「sample-amplify-js-app」アプリを作る

アプリケーションを作成していきましょう。まず、アプリケーションのフォルダーを作成します。デスクトップに「sample-amplify-js-app」という名前でフォルダーを作成してください。そしてフォルダーの中に、さらに「src」フォルダーを作ります。これが、アプリケーションの基本的なフォルダー構成になります。

この中に必要なファイルを順に作成していきます。

package.jsonの作成

「sample-amplify-js-app」フォルダーの中に「package.json」という名前でファイルを作成しましょう。そして以下のようにコードを記述します。

▼リスト8-1

```
{
  "name": "sample-amplify-js-app",
  "version": "1.0.0",
  "description": "Amplify JavaScript Sample Application",
  "dependencies": {
    "aws-amplify": "latest"
  },
  "devDependencies": {
    "copy-webpack-plugin": "^6.1.0",
    "webpack": "^5.70.0",
    "webpack-cli": "^4.9.1",
    "webpack-dev-server": "^4.4.0"
  },
  "scripts": {
    "start": "webpack && webpack-dev-server --mode development",
    "build": "webpack"
  }
}
```

　package.jsonは、npmの設定情報を記述したファイルですね。ここではdependenciesにaws-amplifyを用意し、開発時に利用するdevDependenciesにwebpack関連のパッケージを用意してあります。なお、パッケージのバージョン指定は、2022年6月現在の最新バージョンに揃えてあります。今後パッケージがアップデートされたら、それに合わせて変更してください。Amplifyのアプリケーションを作成するときは、これがpackage.jsonの基本コードになると考えていいでしょう。新しいアプリを作るときはこれをコピー&ペーストし、nameやdescriptionなどをそれぞれ書き換えて使ってください。

　package.jsonが作成できたらコマンドプロンプトを起動し、以下を実行します。

```
cd Desktop
cd sample-amplify-js-app
npm install
```

webpack.config.jsの作成

　続いて、「sample-amplify-js-app」フォルダー内に「webpack.config.json」というファイルを作成してください。そしてテキストエディタなどで以下のコードを記述しましょう。

▼リスト8-2

```
const CopyWebpackPlugin = require('copy-webpack-plugin');
const webpack = require('webpack');
const path = require('path');

module.exports = {
  mode: 'development',
  entry: './src/app.js',
  output: {
    filename: '[name].bundle.js',
    path: path.resolve(__dirname, 'dist')
  },
  module: {
    rules: [
      {
        test: /\.js$/,
        exclude: /node_modules/
      },
    ]
  },
  devServer: {
    client: {
      overlay: true
    },
    hot: true,
    watchFiles: ['src/*', 'index.html']
  },
  plugins: [
    new CopyWebpackPlugin({
      patterns: ['index.html']
    }),
    new webpack.HotModuleReplacementPlugin()
  ]
};
```

これはwebpackのための設定情報です。基本的に、「そのままコピー＆ペーストして使う」と考えていいでしょう。

index.htmlの作成

アプリケーションのWebページを用意します。「sample-amplify-js-app」フォルダー内に「index.html」というファイルとして用意してください。そして以下のように記述しておきます。

▼リスト8-3

```html
<!DOCTYPE html>
<html lang="en">
  <head>
    <meta charset="utf-8" />
    <title>Amplify Framework</title>
    <meta name="viewport" content="width=device-width, initial-scale=1" />
    <link href="https://cdn.jsdelivr.net/npm/bootstrap@5.1.3/dist/css/bootstrap.min.css"
      rel="stylesheet" />
  </head>

  <body class="container">
    <h1 class="bg-primary text-white px-3 py-2">Sample JS App</h1>
    <p id="message" class="my-4">これは、
      サンプルで作成したアプリケーションです。</p>
    <div id="content" class="border border-primary p-3">
      Sample content...
    </div>
    <script src="main.bundle.js"></script>
  </body>
</html>
```

これ自体はごく単純なHTMLのコードですが、＜body＞の最後に＜script src="main.bundle.js"＞というタグが用意されていますね。main.bundle.jsというJavaScriptファイルを読み込んで利用します。これはwebpackによってビルドした際に自動生成されるスクリプトファイルです。

また、＜body＞内には＜div id="content"＞という要素を用意しておきました。この＜div＞内にコンテンツを追加して動作を確認していくことにします。

app.jsの作成

最後に、JavaScriptのスクリプトファイルを用意しておきましょう。「src」フォルダーの中に「app.js」という名前でファイルを作成してください。

中身は、まだ何も書く必要はありません。実際に処理を作成するようになったら、これを利用してコードを書いていくことにします。それまでは空のファイルのままで問題ありません。

amplifyの準備をする

　これでアプリケーションの基本的なファイル類は用意できました。では、このアプリにAmplify関連の処理を行っていきましょう。まずは、Amplifyの初期化を行います。コマンドプロンプトやターミナルで「sample-amplify-js-app」フォルダーが開かれている状態で、以下のコマンドを実行します。

```
amplify init
```

　実行すると初期化のための設定内容を次々と尋ねてきますので、以下の手順に従って入力していきます。

1. Enter a name for the project

　AWSのAmplifyサービスに作成するプロジェクト名を入力します。デフォルトで「sample amplifyjsapp」という名前が設定されています。そのまま[Enter]すればいいでしょう。「わかりやすい名前を付けたい」という人は、名前を入力して[Enter]してください。

図8-1：プロジェクト名の入力。

2. Initialize the project with the above configuration?

　このメッセージの手前に、プロジェクトの設定情報がずらっと出力されています。以下のような内容になっているでしょう。

```
Javascript framework: none
Source Directory Path: src
Distibution Directory Path: dist
Build Command: npm.cmd run-script build
Start Command: npm.cmd run-script start
```

　フレームワークの有無、ソースコードフォルダーの場所、ビルドする場所、ビルドとスタートのコマンドといったものの設定です。これらはすでに用意したpackage.jsonとwebpack.config.jsonで指定済みですので、変更はありません。そのまま[Enter]してください。

図8-2：プロジェクトの設定を確認する。

3. Select the authentication method you want to use?

　認証のメソッドを選択します。これは「AWS Profile」が選択されているので、そのまま[Enter]します。

図8-3：認証方式の設定。

4. Please choose the profile you want to use?

プロファイルの選択です。「default」が選択されていますから、そのまま Enter すればいいでしょう。

図8-4：プロファイルの選択。

これでAmplifyの設定が作成されます。後はAmplifyのバックエンドとプッシュ／プルして連携すれば使えるようになるでしょう。

図8-5：Amplifyの設定情報が作成された。

Amplifyとプッシュする

Amplifyの設定が作成され、Amplifyのバックエンドとやり取りできるようになりました。では、引き続き以下のコマンドを実行しましょう。

```
amplify push
```

これでアプリケーションをAmplifyのバックエンドにプッシュします。まだAmplify側にプロジェクトは用意されていませんが、プッシュすることで「sampleamplifyjsapp」というプロジェクトが作成されます。

図8-6：amplify pushする。

バックエンドを設定する

これでバックエンドにプロジェクトが作られ、ローカルアプリと連携して処理できるようになりました。

Amplifyのサービスにアクセスし、作成されている「sampleamplifyjsapp」を開いて「Backend environments」を選択してください。おそらく、この段階では「Set up Amplify Studio」というボタンが表示されているはずです。これは、まだAmplify Studioがセットアップされていないことを示しています。

図8-7：sampleamplifyjsappを開き、Backend environmentsを選択する。

では、「Set up Amplify Studio」ボタンをクリックしてください。「Amplify Studioの設定」という表示が現れます。ここで「Amplify Studioを有効にします」というスイッチをONにしてください。これでAmplify Studioが使える状態になります。

図8-8：「Amplify Studioを有効にします」をONにする。

ONにすると、「アクセスコントロールの設定」「Backend Environments」といった表示が現れます。アクセスコントロールの設定は、メンバーを招待し複数メンバーでチーム開発を行うためのものです。Backend Environmentsはバックエンド環境のURLです。このリンクをクリックすると、バックエンド環境のページが開かれます。

図8-9：Amplify StudioをONにしたところ。

上部にあるアプリケーション名のリンク（「sampleamplifyjsapp」というリンク）をクリックし、アプリの設定画面に戻ってください。そして「Backend environments」を表示しましょう。今度は「Studioを起動する」ボタンが表示され、Amplify Studioが使えるようになっています。

図8-10：Backend environmentsでは「Studioを起動する」ボタンが使えるようになっている。

その下の「ローカル設定手順」をクリックしてください。amplify pullコマンドが表示されます。これをコピーし実行すれば、このバックエンドからローカルアプリケーションにバックエンドの更新情報が反映されるようになります。

図8-11：ローカル設定手順にamplify pullコマンドが表示される。

では、バックエンドからローカルアプリにプルしましょう。コマンドプロンプトまたはターミナルから、「ローカル設定手順」でコピーしたコマンドをペーストし実行してください。バックエンドからローカルアプリに設定が反映されます。これで、ローカルアプリとバックエンドの間で相互に更新情報をやり取りできることが確認できました。

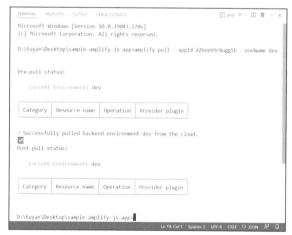

図8-12：amplify pullコマンドを実行する。

アプリを実行しよう

作成されたローカルアプリを実行してみましょう。コマンドプロンプトまたはターミナルから「npm start」コマンドを実行してください。webpackでアプリケーションがビルドされ、開発用サーバーが起動しアプリケーションが公開されます。最初のビルドにはかなり時間がかかります。

ビルドが完了し、アプリケーションが起動したら、Webブラウザから以下のアドレスにアクセスをしましょう。

http://localhost:8080/

これで、アプリケーションのフォルダーに用意したindex.htmlファイルの内容がWebブラウザに表示されます。タイトルとメッセージだけのごくシンプルなものですが、とりあえず「Webアプリを一から作って実行する」という基本部分はこれでできました！

図8-13：http://localhost:8080/にアクセスするとindex.htmlの内容が表示される。

ポート番号は8080？

アクセスしたアドレスを見ればわかりますが、ここではテスト用サーバーのポート番号は8080になっています。これまで、npm startで実行していたReactアプリケーションは3000ポートでした。これまでと同じ感覚でlocalhost:3000にアクセスすると表示されないので、注意してください。なぜ、今回はポート番号が8080に変わっているのか？　それは、ここで開発用に実行しているのが「webpack-dev-server」というサーバープログラムだからです。これはWebpackというWebアプリのパッケージ化ツールに用意されている開発サーバーです。

JavaScriptベースアプリとUIについて

これでJavaScriptベースでアプリを作成し動かすところまでできました。アプリの作成手順は多少違いましたが、バックエンドとローカルアプリでプル／プッシュしながら作成するやり方は基本的には同じです。使える機能についてもほぼ同じで、（この後で説明しますが）認証やデータベースなども問題なく使うことができます。

ただし、すべてが同じように使えるわけではありません。JavaScriptベースでは使えない機能もあります。それは「UIコンポーネント」です。

Amplify StudioではFigmaでUIをデザインし、それをインポートしてデータモデルと関連付けて使うことができました。しかし、こうして作成されるUIコンポーネントはReactのコンポーネントなのです。このため、Reactを使わない一般的なJavaScriptベースのアプリでは使うことができません。

またFigmaだけでなく、それ以外のUIについても同様で、例えばサインインなどのUIもやはりReactベースであるため、JavaScriptベースのアプリでは使えません。UIに関しては、すべて手作業で作成していくことになるでしょう。

8.2.

Amplifyの機能を利用する

Authによる認証を使う

では、JavaScriptベースのアプリケーションから、Amplifyのバックエンドにある機能を利用していきましょう。まずは、「認証（Authentication）」です。

Amplify Studioの「Authentication」をクリックし、認証の設定画面を表示してください。ここで、認証機能を用意しましょう。

「Configure Login」には、デフォルトで「Email」の認証が用意されています。今回は、このデフォルトの認証をそのまま使うことにしましょう。

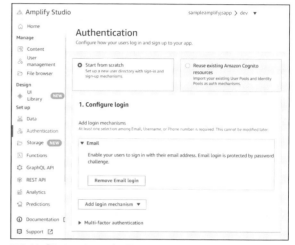

図8-14：「Authentication」の画面。Configure Loginに「Email」がある。

Authenticationをデプロイする

下部にある「Deploy」ボタンをクリックし、認証の設定をデプロイしてください。画面に「Deploy authentication Service」というアラートが表示されます。そのまま「Confirm deployment」ボタンをクリックしてデプロイを実行しましょう。

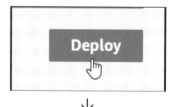

↓

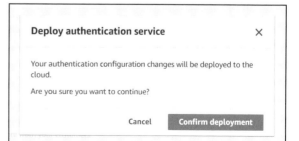

図8-15：「Deploy」ボタンをクリックし、アラート画面で「Confirm deployment」ボタンをクリックする。

User managementを開く

　Authenticationのデプロイが完了したらユーザーを登録しましょう。左側のリストから「User management」をクリックし、ユーザーの作成画面を表示します。

図8-16：「User management」を開く。

ユーザーを作成する

　「Create user」ボタンをクリックして、ユーザー作成のダイアログを開いてください。アカウントとなるメールアドレスとパスワードを入力し、「Create user」ボタンをクリックします。入力値に問題がなければダイアログが閉じられ、ユーザーが追加されます。いくつかダミーのユーザーを用意しておきましょう。

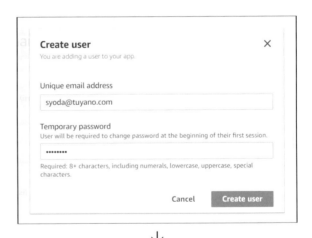

図8-17：「Create user」でユーザーを登録する。

ローカルアプリにプルする

これで、バックエンドに認証メソッドとダミーのユーザー情報が用意できました。この内容をローカルアプリに反映させましょう。

コマンドプロンプトまたはターミナルから「amplify pull」コマンドを実行してください。そろそろ本格的なコーディングに入るので、Visual Studio Codeでアプリケーションフォルダーを開いて編集の準備をしておきましょう。そして、「ターミナル」メニューから「新しいターミナル」を選んでターミナルのビューを開き、以後はここでコマンドを実行するようにしましょう。

amplify pullが実行されると、「Auth」カテゴリが追加されます。これにより、Authカテゴリ関連の機能がローカルアプリケーションで使えるようになります。

図8-18：amplify pull コマンドを実行する。

サインインのフォームを用意する

Amplifyの認証機能をアプリから利用してみましょう。まずはHTMLのコンテンツを作成します。index.htmlを開き、<div id="content">タグ部分を以下に書き換えてください。

▼リスト8-4
```
<div id="content" class="border border-primary p-3">
  <input type="text" id="username" class="form-control my-2"
    placeholder="account" />
  <input type="password" id="password" class="form-control my-2"
    placeholder="password" />
  <button id="submitbtn" class="btn btn-primary my-2">Sign in</button>
</div>
```

ここでは、id="username"とid="password"の2つの<input>を用意しました。これらにユーザーのアカウント（メールアドレス）とパスワードを入力します。その下の<button>をクリックしたら、サインインが行われるようにします。

サインインの処理を作成する

サインインの処理を作成しましょう。Reactアプリケーションでは、サインイン関係はデフォルトでサインインのコンポーネントが用意されており、ほとんど処理らしいこともせずに実装できました（withAuthenticator関数を実行するだけ）。しかし、Reactアプリで使った認証関係の機能は、すべてReactのために用意されたものなので、JavaScriptベースのアプリでは使えません。自分でサインインのための処理を用意する必要があります。

では、「src」フォルダー内に用意してある「app.js」ファイルを開き、以下のようにソースコードを記述しましょう。

▼リスト8-5

```
import awsconfig from './aws-exports';
import { Amplify, Auth } from 'aws-amplify';

Amplify.configure(awsconfig);

const content_el = document.querySelector('#content');
const message_el = document.querySelector('#message');
const username_el = document.querySelector('#username');
const password_el = document.querySelector('#password');
const submitbtn_el = document.querySelector('#submitbtn');

submitbtn_el.addEventListener('click',(e)=>signIn());

const auth_content = `
  <h2>Sign-in Contnt!</h2>
  <p class="alert alert-primary">
  これは、サインインしたときだけ表示されるコンテンツです。
  </p>
`;

function setAuthContent() {
  message_el.textContent = '※サインインしました。';
  content_el.innerHTML = auth_content;
}

async function signIn() {
  const username = username_el.value;
  const password = password_el.value;

  Auth.signIn(username, password)
    .then(user => {
      if (user.challengeName === 'NEW_PASSWORD_REQUIRED') {
        const newpass = prompt('新しいパスワードを入力してください：');
        Auth.completeNewPassword(user,newpass).then(user => {
          setAuthContent();
        }).catch(e => {
          console.log(e);
          message_el.textContent = e.message;
        });
      } else {
        setAuthContent();
      }
    }).catch(e => {
      console.log(e);
      message_el.textContent = e.message;
    });
}
```

　コードの内容は後で説明するとして、保存したら実際にアクセスしてみましょう。すると、画面にアカウントとパスワードを入力するフォームが表示されます。これらを入力してサインインを行います。

図8-19：サインインのフォームが表示される。

　登録してあるアカウント（メールアドレス）とパスワードを入力し、「Sign in」ボタンをクリックしてください。初回は仮のパスワードが設定されているので、新しいパスワードを尋ねてきます。

図8-20：アカウントとパスワードを入力しボタンをクリックすると、初回に限り新しいパスワードを尋ねてくる。

　新しいパスワードを入力しOKするとサインインが実行され、サインイン時のみ表示されるコンテンツが現れます。サインインが問題なく機能しているのが確認できるでしょう。

図8-21：問題なくサインインするとフォームが消え、サインイン時のコンテンツが表示される。

　入力したアカウントとパスワードが正しくない場合は、ボタンをクリックするとエラーになります。エラー時は、フォームの上にエラーメッセージが表示されます。

図8-22：サインインに失敗すると、エラーメッセージが表示される。

認証の処理の流れを整理する

サインインの処理がどのようになっているのか整理しましょう。まず、冒頭のimport文からです。

```
import awsconfig from './aws-exports';
import { Amplify, Auth } from 'aws-amplify';
```

aws-exportsは、自動生成されるaws-exports.jsファイルのことですね。Amplifyの設定情報として必要です。そして、aws-amplifyからはAmplifyとAuthをインポートしておきます。

インポートできたら、最初に行うのはAmplifyの設定です。

```
Amplify.configure(awsconfig);
```

「configure」メソッドでaws-exportsからインポートした設定情報を反映させます。すでにReactアプリでもやったものですからわかるでしょう。

Authによるサインイン処理

サインインの処理は、ボタンクリックで実行されるsignIn関数で行っています。ここではまず、2つの入力フィールドの値をそれぞれ変数に取り出しておき、サインインの処理を行っています。

▼サインインの実行
```
Auth.signIn(username, password).then(user => {……
```

サインインは、Authの「signIn」というメソッドで行います。引数には、サインイン方式で必要となる情報が渡されます。今回は、Emailによるサインインを用意していましたね。したがって、アカウント（メールアドレス）とパスワードをそれぞれ引数に用意します。サインイン方式によっては、さらに別の情報を用意する必要があることもあります。

このsignInメソッドは非同期であるため、結果はthenの引数に用意されるコールバック関数に渡されます。コールバック関数では、サインインしたユーザー情報がオブジェクトとして引数に渡されます。

▼新パスワード入力のチェック
```
if (user.challengeName === 'NEW_PASSWORD_REQUIRED') {……
```

コールバック関数内で最初に行っているのは、ユーザー情報オブジェクトのchallengeNameというプロパティのチェックです。これが'NEW_PASSWORD_REQUIRED'だった場合は登録したばかりのアカウントで、新しいパスワードの入力が必要な状態であることを示しています。

今回は、prompt関数で新しいパスワードを入力してもらっています。

▼新しいパスワードの設定
```
Auth.completeNewPassword(user,newpass).then(user => {……
```

新しいパスワードの設定は、Authの「completeNewPassword」メソッドで行えます。引数には、先ほどコールバック関数で渡されたユーザー情報のオブジェクトと、新しく設定するパスワードを指定します。

これで新しいパスワードが設定されると同時にサインインされ、アカウントも普通に利用できる状態になります。次回のサインインからはchallengeNameのチェックを通過し、パスワードの再入力なしでサインインされるようになるでしょう。

サインインに失敗した場合

とりあえず、Authの「signIn」と「completeNewPassword」がわかれば、サインインはできるようになります。ただ、これらのメソッドは「実行に失敗することがある」という点も知っておいてください。なぜなら、サインインで渡したアカウントやパスワードが正しくなかったり問題があったりすることもあるのですから。

このような場合、発生した例外は「catch」メソッドで受け取ることができます。先ほど作成したコードを見ると、これらは以下のような形になっていることがわかるでしょう。

```
Auth.signIn(xxx).then(user => {……}).catch(e=>{……});
Auth.completeNewPassword(xxx).then(user => {……}).catch(e=>{……});
```

いずれも、thenの後にさらにcatchが用意されていますね。ここで、サインインやパスワード設定に失敗した場合の処理を用意しているのです。サインイン処理は「サインインできなかった場合」の処理まで含めて完成する、ということをよく理解しておきましょう。

サインイン状態をチェックする

サインインの基本はわかりました。ただし、これで完成とはいえません。実際に試してみると、例えばページをリロードするとまたサインインのフォームが現れます。つまり、サインインの状態を保持できないのです。リロードしたり別のページに移動するとまたサインインしないといけません。

これはページやコンテンツを表示する際、「現在、サインインしているか」をチェックしながら処理を行っていないからです。サインインの状態を確認しながら処理を行うようにすれば、こうした問題は起こらなくなります。

では、サンプルを修正しましょう。まず、index.htmlにサインアウトのボタンを追加しておきます。適当なところに以下のコードを追記してください。

▼リスト8-6
```html
<div class="text-center">
  <button id="signOutBtn" class="btn">Sign-Out</button>
</div>
```

続いて、app.jsのスクリプトを修正します。まず、追記するコードからです。以下のコードを適当なところに追記してください。ファイルの最下部でもかまいません。

▼リスト8-7
```javascript
window.addEventListener('load',(e)=>checkSignIn());
document.querySelector('#signOutBtn')
  .addEventListener('click', (e)=>signOut());

function checkSignIn() {
```

```
  Auth.currentAuthenticatedUser().then(usr=>{
    setAuthContent();
  }).catch((e)=> {
    console.log(e.message);
  });
}

function signOut() {
  Auth.signOut().then(val=> {
    location.reload();
  });
}
```

追記したらファイルを保存し、動作を確認し
ましょう。フォームでサインインすると、ペー
ジをリロードしても常にサインインしたまま
になります。「Sign Out」ボタンをクリックす
ると、再びサインアウトした状態に戻ります。

図8-23:サインインすると、ページをリロードしても常にサインインした状態を保つ。

サインイン状態のチェック

ここでは、checkSignIn関数でサインインの状態をチェックしています。サインインの状態は以下のようにして取得しています。

```
Auth.currentAuthenticatedUser().then(usr=>{
  setAuthContent();
})
```

これで、認証されているユーザーの情報が得られます。これは非同期なので、結果が得られてから処理を行うようにしてください。結果が得られたところでsetAuthContentを呼び出し、サインインの処理をしています。

もし認証されているユーザーが得られない（サインインしていない）場合には、例外が発生します。このときは、catchでサインインしていないときの処理を用意することができます。

サインアウトの処理

もう1つ、サインアウト時の処理も見ておきましょう。サインアウトは、実はChapter 2で使っているのですが、覚えているでしょうか？　Authの「signOut」メソッドを呼び出せばいいのです。

```
Auth.signOut().then(val=> {
  location.reload();
});
```

これも非同期なので、thenのコールバック関数でサインアウト後の処理を用意します。ここではページをリロードしておきました。これで、サインインの状態に応じた処理を作成できるようになりました！

DataStoreによるデータベースの利用

続いて、データベースを利用してみましょう。Amplify Studioで作成したデータベースは、「DataStore」という機能を利用して簡単にアクセスできました。JavaScriptベースのアプリでも、同じように使うことができます。簡単なサンプルを作って試してみましょう。まずはモデルの設計です。Amplify Studioを開き、左側のリストから「Data」をクリックしてモデルの設計画面を呼び出してください。そして、以下のようなモデルを作成します。

作成するモデル

モデル名	Message

追加する項目

message	String
name	String

モデルの利用について試してみるだけなので、シンプルなものでいいでしょう。作成したらデプロイして、バックエンドを更新しておきます。

図8-24：Amplify StudioでMessageモデルを作成する。

ダミーデータの作成

モデルを作ったら、左側のリストから「Content」を選択してモデルのデータを作成しましょう。表示用にいくつか簡単なものを作成しておけばいいでしょう。面倒なら、Auto-generate data機能を使って自動生成してもかまいません。

図8-25：ダミーデータをいくつか用意する。

ローカルアプリケーションにプルする

作成したバックエンドの内容をローカルア
プリケーションにプルしましょう。Visual
Studio Codeのターミナルから「amplify
pull」コマンドを実行してください。これで
新たにApiカテゴリが追加されます。

図8-26：amplify pullする。新たにApiカテゴリが追加される。

DataStoreからデータを取得する

これでデータベース利用の準備はできました。ではapp.jsを書き換えて、データベースのデータを取得
し表示させてみましょう。

まず、インポート文の修正と追加をしておきましょう。以下のimport文を用意してください。

▼リスト8-8

```
import { Amplify, Auth, DataStore, Predicates, SortDirection } from 'aws-amplify';
import { Message } from './models';
```

aws-amplifyからは、DataStore, Predicates, SortDirectionといったものを新たにインポートしてい
ます。また、modelsからMessageモデルのオブジェクトもインポートしてあります。

DataStoreでMessageデータを得る

データ取得のコードを作成しましょう。先ほど作ったサンプルで、サインインするとsetAuthContent
でコンテンツを表示するようになっていました。このsetAuthContent関数を修正してMessageデータを
取得し、表示するようにしてみましょう。

setAuthContent関数を以下のように書き換えてください。また、getMessages関数も新たに追記する
のを忘れないでください。

▼リスト8-9

```
async function setAuthContent() {
  message_el.textContent = ' ※サインインしました。';
  content_el.innerHTML = await getMessages();
}

async function getMessages() {
  const values = await DataStore.query(Message, Predicates.ALL, {
      sort:ob=> ob.createdAt(SortDirection.DESCENDING)
    }
  );
```

```
let list = '<h5 class="text-center">Message</h5>';
for (let item of values) {
  list += '<li class="list-group-item">' + item.message + '(' + item.name + ')</li>';
}
return '<ul class="list-group">' + list + '</ul>';
}
```

　サインインすると、Messageのデータが
新しいものから順にリストにまとめて表示さ
れます。ごく簡単なものですが、データベー
スからデータがちゃんと取り出せ、表示され
ているのが確認できるでしょう。

図8-27：サインインすると、Messageがリストにまとめられ表示される。

DataStore.queryでデータを得る

　データを取得している処理部分を見てみましょう。ここではDataStoreのqueryを使って、新しいもの
から順にデータを取り出しています。

```
const values = await DataStore.query(Message, Predicates.ALL, {
    sort:ob=> ob.createdAt(SortDirection.DESCENDING)
  }
);
```

　今回はsetAuthContentからgetMessagesを取り出して利用するようにしているので、すべての処理が
完了してから結果をreturnで返す必要があります。このため、DataStore.queryはawitで処理を完了して
からデータを扱うようにしています。
　queryは、第1引数にMessage、第2引数にPredicates.ALLを指定し、第3引数にはcreatedAtによ
るソートの指定を用意してあります。これで、新しいものから順にMessageデータが配列にまとめて取り
出されます。
　後は、繰り返しを使って配列からMessageを取り出し、messageとnameの値を<li>にまとめていく
だけです。

```
for (let item of values) {
  list += '<li class="list-group-item">' + item.message + '(' + item.name + ')</li>';
}
```

　完成したらreturnで呼び出し、元のsetAuthContentに結果を返します。後は、setAuthContent側で
innerHTMLを使ってコンテンツを表示するだけです。

Amplifyの使い方はどんなアプリも同じ！

　すでにDataStoreの使い方はChapter 5で説明していますが、見ればわかるようにReactアプリケーションで利用したときと使い方はまったく同じことがわかるでしょう。違いといえば、「Reactアプリケーションでは、表示の変更や更新を気にしないで済む」というだけです。ReactベースでもJavaScriptベースでも、aws-amplifyにある機能の使い方はまったく同じです。

　これはDataStoreに限った話ではありません。aws-amplifyには、この他にもS3ストレージの機能などさまざまなものが用意されていますが、それらはどんなアプリケーションであっても同じように使えます。アプリケーションの準備さえできれば、Amplifyを利用するために記述するコードは基本的にすべて同じなのです。

Index

掌田津耶乃（しょうだ つやの）

日本初のMac専門月刊誌「Mac+」の頃から主にMac系雑誌に寄稿する。ハイパーカードの登場により「ビギナーのためのプログラミング」に開眼。
以後、Mac、Windows、Web、Android、iOSとあらゆるプラットフォームのプログラミングビギナーに向けた書籍を執筆し続ける。

近著：
「Node.jsフレームワーク超入門」(秀和システム)
「Swift PlaygroundsではじめるiPhoneアプリ開発入門」(ラトルズ)
「Power Automate for Desktop RPA開発 超入門」(秀和システム)
「Colaboratoryでやさしく学ぶJavaScript入門」(マイナビ)
「Power Automateではじめる ノーコードiPaaS開発入門」(ラトルズ)
「ノーコード開発ツール超入門」(秀和システム)
「見てわかる Unity Visual Scripting超入門」(秀和システム)

著書一覧：
http://www.amazon.co.jp/-/e/B004L5AED8/

ご意見・ご感想：
syoda@tuyano.com

本書のサポートサイト：
http://www.rutles.net/download/530/index.html

装丁　米本　哲
編集　うすや

AWS Amplify Studioではじめるフロントエンド＋バックエンド統合開発

2022年8月31日　　初版第1刷発行

著　者　掌田津耶乃
発行者　山本正豊
発行所　株式会社ラトルズ
〒115-0055　東京都北区赤羽西4-52-6
電話 03-5901-0220　FAX 03-5901-0221
http://www.rutles.net

印刷・製本　株式会社ルナテック

ISBN978-4-89977-530-0　Copyright ©2022 SYODA-Tuyano
Printed in Japan

【お断り】
● 本書の一部または全部を無断で複写複製することは、法律で認められた場合を除き、著作権の侵害となります。
● 本書に関してご不明な点は、当社Webサイトの「ご質問・ご意見」ページhttp://www.rutles.net/contact/index.phpをご
　利用ください。電話、電子メール、ファクスでのお問い合わせには応じておりません。
● 本書内容については、間違いがないよう最善の努力を払って検証していますが、監修者・著者および発行者は、本書の利用に
　よって生じたいかなる障害に対してもその責を負いませんので、あらかじめご了承ください。
● 乱丁、落丁の本が万一ありましたら、小社営業宛にてお送りください。送料小社負担にてお取り替えします。